藍學堂

學習 · 奇趣 · 輕鬆讀

遊戲化實戰全書

遊戲化大師把工作、教學、健身、行銷、產品設計……變遊戲，
愈好玩就愈有吸引力！

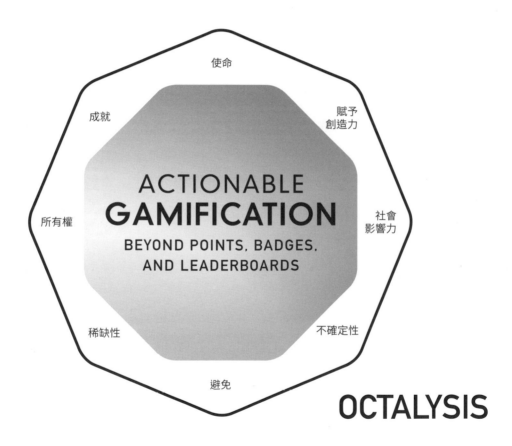

使命

成就

賦予
創造力

所有權

社會
影響力

稀缺性

不確定性

避免

ACTIONABLE
GAMIFICATION
BEYOND POINTS, BADGES,
AND LEADERBOARDS

OCTALYSIS

工作缺少動力、孩子懶得念書、
網站留不住人、推商品卻沒人買？
這些不好玩、沒興趣的事，就用「遊戲化」搞定！
遊戲化大師周郁凱以八角框架＋實戰秘訣＋全方位案例，
不藏私公開──樂趣滿滿、動力全開，
甚至上癮沉迷的秘密。

周郁凱 YU-KAI CHOU ──著
2015 年最具影響力遊戲化大師 Top1

王鼎鈞 ──譯

本書謹獻給對於事物充滿熱情信念，儘管面對充滿阻礙的環境，仍能勇敢追尋的人。我們身邊的社會與經濟系統，是在很久之前由其他人設計，目的是滿足他們自己的夢想，但是有些人能夠秉持信念跨出大步，冒著被社會拒絕甚至壓迫的風險，為自己以及周遭人創造更大的人生意義。

你們為世界帶來啟發，讓人性進化。我向你們致敬，因為你們做到我不斷全力以赴，但是恐怕永遠達不到的目標。我希望本書能夠幫助你們踏上一段改變世界的旅程。

國際好評

我長期以來密切關注郁凱的研究成果。任何想要讓工作、生活變美好的人都應該閱讀這本書。

——魏蘇西（Susie Wee），思科網路體驗 CTO

郁凱是行為設計學先驅。

——尼爾・艾歐（Nir Eyal），《鉤癮效應》（*Hooked: How to Design Habit-Forming Products*）作者

這本書的獨特之處在於其強大的實戰性，任何想在遊戲化應用領域有所作為的人都應該閱讀。

——傑夫・蓋茲（Jeff Gates），前美國參議院委員會顧問

郁凱的八角框架給我帶來資料的大幅增長，這是真實可見的變化。

——安德魯・藍迪斯（Andrew Landis），幸運日（LuckyDiem）創辦人暨 CEO

最優秀的遊戲設計師都是心理學專家。我深信這本書會成為商學教科書。

——莫塔茲・拉沙德（Moataz Rashad），前索尼移動首席軟體架構師

書中豐富的案例、操作步驟、實施建議及誤區分析，讓遊戲化概念變得切實可行。強烈推薦！

——查克・皮克歐（Chuck Pickelhaupt），富達投資新技術研究與開發部副總裁

郁凱的好名聲名副其實。這本書值得你學以致用！

——吳育成（Michael Wu），Lithium 科技首席科學家

這本建立在深度研究基礎上的《遊戲化實戰全書》，絕對是亞馬遜最受歡迎的好書！遊戲化可不是把遊戲機制挪到其他產品中那麼簡單，必須深度分析其內在動力。

——鮑勃‧賈力克（Bob Garlick），商業書評電台主播

八角框架讓我們更好地理解客戶，讓設計出來的產品與服務更具吸引力，為企業帶來價值。

——保羅‧布朗（Paul Brown），AIG 日本區副總裁

這是本貨真價實的實戰書。八角框架，絕對不會讓你失望。

——強‧哈里遜（Jon D Harrison），《精通遊戲》（*Mastering The Game*）作者

目錄

推薦序
讓八角框架撕去各種遊戲化的標籤貼紙

阿岳

自 2010 以來，「遊戲化」逐漸成為國際間熱議的詞彙。你可能曾經讀過《不懂魔獸世界，你怎麼當主管》、《加入遊戲因子，解決各種問題》、《遊戲化思維》、《從思考、設計到行銷，都要玩遊戲！：Gamification 遊戲化的時代》、《企業遊戲化》、《遊戲改變世界，讓現實更美好》；透過這些作品，許多人逐漸放下對遊戲的成見，轉而開始探求遊戲中更多有價值的潛力。

有趣的是，我們總是在閱讀之際，充滿興奮、激動、以及對於未來美好的想像。但往往在實踐之際，因為缺乏相關經驗而顯得滯礙難行。回顧過去這些作品，總不外乎透過許多案例整理出許多遊戲誘發人心的要素、元素、思維。再不然，就是為簡‧麥戈尼格爾分享的例子，感到驚艷與興奮，卻又覺得力有未逮。

這些年來，自己透過教學的機會，加上桌上遊戲設計的經驗與技術，不斷在教學當中實驗各式各樣的遊戲化設計。透過這些實驗，不斷重新審視這些書所提供的訊息。漸漸發現，研究機構顧能（Gartner）大聲提出質疑，以及遊戲化方興未艾之際，那些潮流以外的聲音，並非眼紅嫉妒或頑固守舊；更多的是對於過度樂觀的現象，給予適度的提醒與反思。

試著從這些逆耳言論裡耙梳，我們會發現，那些論點個個都指出遊戲化在當時的不足之處。例如：郁凱第一章就破題檢討的 PBL（點數、徽章、排行榜），我相信郁凱肯定也看過相關討論，並且深知 PBL 根本的問題就在：流於表淺、形式化的遊戲化，根本難以讓人更深入理解，進而體會到遊戲化的本質與潛力。

又如顧能在 2012 年提出，多數遊戲化方案存活不易。其理由在於，多數遊戲化方案的設計者、執行者，本身不具備遊戲設計的經驗與專業。這樣的指控並非空

穴來風，事實上，過度相信遊戲正向的力量，忽略遊戲改變人類行為的背後需要具備的知識、技術、經驗，以為套套模式便一蹴可幾，正好就是顧能研究想要指出的問題根源。

面對這些挑戰與質疑，以及遊戲化潛在的問題，郁凱並沒有一味拿出一堆理論、名詞作為反擊的利器。而是透過更扎實的案例分析與研究，找尋遊戲化當中更細緻的脈絡與邏輯。因此，閱讀此書之際，我們很有可能因為作者花了至少八個章節，向我們介紹八角框架的基礎與構成，以為這本書和先前提到的那些作品，大同小異。事實上，那些案例的分析，都只是為了讓讀者更能明白，八角框架架構、黑帽與白帽、左腦與右腦之間的關係。

接著，透過郁凱的解析，你也可能發現許多案例背後的意義。原先我們雖然大約知道，卻未能透徹那些意義和遊戲之間的關係。事實上，這是一連串透過遊戲幫助我們理解世界的過程。雖然郁凱強調，商業上的價值是他關注的核心，教育的遊戲化並非他所長。但是，遊戲化和人類的行為、動機等，高度相關，很多人早已明白箇中道理。

郁凱的工作更像是打破我們對遊戲化，表淺、不切實的迷思。或者說，你可以透過許多案例發現，我們已經在實踐了，我們要的不是用一個噱頭來合理化一切，而是一個完整的架構，帶領我們更全面、更有系統地檢視、反思、觀察、設計與實踐。我建議這本書的讀者，應該盡可能地消化整本書的內容。八角框架是一個完整的邏輯結構，很難只知其一就融會貫通。黑帽與白帽遊戲化，可說是貫穿整套理論的關鍵。因為過去以來，遊戲化元素的分類，幾乎走到內在動機與外在動機就嘎然而止。黑帽與白帽的觀點，不僅補足了許多難以辨明的狀況，更新增了一個視角，讓遊戲化的理論，更深入地整合在一起。

在桌上遊戲設計的教學過程中，我們常會告訴學員。遊戲的機制，不過是歸納與演繹的結果，要能夠創新與設計，不能囿於這些名詞或定義。更重要的是，要去理解背後的邏輯系統，才能明白不同機制的意義與限制。遊戲化設計的元素，如出一轍。如果不能清楚地檢視不同元素的脈絡與意義，再多的名詞，不過是噱頭一般

的標籤。

如果，你仍佇立在遊戲化的起點，看著五花八門的課程、書籍，感到手足無措而逡巡不前，《遊戲化實戰全書》幾乎省去你一切的麻煩，一本足矣。如果，你已經走在遊戲化實踐的道路上，卻仍舊戰戰兢兢，八角理論提供你更穩健的邏輯系統，讓你在漫漫的設計與實踐上，更有方向與把握。

（本文作者劉忠岳為莫仔有限公司遊戲企劃／
遊弈思‧歐洲桌上遊戲工作室創辦人／《炸魚薯條佐遊戲》部落格作者）

推薦序
充滿動機與樂趣的遊戲人生

陳威帆

　　從電腦遊戲問世之後，一般人提到「遊戲」這個名詞的時候，第一直覺會想到的是在虛擬世界裡，感受人們在現實生活無法實現的特殊體驗。在這個數位化的時代，當人們在探討科技如何改變生活、甚至是如何將實體生活搬入虛擬世界時，許多人都忘記了，我們仍是居住在現實生活的真實物種。

　　身為一個資深的遊戲玩家，在為現實生活的人事物進行設計時，我們想探討的是，這個「遷徙」的過程有可能倒過來嗎？我們有可能借用那些引人入勝的「遊戲設計技巧」和讓人充滿動機的「遊戲目標」，透過設計來讓人們的生活過得更好嗎？

　　這個一反常態的逆向化設計流程，我們把它稱為「遊戲化」。在設計生涯中，我們採用這個簡單的概念與想法設計了一系列的產品，從《植物保姆》、《Walkr》到《記帳城市》，透過遊戲的方法提供超過千萬的使用者健康、運動和個人財務管理上的遊戲動機。

　　我們居住在這個真實的世界，生活中的許多面向，還是能用充滿樂趣的方式來面對。遊戲是一種簡化、抽象過後的生活體驗，排除掉那些現實生活中的繁雜與瑣碎的事物，遊戲化幫助我們更容易認清目標、完成任務、取得成就或體驗我們在現實生活難以體驗的人生。

　　本書的論點建於在研究基礎之上，提供了我們更完整的架構和更深入的理論背景，讓我們了解如何透過「遊戲」的方式來改善人們的生活。本書提供的「八角框架架構」讓我們能夠更有系統的把遊戲化的主題套用在不同的設計層面中，讓我們能夠以更深入的角度一探「遊戲化」的本質與應用方向。

　　如何讓工作的時候變得更有生產力呢？如何讓自己更能夠持之以恆的運動來維持健康呢？這些原本枯燥乏味的問題，透過適當的遊戲化轉變，都有可能變成一個又一個有趣的遊戲主題。過去我們花費了大量的時間在虛擬遊戲中，現在也讓我們一探如何把這些遊戲元素拆解，並應用來解決我們日常生活中所見的各種問題。

　　八角框架架構總共分成了：使命、賦予創造力、社會影響力、不確定性、避免、稀缺性、所有權和成就等項目，並分別探討這些設計方法，如何刺激並提高我們由內而外的動力、替原本索然無味的事情賦予不同的意義、透過抽象化的思維來幫助創造力與想像力發展。無論遊戲化的入門者、或是已經從事設計多年的資深設計師，相信都可以從中獲得有趣的閱讀體驗。

　　因為遊戲很容易讓人產生互動，進而產生體驗，也是我們最容易學習新知與技巧的方法。畢竟，我們誰不是在兒童時期透過玩樂的方式長大成人呢？如果身為設計師的我們，都能夠精通這個技巧，進而設計出一套屬於我們自己、充滿動機與樂趣的遊戲人生，就能一起讓生活與世界更美好！

（本文作者為 Fourdesire 創辦人）

推薦序
遊戲化的關鍵在創造動機

馮勃翰

　　我從小就喜歡玩遊戲，或許你也一樣。

　　在記憶所及的每個階段，總有一兩款遊戲讓我著迷。小學時，爸爸買了一台「蘋果二號」電腦，自此打電動開始成為我的例行休閒活動之一。高中時，老師在台上講課，我和同學在台下打牌，為了怕被抓，我們把牌印在電腦紙上做掩護。過去幾年，從《Criminal Case》到《糖果大爆險》（Candy Crush），又讓我花了不少時間和買道具的錢。即便我在大學裡教書，也會帶學生透過情境模擬的商戰遊戲來思考賽局理論的重要觀念。

　　正因如此，當我初次翻開《遊戲化實戰全書》這本書，有句話立刻吸引了我：

　　從來沒有人「必須」玩某個遊戲。……而遊戲設計師的工作，就是要努力把玩家留在重複性活動循環中，為著「沒有目的」的目標而努力。

　　如果說，一個「沒有目的」的目標可以令人流連，那麼設計遊戲的方法能不能用來幫助我們設計出更吸引人的產品和活動？或是幫助我們打造讓人充滿動力的工作或學習環境？

　　這樣的概念就叫做「遊戲化」，這也是近年來逐漸發展形成的新領域。

　　不過，「遊戲化」三個字常會讓人望文生義而產生錯誤的想像。比方說，是否老師在課堂上帶遊戲就是「遊戲化教學」？是否專案負責人在任務分配的時候加入破關和競賽的元素就是「遊戲化管理」？是否網路小編在粉絲團上推出投票和抽獎，就是「遊戲化行銷」？

其實不然。

本書作者指出，遊戲化的關鍵不是外在的形式，而是內在的動力。因此所謂的「遊戲化設計」，實則是「以人性為中心」的設計，旨在藉助設計遊戲的種種概念，來提升參與者的動機、體驗與投入程度。

從這個基本精神出發，作者融合了心理學和行為經濟學的發現，並搭配大量的個案研究，提出了人會受遊戲吸引的八個核心動力，用我自己的語言來表達，分別是：使命感、成就感、冒險感、創意感、影響力、物以稀為貴、渴望擁有與害怕損失。

這八個核心動力構成了作者所獨創的「八角框架」。這個框架既是一套理論架構，也是一套設計方法。在這個架構底下，我們可以檢視自己的產品、教學、行銷活動或甚至領導方式，看看是否滿足或缺少了哪些能吸引參與者的核心動力，藉以成為我們進行遊戲化設計的基準。

你在書中會讀到令人大開眼界的實務討論，比方說，運用「八角框架」解析臉書為何讓人上癮，以及作者如何運用自己的設計方法來規劃他的網站。你會讀到成功的案例與失敗的案例，有的關於遊戲，有的則是關於商業或生活。

作者周郁凱是遊戲化領域的先鋒與指標型人物，在「遊戲化」這個詞還沒有出現之前，就開始投入相關的研究與應用。如果你對「遊戲化設計」有興趣，這是非常適合的一本入門書，我推薦給所有投入管理、行銷、產品設計與教育的讀者——以及所有和我一樣喜歡玩遊戲的讀者。

（本文作者為國立台灣大學經濟系副教授）

推薦序
透過充滿樂趣的體驗來創造價值、解決問題

鄭保志

　　過去幾年，我在《經濟學原理》課程中準備了十多個遊戲教案，讓學生透過遊戲來理解相關的經濟學概念。我去過好幾個大學分享教學心得，也以「玩遊戲、學經濟」為主題辦過幾次教學研討會與營隊，童心未泯的老師們玩得是不亦樂乎，但歡樂過後也不忘問我：「你不會擔心進度教不完嗎？」對此，我有兩個答案：一是反問「內容教得愈多，學生就學得愈好嗎？」這個回答雖然引人思考，但不見得能讓老師們安心；我的另一個答案是「好的遊戲讓學習更有效率」，這是真的，整個學期下來，我們班上的教學進度及內容相較於同一科目的其他班級只多不少。

　　必須誠實地說，這套遊戲教學模式還是有讓我深感挫敗的地方——絕大部分的同學在遊戲中非常投入，但當絢爛歸於平淡、輪到我講解遊戲背後相關概念的時候，會有不少人因為情緒上的強烈落差而昏睡。我不斷調整作法以解決這個問題，可是一直找不到良方，直到讀了周郁凱的《遊戲化實戰全書》後才豁然開朗。

　　我們或許在不同的地方曾經學到，人們會為了使命感、成就感、創新樂趣、擁有欲、人際歸屬感、珍稀事物、隨機驚喜與好奇心、損失趨避等各種理由而採取行動，卻缺乏一套完整的架構來組織這些不同的核心動力。郁凱提出一套很棒的分析架構，亦即貫串全書的八角框架，除了羅列出遊戲化的八大核心動力，以「正面 vs. 負面」及「外在 vs. 內在」兩項分類準則來擺放它們上下左右的相對位置，也討論了這套框架如何應用於各個遊戲階段與不同類型的玩家。隨著章節的開展，郁凱以深入淺出的方式，針對市面上各種成功、不成功的遊戲案例進行分析，仔細說明每一項核心動力的本質，同時也介紹了許多具備實戰性質的遊戲設計技巧。

　　好的理論能讓人看清複雜世界的本質，進而提出有效的解決方案。我一邊讀

書，一邊興奮地寫下觸發的靈感，除了解決眼前所遭遇的問題，也對於整個課程的設計有了全然不同的看法。我清楚地意識到自己先前的遊戲教學模式不過是拼湊而成的半成品，原來還有好多可以努力的空間來協助同學們學習，進而開發他們的創造力。我已經迫不及待地開始規劃全新的《經濟學原理》了。

　　最後我希望再強調一次書中已經強調過的重點：只是將一些遊戲元素（如點數、徽章、玩家排行榜等）塞入產品並不足以稱做「遊戲化」，就像把每一次考試包裝成一個「魔王」、把通過考試說成「破關」、把分數高低列成「排行榜」並賦予高分者「英雄」的頭銜，不會讓學生變得更有學習動機。遊戲化的重點是透過充滿樂趣的體驗來創造具有價值的人生，讓玩家能夠有效地解決問題而非逃避現實，如此的「人本設計」（Human-Focused Design）才是王道！

（本文作者為國立中央大學經濟系副教授兼系主任）

前言
更快樂、更有生產力的世界

本書主題不是遊戲化為何如此讓人驚奇，也不是遊戲化將成為未來主流，以及會讓生活變得多麼豐富。只是對遊戲化感到好奇的後進者，不一定要讀。本書重點不是遊戲化產業目前發展狀況，尤其狀況每個月都在變；相反的，主題是如何在你的產品、工作環境、以及生活方式中**落實優秀的遊戲化設計**。

本書深入探討遊戲為何如此有趣，以及如何將這些樂趣與吸引人的元素，應用在現實生活的生產活動之中。你可以運用遊戲化概念，以及經過科學驗證的方法，改善你的公司、生活、以及周遭其他人的生活。

有效的遊戲化結合了遊戲設計、遊戲動能、行為經濟學、動機心理學、使用者體驗／使用者介面（簡稱 UX/UI）、神經生物學、科技平台、以及投資報酬率驅動的商業實踐情況。本書將探討這些學問之間的互動，找出造就優秀遊戲化設計的核心原則。根據我過去十二年間對遊戲化的熱切追尋經驗，分享對於多種產業與領域的觀察。

本書各章多為之前章節的延續，所以我不建議你跳著讀。不過，如果你已熟讀我的著作，或者觀賞過我的影片，你可能已清楚了解八角框架的八項核心動力。這樣的話，請隨意跳過你已熟知的段落。

如果你非常忙，不確定是否想要花時間看完全書，我建議你從三、五、十、十四與十五章讀起，再決定是否想要閱讀本書。

本書將運用許多日常生活情境，說明這些核心動力的潛力，以及在傳統「遊戲化」範例之外的彈性應用。現在當我思考與擬想八項核心動力的各種可能性時，仍會不斷得到新的思考角度與啟發，希望你也如此。

由於本書名為《遊戲化實戰全書》，我的目標是讓本書變成一本策略指南，幫

助讀者掌控人生中真正關鍵的遊戲。如果能夠吸收本書內容，你會得到許多公司付出數萬美元才能得到的知識。

　　我的最終目標，是在所有產業廣泛落實優秀的遊戲化與**人本設計**。我非常盼望創造出一個永遠會更快樂、更有生產力的世界。在這樣的世界中，人們想做與必須做的事情之間將不再有明顯分野。隨著我們把時間花在享受所做的事情上面，人生會變得更加美好。

　　我很高興你已一頭鑽進書裡，準備一**起用遊戲力量**打造世界。讓我們開始吧。

周郁凱

2014 年 2 月 14 日

第 1 章

當超現實融入我們的世界

一個遊戲如何改變我的人生

在 2003 年某個看來尋常的早晨，我醒來時卻覺得一切大不相同。我對新的一天完全沒有動力。這一天沒有值得期待的事物——不再需要屠殺惡魔、升級裝備、收集掉寶、以及在 Excel 試算表上擬定策略。這是我決定退出《暗黑破壞神二》（Diablo II）之後的第一天。這是由暴雪娛樂公司（Blizzard Entertainment）開發的角色扮演電腦遊戲。

我徹底地感到空虛。

當時我還不曉得，我正經歷黑帽遊戲設計帶來的最危險效果之一。現在的我將之稱為「沉沒成本監獄」（Sunk Cost Prison）。

但是在那個早上，我還經歷了人生中影響最深遠的啟發之一，將我從一個比一般再好一點的學生，推向在加州大學洛杉磯分校大一首次創業之路，日後在二十三歲變成史丹佛大學客座講師，一年後募資超過一百萬美元，最後在接近三十歲時成為國際主講人，以及遊戲化領域的著名顧問。

更重要的是，這次深刻的啟發，確保日後的每一天我都會對工作充滿熱情與興奮。

我分享以上這段過程，目的不是要自吹自擂（畢竟你已經讀了我的書），而是因為我真心相信，任何人如果能記取我從這段啟發中學到的教訓，就可以在更短時間內表現更佳，同時無需經歷我一路上跌跌撞撞的過程。

暗黑破壞神二：我的啟發

如同許多同世代學生，2003 年的我是個重度遊戲玩家。對於每個遊戲，我都非常好勝，一向努力達到最高分。我幾乎無法隨便玩任何一個遊戲。不是全面投入，就是完全不碰。

在如此著迷之下，我會製作複雜的試算表，幫助我找出進行遊戲的最佳搭配組合（在第七章中，我們會探討有多少玩家這樣做。）我在廁所內閱讀戰略指南、經常在論壇發文、在許多遊戲社群成為知名領袖。有一次，我利用大學好友朱恩・羅埃薩（Jun Loayza）上課的時候，搬開紗窗闖入他的公寓，目的只是為了練習他買的遊戲《任天堂明星大亂鬥》（Super Smash Bros Melee）（後來這些年，朱恩與我成為許多讓人興奮的計畫的共同創辦人）。如同各位所見，我對遊戲相當著迷。

不過，當時我的大部分時間都花在認真玩《暗黑破壞神二》之上。我的朋友和我每天花費數小時升級。我擁有五個九十級以上的角色，以及兩個九十六級以上的角色。在遊戲世界中，這代表我在這個遊戲花掉超過一千小時。如果我接連兩年，每天都玩上兩小時，總共會略多於一千四百小時。非常緊湊，我知道。

但是和大多數玩家一樣，到了某一點，我的朋友們開始退出《暗黑破壞神二》，轉向其他新遊戲。最後我也決定退出，因為我不希望自己一個人玩。在這個轉換期之中突然出現的倦怠感（或者說疲乏感），讓我大吃一驚。

我感到憂鬱空虛。我心想：「我花了數千小時累積經驗、升級、贏得更多金幣、收集更佳裝備……現在卻一無所有。」**過去這幾年，我花在遊戲上的所有時間真的毫無意義嗎？**如果我將這些時間用來學習新語言，或者拉小提琴呢？這樣我會在現實世界中成為「高手」，而非只是在逃避現實的數位世界中而已。

我設計的第一個遊戲

我了解到，我尋找的遊戲正是**人生**。

如果在我自己的角色扮演遊戲中，我是角色之一，我絕不會留在家鄉遊手好

閒。在現實生活中，這相當於花時間看電視、和朋友鬼混、讓夢想留在原地。當然不會這樣！我會出走到荒野之中，打敗怪物、獲取經驗、學習新技能、累積資源、與具備同等技能的人結為盟友、從那些等級更高的人身上學習、以及嘗試征服讓人興奮的任務。

　　唯一的問題是，不像大部分運用電腦介面的遊戲，人生並不提供清楚的目標、讓我知道該做什麼的視覺提示、或者顯示目前進度的回饋機制。我必須設計自己的遊戲，以及明顯的目標、有意義的任務、以及充滿創意的回饋系統。我必須動手將人生轉為完整的冒險，讓身為玩家的我在其中提升與成長。

　　這項醒悟讓我展開邁向個人成長與追求創業的旅程。我的人生變成我的遊戲，我決心成為遊戲的高級玩家。儘管年紀尚輕，多年來身為玩家的征戰經歷，已經教會我如何精通這場人生的新遊戲。

　　接下來，設計我的人生變成一場長達十年的追尋歷程，目的是回答以下兩個發人省思的設計問題：

　　一、如何讓遊戲更有意義？
　　二、如何讓人生更有樂趣？

　　當時我無從知道，起自 2003 年的這份孤獨熱情，造就出當今最火紅的產業與流行用語之一，現在被人們統稱為「遊戲化」。

為何要遊戲化？

　　遊戲化，或者應該說是讓某件事物變得像是遊戲，當然不是新的想法。歷史上，人們一直試圖讓手上任務變得更引人入勝、更具激勵性、甚至「好玩」。當一小群人決定在狩獵與採集時彼此競爭，或者只是開始為他們的活動計分，與過去的紀錄比較時，他們已經採用了今日電玩遊戲讓任務更具吸引力的通用原則。

　　對於在工作場所採行遊戲規則的最早研究之一，是 1984 年出版的《享受工作》（*The Game of Work*），作者查爾斯・昆拉特（Charles Coonradt）在全書中探討在工作中加入遊戲元素的價值❶。

　　昆拉特探討的問題是：「相較於可領薪水的工作，對於自己選的運動或娛樂追求，為什麼人們願意付錢換到更加努力的權利？」接著他作出以下五點結論，說明嗜好比工作更受人們喜歡。

- 明確的目標
- 更佳的得分紀錄與記分表
- 更常得到回饋
- 更多個人選擇執行方法的自由
- 教練持續教導

　　隨著我們一起深入這段旅程，我們將學到，為何以上這些原因可被特別設計成特定核心動力。

　　另一方面，早期的遊戲化行銷手法之一，可以見諸於網站上的「打下鴨子」廣告橫幅（讓人遺憾的作法），這種視覺廣告顯示一隻繞飛的鴨子，吸引使用者點擊。這種作法曾經讓包括我在內的許多人上當，看到廣告時點擊過一兩次。日後，像是 eBay 與 Woot.com 等電子商務網站都導入聲音遊戲化原則，對於遊戲機制與動能如何讓流程充滿樂趣與吸引力，提供了廣受歡迎的範例（後面章節中，我們將討論 eBay 與 Woot.com 如何運用強大的遊戲化設計，讓購買行為變刺激與急切）。

　　當然，隨著數個世紀以來「遊戲」不斷演變，「讓事情變得像遊戲」的藝術也隨之出現演變。經由網際網路、大數據、嵌入式框架、以及更高畫質的發展，我們設計與執行更佳遊戲化的能力得以突飛猛進，現在已能將高明的遊戲式體驗，不知不覺地帶入生活的每個層面。

　　近年來，「遊戲化」已變成流行用語，原因是遊戲產業的重心已從製作男生愛

玩的簡單遊戲，轉移至《農場鄉村》（Farmville）與《憤怒鳥》（Angry Birds）等
社群與行動遊戲，這些遊戲吸引的對象包括中年主管與高齡退休人士。

隨著人們發現，身邊從小姪女到阿嬤的每個人都在玩電玩遊戲，以及像是星佳
（Zynga）、King、以及 Glu Mobile 等公司的股票首次公開發行（IPO），創下讓
人印象深刻的佳績，大家開始了解遊戲化的社會影響力。在此同時，由於遊戲設計
不佳，使得星佳等公司無法延續成功，連帶使得遊戲化概念受到質疑。關於這點，
我們會在第十四章仔細討論白帽與黑帽遊戲化之間的對抗。

隨著 Bunchball 與 Gamification.co 等組織使用充滿異國風的「遊戲化」一詞，
包裝它們的服務，遊戲化變成當紅炸子雞，刺激一整個全新產業問世：這個產業賦
予經理人、行銷人、以及產品設計師新的工具，在經驗之中創造參與度與忠誠度。

人本設計：比遊戲化更好的名詞

以我個人觀點，**遊戲化**是一種將常見於遊戲之中的樂趣與參與元素，仔細應用
於現實世界或生產活動的本領。我將此一過程稱為「人本設計」，相對於我們在社
會中常見的「功能取向設計」。人本設計優化系統中的人類動機，而非僅僅優化系
統中的功能效率。

大部分系統的本質都是「功能取向」，亦即設計目的是盡快完成工作。這就像
在工廠裡，員工執行工作的當然原因是受到要求，而不是因為自願從事相關任務。
然而，人本設計的核心強調的是人，人並非系統中不可或缺、但又沒有重要性的配
件。

我們擁有感覺、野心、不安全感、以及是否想要去做某些事情的理由。人本設
計在優化整套系統的設計時，是以這些感覺、動機與參與度作為基礎（註：我在
2012 年創造「人本設計」一詞，以便有別於「功能取向設計」，但此一用詞不應
與「以人為中心的設計」[2] 或 IDEO 的「以使用者為中心的設計」[3] 混淆）。

我們將此種設計的學問稱為「遊戲化」，原因是遊戲產業是首先精通人本設計

的產業。

除了讓玩家開心之外，遊戲沒有別的目的。是的，遊戲中經常設有「目標」，例如殺掉惡龍，或者拯救公主。但是，這些都只是讓玩家在系統內得到娛樂的藉口而已，目的是維持玩家的投入程度，將他們留在遊戲中。

遊戲設計師面對的殘酷現實是：從來沒有人**必須**玩某個遊戲。人們**必須**工作、報稅、支付醫療帳單，但是不需要玩某個遊戲。當某個遊戲變得不好玩的**那一刻**，玩家會離開遊戲去玩別的遊戲，或者去找別的事情來做。

由於遊戲設計師必須花費數十年光陰，學會如何將玩家留在重複性活動循環之中，為了「沒有目的」的目標努力，使得遊戲變成深入了解人本設計的重要途徑。的確，根據你對遊戲的定義（請想想**下棋**、**捉迷藏**、以及**大富翁**），你可以回顧過去數世紀，學習遊戲設計師如何教我們創造讓人沉迷、充滿樂趣的體驗。

經由遊戲化，我們可以從遊戲觀點了解如何結合不同的遊戲機制與技巧，創造出每個人都想要的愉悅體驗。

征服遊戲化

遊戲擁有讓人長時間投入、在人與人之間建立有意義關係、以及開發創造力潛能的驚人能力。不幸的是，今日大部分遊戲的目的只是讓玩家逃避現實，把人生浪費在不會改善自己或其他人生活的事物上。當然，唯一受益的只有遊戲公司而已。

請各位想像一種讓人上癮的遊戲，你花的時間愈多，生產力就愈高。你會整天玩、享受這種遊戲。隨著收入增加，你的職涯會有所改善、與家人的關係會變好、為社區創造更多價值、並且解決世界所面臨最大的挑戰。我相信這是遊戲化能夠達成的前景，也是我一生不斷努力的願景。

短短數年之內，遊戲化已發展至足以顛覆社會的地步，正在慢慢走進我們生活的每個層面，從教育、工作、行銷、育兒、永續發展、一直到醫療照護與科學研究：

- 美國軍方用在募兵遊戲上的經費，超越任何其他行銷平台。
- 福斯汽車的「人民車計畫」，吸引到三千三百萬名網路訪客，以及十一萬九千份「完美汽車」的設計想法。
- Nike 使用遊戲化回饋，驅使超過五百萬名使用者日復一日超越個人健身目標。
- 運用遊戲化平台上的《打敗 GMAT》（Beat the GMAT）遊戲，學生增長花在網站上的時間，考試成績提升 370%。
- 十天之內，《蛋白質摺疊遊戲》（Foldit）玩家破解一個困惑研究人員十五年之久的愛滋病病毒蛋白質問題。
- 根據娛樂軟體協會報告，七成主要企業僱主已在公司內引進遊戲化，提升員工表現與進行訓練。
- 另一份由顧能（Gartner）發表的類似預測報告，到 2014 年底，七成的財星五百大公司將引進遊戲化。

　　這張單子可以不斷列下去。我在個人部落格 YukaiChou.com 上整理了一份名單，其中包括超過「九十個擁有投資報酬率統計的遊戲化個案分析」，對象是 SAP 與思科（Cisco）等聲望卓著的「認真」企業。在我的部落格，這份名單是至今點閱次數最高的頁面之一，因為熱心人士與執業者都在不斷尋找確實的評量指標，證明遊戲化產生的報酬不只是好看而已。如需查看此一頁面，請連線網址 YukaiChou.com/ROI。

　　根據個人經驗，我發現遊戲化的潮流正在興起。不過數年之前，只有少數人找我討論遊戲化。現在，我經常從各種集團與企業收到演講或顧問的邀請，地點遍及南極洲之外的每塊大陸。

　　不幸的是，顧能在同一份報告中預測，這些遊戲化的努力會有八成失敗，原因是設計不良。我們將在本書中深入探討這個問題。

　　所以，問題仍然沒有解決：遊戲化到底有什麼用處？遊戲化真的可以產生能夠

評量的價值與報酬，或者只是曇花一現的新奇玩意，不會留下長遠影響？更重要的是，我的公司如何能夠像以上案例分析提到的公司一樣改進評量指標，而不是像顧能預測的八成公司一樣以失敗收場呢？

　　如同前言所說，本書並不會解釋為何遊戲化如此有價值，以及為何你應該採用。我不打算花費太多時間解釋其效果，因為市面上已有足夠書籍提供清楚說明。我的目標是解釋如何在真實世界情境中，成功地應用遊戲化原則與技巧。我要回答這些重要問題，幫助您設計出能夠真正激勵行為的體驗，而非在失敗的想法上添加「遊戲外殼」，然後希望奇蹟發生。人生苦短，不應花在糟糕的遊戲之上。

　　在 2003 年那個重大的日子，當我決定退出電玩遊戲時，我完全無法想像多年之後，會將研究遊戲作為一生志業。遊戲提供的價值遠超過消磨時間。現在正是掌握此一價值，讓時間發揮最大效果的時候。

　　旅程就此展開。

第 2 章

遊戲化不只是點數、徽章、排行榜

一則關於社群媒體的故事

　　遊戲化發展的狀況，必須放在歷史背景之下檢視，才能看出為何遊戲化機制最終無法帶來有用的設計。讓我們先看看社群媒體的狀況[1]。

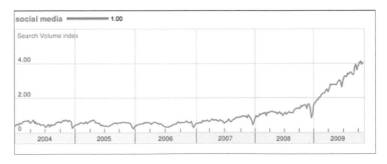

Google 搜尋趨勢的「社群媒體」搜尋量

　　由於部落格、臉書與推特的普及，「社群媒體」這個應用廣泛的詞語在 2007年取代「社群網路」，成為最新流行用詞。當產業界的興趣與興奮引起社會大眾注意時，必定會出現某些自稱專家的人士或單位，想要從這股討論熱潮之中獲利。無論你想到的最新流行用詞是 SEO（搜尋引擎優化）、SaaS（軟體即服務）、雲端、還是大數據，當這個名詞新到沒有人是真正的專家時，每個人都想被認定是專家。

　　這些「專家」認為，「社群媒體」平台與服務的成長，將會開啟科技、商業與

文化的新時代。他們努力藉由運用病毒式成長模型，以及收集個案分析，顯示善用社群媒體企業如何大獲成功，展現社群媒體影響力的重要性。「人人都是出版商」變成大家的格言，重點都放在企業應如何運用此一現象。這套說法非常鼓舞人心與符合邏輯。

不幸的是，「專家」的限度只到這裡而已。當企業真正僱用這些社群媒體服務業者負責行銷計畫時，他們很快發現「專家」只會創造推特的公司資料，以及臉書粉絲頁面（我親眼見過只是為了設立這些帳號，服務業者收費數千美元）。

然而，真正的問題不是**如何**發行，而是發行**什麼**。在社群媒體革命的初期，內容策略仍是難解之謎。關於內容，「專家」只會要求客戶公司寄來值得貼出的內容。每隔一段時間，他們也許會提供進一步的客戶支援，使用客戶的推特帳號或者臉書粉絲頁面分享照片。但是整體而言，產業界對於這項新「玩意兒」感到有些失望，因為大家期待中奇蹟般的投資報酬並沒有實現。

當時大部分人並沒有體認到，社群媒體運作遠比利用帳號處理與張貼文章更為深入，那些只是社群媒體影響與衝擊的表面而已。今天，我們曉得好的社群媒體計畫重點，是如何經由分享深入與吸引人的資訊、發表個人意見、真誠地與每位潛在客戶互動等等，為閱聽人創造價值。回歸基本，社群媒體的美妙之處在於設計與執行計畫，而非那些華而不實的工具。重點是你與社群間的非正式與正式對話，最終得以發揮平台的獨特可能性。

知道好的社群媒體原則，並不代表能夠正確無誤地執行。以「歡迎度」為例，大部分人都知道成為「受歡迎」人物的原則：外向、有趣、自信、在某些時候表現同理心等等。但是環顧社群或人際網路中的其他人，你會發現只有少數人能夠真正「受歡迎」，有的人甚至連試著這樣做，都會顯得做作。當原則與執行一致，真正社群媒體專家應做的是幫一個品牌受歡迎。

幸運的是，社群媒體的確擁有讓一家公司大獲成功的本領，而且此一潮流已經根深柢固（現在每個月仍會出現數十個社群媒體成功的案例分析）。今日的大部分企業都已接受此一信念：「如果貴公司沒有社群媒體策略，就會沒人理。」

　　這與遊戲化之間有何關聯呢？我們很快就會看到，社群媒體的初期現象，幾乎完全反映在今日的遊戲化產業之上。

對苦差事著迷

　　如同我在上一章提到，遊戲擁有讓人長期投入、在玩家之間建立關係與社群、以及培養創造潛能的驚人能力。不過，大家還是經常在問：「遊戲真的擁有激勵人心的力量嗎？」請考量這點：許多人都覺得現在的孩子缺乏堅強的道德感。他們抱怨現在的孩子沒有紀律、容易分心、而且在遭遇挑戰時無法表現持續力。

　　但是碰到遊戲，同樣的孩子卻表現出讓大部分人驚奇的職業道德。許多孩子會背著父母，在凌晨三點偷偷醒來，目的只是為了打場遊戲，讓他們的虛擬角色升級。

　　這種舉動背後的動機為何？如果你曾經玩過角色扮演遊戲，就知道「升級」經常需要花費許多小時，在同一階段一而再、再而三打敗同樣的怪物。甚至像是《糖果大爆險》（Candy Crush）或《憤怒鳥》這樣的行動遊戲，也需要花費數週或數月進行同樣的重複動作（丟擲鳥兒以及配對糖果），才能升級與進階。在遊戲世界中，這種行為被名副其實地稱為「折磨」，但是對兒童與成人擁有同樣的樂趣與上癮效果。

　　在真實世界中，這種行為經常被定義為「苦工」。一般而言，沒有人喜歡幹苦工，而且苦工需要堅強的職業道德與意志力才能完成。但是被認定缺乏紀律或職業道德的孩子，卻願意犧牲睡眠與冒著被處罰的風險，完成看來沒有意義的苦工，目的只是為了樂趣而已。

　　為什麼？因為角色的升級讓他們感到興奮。他們想要增加五點力量值，以及取得新遊戲技巧，用來挑戰達到足夠級數之前無法擊敗的怪物。他們這樣做是因為能夠綜觀全局，看清自己「為什麼」這樣做。他們喜歡這種成就感，以及使用創造力開發與優化某些策略。由於他們對這些感覺的渴望如此強烈，無論擋在路上的是苦

工或是其他工作，都值得馬上動手克服。

　　現在，請各位想像一個在必須做與希望做的事情之間沒有分隔的世界。這個世界之中，每件事情都充滿樂趣與吸引力，你每天早上醒來時都期待迎接新挑戰。在強大的動機因素之下，苦工有了新的意義。以上正是優秀的遊戲化設計能夠創造的前途與願景。

二手壽司不好吃

　　儘管許多相關案例的研究都指出，遊戲化擁有為世界帶來重大影響的潛力與希望，同時卻有更多執行不當、嘗試失敗、以及認知錯誤的例子。當我在 2003 年展開遊戲化事業的時候，沒有人真正了解或相信這門學問。大家以為我只是在創造更多玩電腦遊戲的藉口而已。

　　跳到十二年之後，遊戲化已成為全球各產業的主要設計方法。雖然我非常高興看到，當年我的孤獨熱情已經變成主流，遊戲化領域專家似乎並不很了解遊戲的現象卻讓我相當困擾。是的，他們也許花點時間玩過《糖果大爆險》，甚至玩過《憤怒鳥》與《水果忍者》（Fruit Ninja）。但是如果你問起，什麼遊戲曾經讓他們長時間投入與著迷，答案會非常簡短。

　　如同社群媒體，一旦遊戲化變成一個流行用詞，就會吸引到許多以為可以在一個新興產業中分一杯羹的人士。我一向堅信，你應該完全投入某種經驗之中，才能真正了解其中奧妙。沒錯，藉由仔細觀察那些生活中有某種經驗的人，你可以推論出一些見解。但是這就像看著別人享用壽司，然後要他們填寫問卷，而不是親自去吃壽司一樣。因此你會得出不同的結果。而且，如果你想要根據問卷調查結果複製經驗，你會為設計中的產品帶來「壽司的表層味道」。

　　有鑑於此，許多遊戲化專家只將重心放在開發遊戲的表層而已。我將之稱為遊戲體驗的表皮。這點最常見於我們所稱的 PBL：點數（Points）、徽章（Badges）、以及排行榜（Leaderboards）。許多遊戲化專家似乎相信，如果你對某件無聊的事

物給點數、加上一些徽章、以及提供比賽排行榜，原本無聊的產品就會自動變得讓人興奮。

　　當然，這正是許多遊戲化平台專門在做的事：以可擴充的方式，為許多產品導入 PBL。因此，許多對於遊戲化充滿好奇、但是所知不多的人士開始相信，遊戲化方法與哲學只是為產品加上分數、徽章與排行榜。這讓他們很有理由認為，遊戲化只是空洞的花招，不會造成重大影響。

　　這種作法導致遊戲開發社群的抗議，因為他們宣稱遊戲化扭曲了優良遊戲的真正本質。誰能責怪他們呢？ Foursquare 看來只是根據去過的地方，發給點數、徽章與排行榜而已。Nike+ 則是跑步領域的另一個翻版。遊戲化的深度就只有這樣而已嗎？

　　誠然，分數、徽章與排行榜在遊戲設計中有其地位。這是為什麼你在如此多遊戲中看到它們的原因。它們能夠激勵行為，推動人們採取某些行動。但是遊戲化遠遠不只是 PBL 而已。許多遊戲化專家只熟悉如何執行 PBL 機制。雖然這些東西可以創造價值，大部分專家卻完全遺忘了讓使用者投入的重點。因此，使用者經常感到被空洞的表相機制侮辱。

　　如果你向任何一位玩家詢問遊戲為什麼好玩，他們絕不會告訴你是因為 PBL。他們會玩遊戲的原因是其中的戰略元素，以及這是與朋友共度時光的好方法，或者想要挑戰自己克服難關。根據情況不同，分數與徽章經常只是額外獎勵而已，擁有倒也不錯。以上正是外在動機與內在動機的不同之處。外在動機讓你為了目標或獎勵投入，內在動機則出於活動本身的樂趣與興奮，有沒有獎勵都沒關係。我們將在第十三章深入分析以上不同，對比討論左腦動機與右腦動機。

少了希臘士兵的特洛伊木馬

　　一般的遊戲機制與設計不當的遊戲元素，例如升級、打怪或破關等等，經常落入與 PBL 一樣的陷阱之中。簡而言之，沒有深入使用者動機因素，直接運用最常

見的玩法中的傳統「遊戲元素」，會造就出膚淺的使用者體驗：只有閃電卻沒有雷聲。以下是個讓人發噱的例子，我碰過有人將某件「任務」稱為「破關」，以為這樣可以讓同樣的任務變得有趣與吸引人。當然，擁有玩樂心態可以帶來很大的不同，但是仍然有其限度，尤其是當客戶與員工可能已不信任你的動機時。

事實是，僅僅結合遊戲機制與遊戲元素，不會讓一個遊戲變得好玩。

同樣的，遊戲不見得因為高畫質畫面或精采動畫變得好玩。許多不賣座、銷售不佳的遊戲，都具備尖端的 3D 高畫質畫面。也有像是《當個創世神》（Minecraft）這樣畫面簡單的遊戲，甚至還有全無畫面的遊戲，例如只有文字的多人地下城堡遊戲《泥巴》（MUD）。這類文字遊戲同樣擁有大規模的著迷玩家社群。顯然，遊戲的引人之處不是表面看來那樣簡單而已。

不幸的是，遊戲化領域內的許多人士都誤以為，運用點數、徽章與排行榜等遊戲機制——許多無聊與不成功的遊戲也具備這些東西——就可以為產品或體驗帶來樂趣與吸引力。但是，重要的不只是你放入的遊戲元素而已，還有這些元素如何、何時、以及最重要的為何出現。

如果今日的軍隊指揮官說出以下這段話，一定會被當成蠢材：「嘿，希臘人送了一座大木馬給特洛伊人，所以贏得戰爭。讓我們也送一座大木馬給敵人！」以這個例子而言，顯然他不了解特洛伊木馬背後的真正設計，只是膚淺地照抄皮毛而已。相反的，如果他能創造出一隻偽裝成正常檔案的病毒，破壞敵人電腦，會是更有效的作法。從設計中學習，不要照抄人家的皮毛。

遊戲化的威脅與機會

即使遊戲化已被主流接受，設計不佳的應用仍在威脅其生存與影響力長遠發展。我真的很憂心數年之內，企業會對遊戲化說道：「嘿，我們已經試過分數這招，但是不管用。我猜遊戲化只是曇花一現的把戲而已。」

這對世界會是一大損失。

　　根據多年來對於遊戲化的研究、觀察與設計經驗，我百分之百肯定優秀的遊戲化設計能夠釋放出大量潛能，同時在過程中改善許多人的人生。以上這點已有數百份案例研究證明。我的工作（希望有朝一日，這也是你的工作）是繼續保護與創新遊戲化的核心意義與前景。

　　長期而言，「遊戲化」一詞可能逐漸消失，最後再重新出現。目前沒有人以「如此網路 2.0 ！」形容任何網站的設計。遊戲化可能變成我們設計、執行、以及與周圍世界互動的正常方式。我個人希望，為了人類動機而優化的原則，將會變成各種產業優良設計的標準。

　　幸運的是，目前已有足夠的遊戲化成功範例，不斷展現經過深思熟慮的設計，如何改變業務的核心評量標準，以及激發全新的思考與執行方式。除了我網站上列出的《九十個以上遊戲化案例研究》之外，如同前一章所述，部分最佳的遊戲化案例（例如 eBay 或 Woot.com）尚未被大部分業界人士歸入遊戲化類別，這點相當有意思。世界上就算沒有數百家、至少也有數十家公司已在流程之中，運用優秀的遊戲機制與遊戲動能（無論名稱為何），因而大獲成功。部分例子將在接下來的章節之中說明。

　　看了這些成功故事，如果執業者與一般遊戲化社群對於遊戲化的原則與作法的認知能夠不斷演進，我相信遊戲化將繼續演化，滿足真正的需求。

　　所以，如果「遊戲機制」本身不是遊戲如此迷人、甚至有時讓人上癮的真正原因。那麼原因到底是什麼？

好設計師 vs. 差勁設計師的故事

　　為了了解優秀遊戲化設計的核心，讓我們從一位差勁設計師如何設計一款遊戲的例子開始討論。

　　開始設計一款遊戲的時候，一位差勁的設計師會想道：「好，我應該使用哪些受歡迎的遊戲機制與遊戲元素呢？當然，我們的遊戲中需要怪物；我們還需要寶

劍，所以應該擺在哪裡呢？還有讓戰友們施肥的穀物呢？加上一些看來很帥的鳥兒如何？我相信大家一定會喜歡！」

　　從以上這段誇張的敘述之中，大家可以看到一款遊戲也許擁有所有「正確的遊戲元素」，但是如果沒有把使用者動機放在首位，結果會無趣或愚蠢到讓人難以置信。值得一提的是，市場中每種遊戲都擁有我們所謂的遊戲機制與遊戲元素。然而，大部分遊戲仍然無趣而且賠錢。只有少數幾款設計得當的遊戲，能夠吸引玩家，甚至讓他們上癮。你正在設計的是失敗遊戲，還是成功遊戲的體驗呢？你要怎麼知道答案？

　　所以讓我們看看好的遊戲設計師如何解決這個問題。好的遊戲設計師開始設計時可能會思考：「好，我想讓用戶**感覺**如何？覺得受激勵嗎？覺得自豪嗎？應該覺得害怕嗎？緊張嗎？我們想讓他們有什麼樣的經驗？」而不是一開始就使用遊戲元素和遊戲機制。

　　一旦設計師了解想要帶給玩家的感受，**接下來**她會開始設想：「好的，運用哪些遊戲元素與機制，可以幫我達成為玩家帶來這些感受的目標。」解答可能是寶劍、植物、或者字謎。但是這裡的重點是，遊戲元素只是達成目的的手法，而非目的本身。遊戲元素存在的目的，只是驅策玩家行為的核心動力而已。

　　有鑑於此，為了進一步探究、系統化、以及評量結合遊戲機制與核心行為動力的方法，我在 2012 年決心與全世界分享我原創的遊戲化設計架構，名稱是八角框架。八角框架架構象徵我畢生的努力，本書大部分內容將討論如何運用八角框架，設計有趣、吸引人、以及讓人樂此不疲的體驗。

第 3 章

八角框架架構

- 分數
- 徽章（成就符號）
- 固定行動獎勵
- 排行榜
- 進度列
- 關卡列表
- 獲得獎品
- 擊掌
- 加冕
- 升級奏樂
- 光環效果
- 按步驟教學
- 怪物對戰

- 敘述故事
- 精英主義
- 人類英雄
- 更高意義

- 新手的運氣
- 免費午餐
- 真命天子
- 共同創造者

- 解鎖里程碑
- 永續機制
- 將軍的紅蘿蔔
- 即時控制
- 立即回饋
- 加速器
- 填空
- 自願自主
- 選擇認知

使命

成就　　　賦予創造力

Octalysis

所有權　　　　　社會影響力

稀缺性　　　不確定性

避免

- 虛擬物品
- 從無到有
- 全套收集品
- 虛擬角色
- 贏得的午餐
- 學習曲線
- 保護
- 募集
- 監看

- 社交邀請／建立友誼
- 社交寶藏／禮物
- 翹翹板緩衝墊
- 團隊破關
- 兜售
- 自誇
- 飲水機
- 感恩經濟
- 師徒關係
- 社交刺激

- 醒目選擇
- 迷你關卡
- 視覺化說故事
- 復活節彩蛋
- 隨機獎勵
- 明顯懷疑
- 不斷獎勵
- 惡作劇
- 突如其來獎勵
- 神諭效應

- 動態約定
- 固定間隔
- 引誘
- 獎品待價而沽
- 選項待價而沽
- 病患意見回饋
- 倒數計時
- 油門
- 護城河

- 沉沒成本悲劇
- 進度損失
- 害怕錯過的恐懼
- 逐漸消失的機會

- 現狀怠惰
- 恥辱記號
- 視覺墳墓
- 悲歌

YU-KAI CHOU

八角框架及遊戲技巧

（遊戲技巧持續擴增中，僅為部分例子）

人人可用的遊戲化設計架構

考量到前一章提到的問題，過去十年我都在努力創造一個圍繞各種讓遊戲充滿吸引力因素的系統，分析與建立策略的完整架構。以我之見，每個成功遊戲都連結了我們心中某些核心動力，驅使我們進行各種決定與活動。我還注意到，不同種類的遊戲技巧會以不同方式驅動我們前進。有的是以激勵與授權，有的則是憑藉操控與著迷。我深入探討一種動機與另一種之間有何不同，結果產生名為**八角框架**的遊戲化設計架構。其名稱得自八邊形的外觀，每邊代表八項核心動力之一。

只顯示八項核心動力的八角框架

從我對遊戲化的孤獨追尋，到這門學問得到許多產業注目。過去十年間，我在許多方面受幸運之神眷顧，範圍遠超出我期望。如果我選擇投入熱情的學問，終其

一生都是一片荒漠，也不讓人奇怪。同樣的，當我在個人部落格 YukaiChou.com 發表八角框架時，廣受業界接納。其實許多優秀作品，在創作者在世時都無人注意或了解。我在個人部落格上發表的設計架構，也可能落得同樣命運。讓我高興的是，八角框架架構發表一年之內，已在沒有我出力之下被翻譯成十四種語言。如果是我自己動手，一次只能勉強克服一種語言。我很快從世界各地收到許多演講、教課、以及顧問的機會。

經過多年的實驗與調整，我體認到我們所做的每件事情，基礎都是八角框架之下八項核心動力的至少一項。請務必牢記這點，因為這代表如果期望的行動背後，沒有八項核心動力的任何一項，就代表缺乏動機，自然也不會有行為發生。

讓我們簡短探討這八項核心動力。

遊戲化的八項核心動力

第一項核心動力：重大使命與呼召

當一個人相信，自己正在做一件超越小我的事情，以及／或者被「選定」採取此一行動時，必定與重大的意義與召喚有關。例子之一是個人願意花費許多時間，貢獻像是維基百科這樣的計畫。我們都很清楚，為維基百科撰寫文章的目的不是為錢，而是因為相信正在保護人類的知識，這一點比個人更重要。另外，當某人碰到「新手的好運」時，也與此一動力有關。這種好運讓人們相信，他們擁有某種別人沒有的天賦，或者相信自己帶有「好運」，能在遊戲一開始就贏得讓人艷羨的寶劍。

第二項核心動力：發展與成就

對於取得進步、開發技能、達到精通、以及最終克服挑戰，發展與成就是我們的內心動力。在這裡，「挑戰」兩字非常重要，因為不經挑戰贏得的徽章或獎盃完全沒有意義。這是最容易設計的核心動力。巧合的是，這也是大部分 PBL（點數、徽章與排行榜）最重視之處。

第三項核心動力：賦予創造力與回饋

當玩家投入創造過程，一再找出新的事物，以及嘗試不同組合的時候，正是賦予創造力與回饋的表達。人們不但需要表達創造力的方式，更需要看到創造力的成果、接受回饋、以及據之做出調整。這正是為什麼玩樂高積木以及從事藝術，都是本質上充滿樂趣的活動。如果這些技巧能被適當設計與整合，讓玩家自行發揮創造力，它們經常會變成永續機制：遊戲設計師不需持續增加新內容，就能保持創造力的新穎與吸引力，大腦可以娛樂它自己。

第四項核心動力：所有權與占有欲

所有權與占有欲代表玩家覺得自己擁有或控制某樣事物時，表現出的積極態度。當一個人覺得擁有某樣東西時，會發自內心想要增加與改善手上已有的東西。除了在驅使人們累積財富的渴望背後扮演核心角色之外，對於系統內的虛擬物品或虛擬貨幣，所有權與占有欲亦有同樣功能。此外，如果某人花了大量時間打造自己的檔案或虛擬角色，會對其感到更大的所有權。最後，使用者對一項流程、計畫、以及／或者組織感到所有權時，同樣也有此一動力的影子。

第五項核心動力：社會影響力與同理心

社會影響力與同理心整合了所有激勵人們的元素，包括：師徒關係、社會接納、社會回饋、伴侶、甚至競爭與羨慕。當你看到一位朋友擁有某些驚人的技巧，或者擁有某件不凡事物的時候，會產生想要與之看齊的念頭。當我們自然親近某些相關的人、地方、或者事件時，更是以上這點的表現。如果你看到一份讓你想到童年歲月的產品，這種懷舊之情可能會增加你買下這種產品的機會。

第六項核心動力：稀缺性與迫切

當人們想要得到某件事物，只是因為其稀有、獨特、以及無法立即取得的時候，其實背後的核心動力正是稀缺性與迫切。許多遊戲都設有動態約定

（Appointment Dynamics）或休息酷刑（Torture Breaks），請玩家在兩小時後回來領取獎勵。無法立即得到某樣東西，會讓人們掛念一整天。因此，他們只要有機會，就會回到這項產品上。臉書剛推出時就善用了這點：當初臉書只供哈佛大學學生使用，接著開放給少數幾所知名學府，最後才向所有大專院校開放。當臉書終於開放給所有人的時候，許多人迫不及待地加入，原因是過去他們被摒除在外。

第七項核心動力：不確定性與好奇心

不確定性是一種不斷被使用的核心動力，因為你不知道接下來會發生什麼事。當某件事情不符合你習慣的認知循環時，大腦會加速運轉，注意出乎意料之外的狀況。這顯然是賭博上癮背後的主要核心動力，但也在每種公司舉辦的抽獎或樂透之中出現。在更高的層級，許多人會因為此一核心動力觀看電影或閱讀小說。在高度爭議的史金納箱（Skinner Box）實驗之中，動物會為了不可預測的結果，出現非理性地不停按下把手行為，正是出自不確定性與好奇心這種核心動力。不過，許多人都將之誤以為是點數、徽章與排行榜背後的普遍動力❶。

第八項核心動力：損失與避免

這項核心動力並不讓人意外，這是想要避免負面事物發生的動機。從小處來說，這是為了避免失去之前的工作，或者改變某人行為。從大處來說，這是為了避免承認你至今所做的每件事情都是白費力氣，因為你正打算退出。此外，消逝之中的機會也與這種核心動力有極大關係，因為人們覺得如果不馬上行動，就會永遠失去行動的機會（例如「限時大優惠！」）。

左腦（外部傾向）vs. 右腦（內部傾向）動力

在本書之中，我將多次重複以下這點，由於你做的每件事情多少都與八項核心動力有關，當期望的行動背後沒有八項核心動力的任何一項，就代表**缺乏動機**，自

然也不會有行為發生。此外，八項核心動力的每一項都有不同的**本質**。有的會讓玩家感到強大力量、但是不會產生任何迫切感，有些則會產生迫切感、著迷、甚至上癮，但是不會讓玩家覺得不舒服。有的是短暫的外在為主動力，有的則是長期的內在為主動力。因此，這八項核心動力被放在一個八邊形上面，並不是為了美觀，而是因為其位置決定了動機的**本質**。

左腦 vs. 右腦核心動力

　　八角框架架構的擺放，讓關於創造力、自我表達、以及社會動力的核心動力置於八角形的右邊。在這項架構之下，我將它們稱為右腦核心動力。至於通常被認為與邏輯、分析思考以及所有權相關的動力，則被置於八角形左邊，稱為左腦核心動力。

　　值得一提的是（尤其是對於正在搖頭嘆氣的「科學派」讀者），這裡提到的左腦與右腦，並不是它們在大腦中的真正位置，而是在兩種截然不同的大腦功能中的象徵性分別。

　　有趣的是，左腦核心動力通常仰賴外在動機，亦即你是為了想要獲得某樣事物而採取行動，無論對象是目標、物品、或者任何你無法取得的東西。另一方面，右腦核心動力則大都與內在動機相關。你運用創造力、與朋友出去、或者感受不確定性的懸疑感，並不是為了目標或獎勵。這些活動本身就會帶來滿足感。

　　這點相當重要，因為許多企業的設計都強調外在動機，例如當使用者完成一項任務時提供獎勵。然而，許多研究都指出外在動機會妨礙內在動機。為什麼呢？因為一旦企業結束提供外在動機，使用者動機經常會降至外在動機推出時的水準之下。這種傾向名為**過度辯證效應**（overjustification effect），我們會在第十三章詳加討論。

　　對於企業而言，更佳作法是設計激勵右腦核心動力的體驗，使其本質充滿樂趣與讓人樂在其中，因此使用者可以不斷享受與投入這項活動。能夠長久維持的激勵，經常會帶來更好的效果。

白帽 vs. 黑帽遊戲化

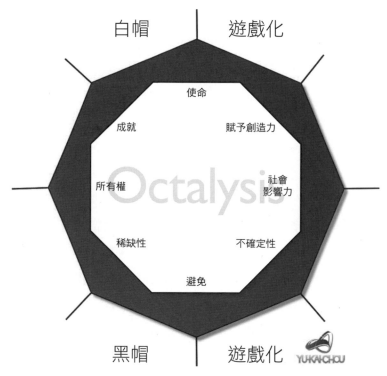

白帽 vs. 黑帽遊戲化核心動力

在八角框架架構之內，另一個值得一提的因素是八角形置頂的核心動力都被公認是正面動機，置底的核心動力則被公認較為負面。我將大量運用置頂核心動力的技巧稱為「白帽遊戲化」，運用置底核心動力的技巧稱為「黑帽遊戲化」。

如果某樣事物可以讓你表達創造力、經由精通技能感到成功、以及為你帶來更深遠的意義，因而吸引你投入，會讓你感到非常舒服與有活力。另一方面，如果你因為不知道接下來會發生什麼而一直在做某件事，你會患得患失。或者，如果為了取得你沒有的事物努力，這樣的經驗會經常讓你感到不快——即使不斷被激勵要採取這些行動。

從八角框架的觀點來看，星佳遊戲（根據 2015 年的狀況）的問題是該公司已經很成功地執行了許多黑帽遊戲技巧。當然，該公司並沒有一套將之視為「黑帽」的架構，而是將之稱為「資料推動的設計」❷。由於黑帽動機的緣故，長期以來該公司遊戲在忠誠度、上癮、以及付費方面，驅使每位玩家大量付出。然而，由於星佳遊戲並不讓玩家在過程中**感覺**愉快，當玩家終於能與系統一刀兩斷的時候，他們都很堅決離開。

同樣的狀況發生在賭博成癮者身上。他們並不覺得對自己失去控制，所以當他們戒除賭博的時候，會產生能力更大的感覺。近年來，星佳進一步證明了我的八角框架理論，「加倍賭注」推出一系列賭博遊戲，例如吃角子老虎遊戲《奧林帕斯寶藏》（Treasures of Olympus），讓該公司的設計方法更加遠離白帽核心動力❸。

請注意，不是因為被冠上黑帽之名，就代表某件事物真的很壞。這些只是動機而已，而且可以被用於獲得有益與健康的結果。許多人自願服從黑帽遊戲化的核心動力，更常前往健身房、選擇健康飲食、或者每天早上不按下鬧鐘的貪睡按鈕。第十四章之中，我們將討論黑帽遊戲化設計的道德與正面結果。

根據八角框架架構，一位優秀的遊戲化執行者應該考慮這八項核心動力，致力推廣正面與有益的活動，讓大家從此過著快樂與健康的生活。

隱藏的第九項核心動力：知覺

在本書仔細討論的八項核心動力之外，還有隱藏的第九項核心動力，名為「知覺」。這是採取行動為一個人帶來的身體歡娛。出於**知覺**核心動力，人們會使用藥物、接受按摩、或者享受性愛（希望其中包含許多其他核心動力）。如果你捨棄一種食物選擇另一種，原因經常只是這種食物比另一種美味，這主要就是**知覺**的緣故。與其他核心動力相比，這裡主要的不同是**知覺**主管身體感覺，為我們的觸感、聽覺、嗅覺、甚至味覺帶來歡娛。其他核心動力則經由心理方式為我們帶來歡娛，亦即我們所見、所聽、所食背後的意義與背景。

我沒有將知覺包含在主架構之內，原因是八角框架主要重點為心理動機，而非

生理動機。舉例來說，我在**大部分**情況下都無法設計出一種互動經驗，讓使用者獲得搭雲霄飛車的加速感。在八角框架說明表（將於第十六章討論）之下，按摩可以被指定為一項獎勵或**回饋機制**，但是行為通常必須經由稀缺性、成就、以及所有權等核心動力產生激勵。

即使知覺沒有被列入八角框架的八項核心動力之一，我們仍然體認到其存在，了解某些行為是由知覺驅動。然而，如果沒有八項核心動力相隨，**知覺**本身會受到相當限制。即使像是性愛這樣的歡娛活動，如果缺乏**好奇心、占有欲、創造力**與**稀缺性**等動力，也可能變得相當無趣。

將第一級的八角框架應用於真實系統

列出八角框架的架構之後，下一步是找出如何運用。由於我們所做的每件事情都是基於一項或多項核心動力，任何吸引使用者投入的產品或系統，通常都具備以上列出的核心動力之一。如果系統內缺乏八項核心動力的任何一項，就代表缺乏動機，使用者將逐漸退出。

八角框架的第一項應用是從動機觀點出發，分析各項產品與體驗的長處以及短處。此處的重點是開始思考，這項產品或體驗如何運用八項核心動力的每一項，以及找出所有啟動核心動力的遊戲機制與技巧。

運用八角框架的遊戲化例子

以下是一份對於數項遊戲與網路商品所做的八角框架分析：

如同各位從圖表所見，臉書在八項核心動力的許多方面實力堅強，但是在第一項核心動力方面：重大使命與呼召相對弱勢。一般而言，使用臉書並無崇高目的，除非你是少數對臉書使命做出積極貢獻的人士之一。

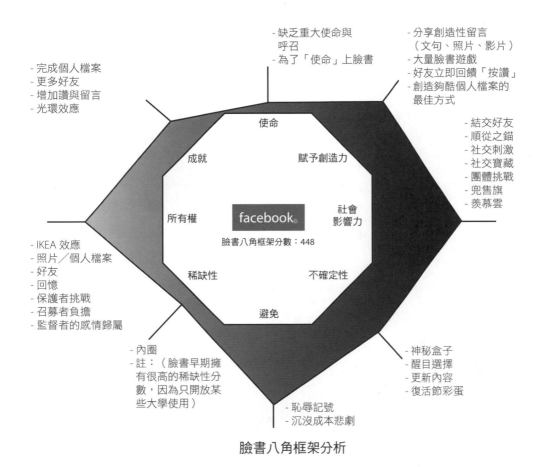

- 缺乏重大使命與
  呼召
- 為了「使命」上臉書

- 分享創造性留言
  （文句、照片、影片）
- 大量臉書遊戲
- 好友立即回饋「按讚」
- 創造夠酷個人檔案的
  最佳方式

- 完成個人檔案
- 更多好友
- 增加讚與留言
- 光環效應

- 結交好友
- 順從之錨
- 社交刺激
- 社交寶藏
- 團體挑戰
- 兜售旗
- 羨慕雲

使命

成就　　　　賦予創造力

所有權　　facebook○　　社會
　　　　　　　　　　　　影響力

臉書八角框架分數：448

稀缺性　　　　不確定性

避免

- IKEA 效應
- 照片／個人檔案
- 好友
- 回憶
- 保護者挑戰
- 召募者負擔
- 監督者的感情歸屬

- 神秘盒子
- 醒目選擇
- 更新內容
- 復活節彩蛋

- 內圈
- 註：（臉書早期擁
  有很高的稀缺性分
  數，因為只開放某
  些大學使用）

- 恥辱記號
- 沉沒成本悲劇

臉書八角框架分析

　　對於第六項核心動力：稀缺性與迫切，臉書的得分也不高，原因是現在使用者想在臉書上做的事情之中，只有少數被禁止。

　　以上圖表讓我們知道，臉書主要聚焦於右腦核心動力，重點是內在動機。此外，臉書更傾向黑帽地帶，這代表臉書更容易促成上癮行為，鼓勵使用者每天使用。

　　在左腦核心動力之中，我們看到人們是受外在動機驅動，而非為了成就感或取得獨特性使用臉書。扮演最重要角色的是第四項核心動力：所有權與占有欲，目的是收集、量身訂作、以及改良手上的東西。

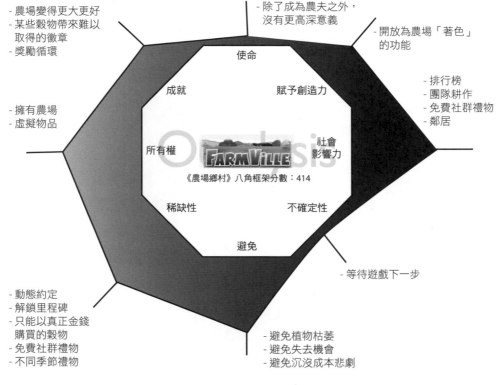

- 農場變得更大更好
- 某些穀物帶來難以
  取得的徽章
- 獎勵循環

- 除了成為農夫之外，
  沒有更高深意義

- 開放為農場「著色」
  的功能

- 排行榜
- 團隊耕作
- 免費社群禮物
- 鄰居

- 擁有農場
- 虛擬物品

使命

成就　　　賦予創造力

所有權　　　社會
　　　　　　影響力

FARMVILLE

《農場鄉村》八角框架分數：414

稀缺性　　　不確定性

避免

- 等待遊戲下一步

- 動態約定
- 解鎖里程碑
- 只能以真正金錢
  購買的穀物
- 免費社群禮物
- 不同季節禮物

- 避免植物枯萎
- 避免失去機會
- 避免沉沒成本悲劇

《農場鄉村》八角框架分析

　　如同臉書，《農場鄉村》與《糖果大爆險》的內在都缺少第一項核心動力：重大使命與呼召。此外，《農場鄉村》更缺乏第七項核心動力：不確定性與好奇心，原因是遊戲內並沒有太多驚奇。玩家回到《農場鄉村》，只是為收成數個小時之前種下的穀物。《糖果大爆險》比較平衡一些，但是稍微偏向右腦核心動力。

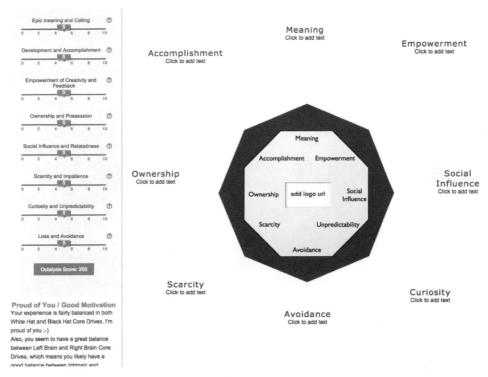

八角框架工具

　　過去我使用 Keynote 程式，動手製作每個八角框架表。幸運的是，來自以色列的八角框架迷朗‧班塔塔（Ron Bentata），好心地為所有人提供了一套易於使用的八角框架工具（可由 www.yukaichou.com/octalysis-tool 取得）。

　　運用這套八角框架工具，讓我們再看看幾個八角框架的例子。

成就
- 輕易贏得小勝
- 獲得追隨者
- 增加轉推
- 增加回覆
- 特別的少有資訊

使命
- 新一波微部落格推文
- 無所不知
- 結合國際社群

賦予創造力
- 字數限制帶來創造力
- 創造風趣／有價值內容

所有權
- 累積追隨者
- 追隨客製化內容的
  艾佛烈（Alfred）
  與 IKEA 效應

社會影響力
- 在推特上與朋友互動
- 感恩經濟
- 標籤
- 回覆與追隨者

使命

成就　　　賦予創造力

所有權　twitter 推特　社會影響力

稀缺性　　　不確定性

避免

稀缺性
- 當機鯨魚（休息酷刑與
  復活節彩蛋）
- 字數限制
- 單向追隨

避免
- 損失追隨者
- 害怕錯過的恐懼

好奇心
- 有趣與不可預測的推文
- 有人會回嗎？
- 快速新聞

成就
- 個人檔案進度列
- 「X 人已看過你的檔案」
- 建議
- 背書
- 成就獎盃牆

使命
- 「成為未來工作經濟一部分」
- 找到讓你充滿熱情的夢幻工作

賦予創造力
- 「修飾」個人檔案，以及在社
  群中建立名聲的更佳方式
- 在領英撰寫內容

所有權
- 你的人生，你的工作
- 賺更多錢
- 累積更多人脈
- 組織更多檔案

社會影響力
- 社交寶藏——推薦
- 社交刺激——背書
- X 人已看過你的檔案
- 被其他人看過檔案的
  類似人士
- 相似性

使命

成就　　　賦予創造力

所有權　Linkedin 領英　社會影響力

稀缺性　　　不確定性

避免

稀缺性
- 想要看看她的檔案？
  請升級為頂級會員
- 想要與她聯絡？
  請升級為頂級會員
- 想知道誰看過你的檔案？
  請升級為頂級會員

避免
- 避免職涯受損
- 避免惡劣名聲

好奇心
- 有多少人以及有誰看過
  我的檔案？
- 我的朋友目前在做什麼？

從這裡我們可以看到，推特的表現相當平均，但是略偏向右腦核心動力。相對之下，領英（LinkedIn）高度偏向左腦核心動力，強調白帽因素。這點很有道理，因為領英關注的是你的職涯、生活、還有成就。這些是非常外在的目標，因此每個人都覺得需要一個領英帳號。然而，由於領英缺乏右腦（內在傾向）核心動力，該網站並沒有提供許多讓人愉快的活動。這是多年來領英面臨的挑戰。使用者創立帳號之後，在領英上面就無事**可做**，帳號只是放在那裡而已。

過去數年間，領英一直致力於增加網站的吸引度，尤其是在第五項核心動力：社會影響力與同理心。該網站使用了一些遊戲化技巧，像是社交刺激（Social Prods）與社交寶藏（Social Treasures）等等。第九章中，我們將討論領英如何運用這些遊戲化技巧。然而，經由八角框架，我們可以看出如果領英能夠更努力開發第三項核心動力：賦予創造力與回饋，以及第七項核心動力：不確定性與好奇心，一定能夠獲得許多益處。

第二層與更高級的八角框架分析簡介

經過十年的八角框架研究與執行，我們已經擬出一套相當牢靠的架構，能夠據以採取行動，推動產生更佳的動機與評量標準。如同各位所見，想要創造豐富的遊戲化體驗，不只是將各種遊戲機制加入現有產品而已。這種技藝需要大量的分析、思考、測試、以及調整。

隨著各位在八角框架領域一路往上爬，最後超越木書的內容，你會學到更高層級的八角框架設計（最高至第五級。世界上只有少數人爬到第四級以上）。這些高層級框架，結合了更高明的設計原則以及深入分析。

精通第一級的八角框架之後，我們可以將之應用於第二級八角框架。在這個層級，我們試著優化玩家／使用者歷程中的四階段體驗。這些階段分別是：**發現**（為何人們想要嘗試這種體驗）、**加入**（使用者學習玩遊戲的規則與工具）、**攀登**（為了達成目標採取重複行動的常見歷程）、以及**結束**（你如何留住有經驗玩家）。

第二級八角框架為四階段設計

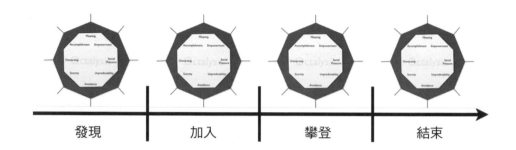

第二級八角框架：納入玩家歷程的四個階段

　　大部分人將他們的產品視為一項體驗，這看來十分合理。但是就動機而論，我相信這是錯的，因為對於使用一項產品，你在第一天的理由經常與第一百天的理由大不相同。由於你作的每件事情都出自八項核心動力之一（除開第九項核心動力：知覺），如果其中任何一個階段完全沒有核心動力，使用者就沒有理由邁入下一階段，結果會乾脆退出。

　　根據下圖，你可以評估在使用者歷程之中，不同的核心動力——無論是**不確定性**、**成就**、或者**社會影響力**——如何在每個體驗階段扮演突出的角色。舉例來說，大部分發現某項產品的原因是第七項核心動力：不確定性與好奇心。他們曾經讀到相關報導，或者聽到其他人討論。

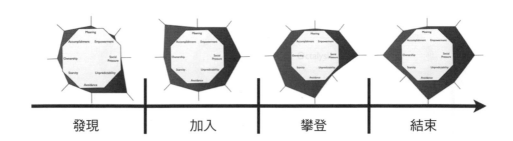

| 發現 | 加入 | 攀登 | 結束 |

體會玩家在整段歷程中感受的變化

在**加入**階段，他們可能受到第二項核心動力：發展與成就的激勵，因而在剛開始的階段，覺得自己聰明與能幹。到了**攀登**階段，他們的激勵可能來自社會影響力（第五項核心動力），以及試著追求未能達到的目標（第六項核心動力：稀缺性與迫切）。進入**結束**階段，他們可能繼續投入，因為他們不想失去已有的地位與成就（第八項核心動力：損失與避免）。

如何經由八項核心動力為四個體驗階段進行設計，將會展現你身為八角框架遊戲化設計師的功力。當然，千萬別忘了要為核心動力的適當**本質**進行設計，了解何時想要動用更多黑帽、何時想要動用更多白帽，以及何時運用外在／內在動機。

一旦精通了第二級八角框架，接下來你可以向第三級推進，將不同形式的玩家納入考量。這樣做將讓你看到不同性格的人，如何在體驗的不同階段得到激勵。

第三級八角框架的四種玩家類型

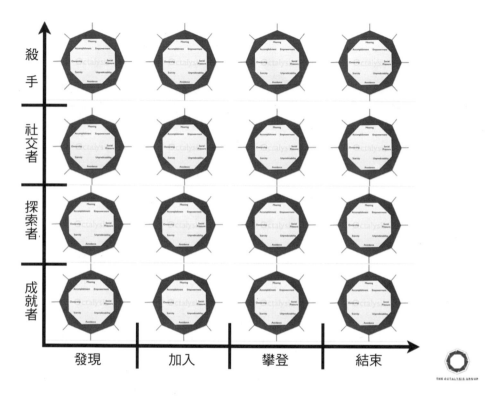

往上一級：第三級八角框架與巴托的玩家類型

　　上圖中，我在第三級八角框架之中應用了李查・巴托（Richard Bartle）的四種玩家類型（成就者、探索者、社交者、以及殺手），主因是這在遊戲設計領域是眾所公認的模型。然而，第三級八角框架其實並不需要巴托的玩家類型❹。事實上，巴托本人宣稱自己的四種玩家類型可能並不適用於遊戲化環境❺。真實情況可能是銷售人員 vs. 行銷人員、男性 vs. 女性、忠誠顧客 vs. 毫不在乎的顧客 vs. 新顧客等等。這裡的重點是不同種類的人受到不同的激勵，所以第三級八角框架容許設計師了解每個人在不同階段的感受，據此進行設計。在第十五章中，我們將討論巴托的四種玩家類型與八角框架的關係。

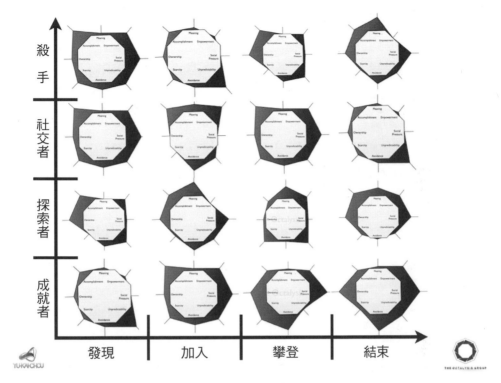

感受每種玩家在每個體驗階段受到的激勵

　　想要設計出人人都喜歡的東西，豈止是難上加難。但是運用這個架構，你可以開始找出手上系統的弱點，動手改善不同階段提供的動機。了解第三級八角框架之後，你幾乎可以**感受**到動機如何在系統內移動，以及體認到何處缺乏動機，或者系統內是否有太多黑帽或外部動機。

　　舉例來說，經由第三級八角框架，你可以得到像是以下的結論：「看來成就者是從發現階段開始體驗，加入階段還不錯，但是在攀登階段失去動機退出。探索者會因為第七項核心動力：不確定性與好奇心試用產品，但是他們在加入階段感到困惑而離開。社交者根本不想嘗試這種體驗，因為產品廣告並沒有提到第五項核心動力：社會影響力與同理心。最後，在這個案例之中，殺手似乎是唯一走完發現、加入、攀登、以及結束階段的人，目的可能是為了向新玩家炫耀。」

雖然八角框架共有五級，對於大部分想要了解為何產品未能吸引使用者的公司而言，第一級已經相當足夠。高階的八角框架流程，可供真正致力往正確方向發展評估標準的組織使用，延長遊戲化系統的壽命。許多遊戲受歡迎的時間只有三到八個月，但是擁有無懈可擊結局設計的遊戲，可以持續數十年、甚至數世紀之久。

本書主題是討論八項核心動力、如何為它們進行設計、以及如何套用，為所有使用者創造最棒的體驗。如果以上主題至今還沒有引起你的興趣，你最好放下本書，把時間花在更有用的事情上。但是如果以上主題引起你的興趣，決定繼續閱讀，我保證前面會有一段充滿探索、生出力量與覺醒的刺激旅程。光是想到這點，讓我也同感興奮。

馬上動手做

入門：想到一個你長期以來都很喜歡的遊戲。你能想到此一遊戲具備八項核心動力的哪一項嗎？

中級：思考你為何閱讀本書。與其他活動相比，何種核心動力是你閱讀本書的動機？

請將你的想法加上標籤 #OctalysisBook，在臉書、推特或你喜好的社群網路上分享，看看別人有哪些想法。

第 4 章

正確看待遊戲化

在進一步經由八項核心動力，深入探討體驗與投入度之前，我想要花點時間解決一些急迫問題，主要是關於遊戲化活動的多種形式。

雖然遊戲化是很刺激與有用的主題，許多剛加入此產業的人，仍然想不通遊戲化的意義，以及如何將之分類。

如果您的員工不想玩遊戲呢？將某樣事物稱為破關，是否就叫作遊戲化？Blendtec 用來宣傳旗下果汁機的遊戲化，與 eBay 用來讓其平台易於上癮的遊戲化是否一樣？我怎麼知道何種遊戲化對本公司有用？

對於一般讀者（當然不是指你）而言，以上問題實在有夠讓人迷糊。由於遊戲化是個如此包羅廣泛的名詞，涵蓋所有「讓事物像是遊戲」的作法（附帶一提，廣受愛用的維基百科定義是：「在非遊戲情境中使用遊戲思維與遊戲機制」❶），其範圍幾乎毫無限制。這點讓遊戲化觸及各式各樣的領域與產業。然而，這也讓遊戲化成為許多批評者的目標，因為對這個名詞的廣度感到不滿。尤其受他們批評的是，由於此一名詞的廣泛本質，遊戲化迷會將每件正面、有趣、激勵人心、或者讓人投入的事物，視為他們的專業成就。

在你接著讀下去之前，我想要先發表一段免責聲明，本章目的不是教你如何遊戲化某種體驗，以求結果更佳。本章目的只是說明此一名詞在語言與語義上的一些問題，以及我對這方面的看法。對於什麼是、什麼不是遊戲化的爭論，我不保證能夠提供定論，但是我希望讀完本章之後，你可以對這個領域擁有更全面性的了解。

關於人類行為與好的設計，還有許多讓人著迷的題目，會在接下來章節中讓我更感興奮。雖然我很遺憾地必須花費時間，撰寫這個沒有好處的題目，但是我希望讀者曉得，有個更大的「遊戲化世界」存在。

文字戰爭

回顧 2011 年，遊戲化重量級人物加比・齊舍曼（Gabe Zichermann）與塞貝斯欽・狄特丁（Sebastian Deterding）對於遊戲化概念有過一場公開辯論。

以下是背景資訊：齊舍曼是非常聰明的行銷人、演講者、以及 G 高峰會（GSummit）執行長，此一高峰會是業界規模最大的遊戲化會議。他是遊戲化與其商業運用的主要提倡者之一。

狄特丁是擁有博士學位的學者，主要領域是遊戲設計與遊戲化的深入理論以及動機。在這個領域，他是公認最受尊崇的思想領袖之一。

在這場規模驚天動地的辯論中，狄特丁公開逐章檢討齊舍曼的著作《精心設計的遊戲化》（*Gamification by Design*），解釋為何他認為每章都有謬誤以及／或者不正確之處❷。誇張一點地說，他為這個主題發表的部落格文章幾乎比原書更長。

狄特丁駁斥了齊舍曼的《精心設計的遊戲化》一書的主張之一，亦即嚴肅遊戲與廣告遊戲應被認為是遊戲化例子。對於不了解以上名詞的讀者，維基百科將嚴肅遊戲定義為「一款主要設計目的並非單純娛樂的遊戲」。換言之，這些遊戲是為了生產性目的而設計，例如訓練、教育、醫療等等（因此使用「嚴肅」一詞）❸。

BusinessDictionary.com 將廣告遊戲定義為「一款包含某些形式的產品、服務、或企業廣告的電玩遊戲。」❹這些遊戲基本上是互動式廣告，吸引潛在消費者前往網站，或者走進店家。我提過「打下鴨子橫幅廣告」是種早期的厚臉皮廣告遊戲化形式，這些橫幅廣告在技術上也可被列入廣告遊戲。

如同各位所見，兩種定義都包括「一款（電玩）遊戲」，這似乎有違將某種事物「遊戲化」的本意。在我的著作之中，我討論你如何將任何有關人類動機的事物

遊戲化，條件是這種事物並非遊戲，就像你無法將液體液化一樣。然而，你可以在遊戲之中應用更佳的遊戲設計。

根據這樣的標準，由於嚴肅遊戲與廣告遊戲已經是「遊戲」，你無法真的讓它們遊戲化。對吧？

字義 vs. 價值

對我來說，以上這段討論根本沒有實質意義。我寧可把時間花在學習以及駕馭遊戲的力量改變世界，而非辯論名詞的歸類。如果花費整天時間，爭論某樣東西屬於「為旅行設計的遊戲」還是「旅行遊戲化」，對世界有什麼好處呢？

但是有人會說：「不對，嚴肅遊戲其實就是最好的例子！遊戲化只限於那些讓人很沒力的東西。」為什麼人們先將遊戲化定義在讓人沒力的東西，然後以沒力形容呢？多年以來，我曾經參與嚴肅遊戲與廣告遊戲計畫的工作。如果我可以運用這些知識與經驗幫助改變世界，為何要為了一些定義問題，限制我身為遊戲化專家能做的事？

有個小秘密要與各位分享：對於大部分認真的學者而言，雖然我宣稱擁有十二年的遊戲化經驗，其實我是個冒牌貨。我擁有三年的**嚴肅遊戲**經驗、三年的**客戶忠誠計畫**經驗、以及六年的**遊戲化**經驗，後者又包括兩個不同階段。整段時間之中，我一直受到同樣的願景驅動，要運用遊戲的原則影響世界。你可以叫我瘋子，但是我寧可將我的工作稱為遊戲化，然後開始產出改變世界的成果，而非爭執身為遊戲化專家，什麼是我可以做或不可以做的事。

我曾經寫到，為何我（以及許多「遊戲化專家」）並非「遊戲化」一詞的熱情粉絲。這是一個廣獲業界採用的名詞。我偏好的是「人本設計」一詞（相對於功能取向設計），因為這種設計流程在系統內考量到人類動機。

出於類似的道理，我不喜歡「嚴肅遊戲」一詞，因為這意味著純粹遊戲並不嚴肅。數以百萬計的認真玩家會非常不同意這一點。請想想如果運動員為了慈善目的

比賽籃球，結果被人們稱之為「嚴肅運動」產業，他們肯定會覺得受到冒犯。

接下來，還有更多「吸引企業」的詞語，像是「動機設計」、「行為經濟學」、或者「客戶忠誠計畫」，它們與模稜兩可的「遊戲化」一詞之間有許多混淆與重疊之處。許多人士宣稱，客戶忠誠計畫不應被認為是遊戲化，但是接著主張航空公司的里程獎勵計畫是遊戲化最佳例子之一。

字義之戰之後，像是狄特丁以及簡・麥戈尼格爾（Jane McGonigal）等多位熱中以遊戲為基礎解決方案的人，與大部分的「主流」的遊戲化專家以及平台之間，對於諸多原則產生歧見。他們站出來表示，如果這樣叫作遊戲化的話，他們完全不想與之沾上邊。相較於遊戲化，他們比較喜歡使用「遊戲化設計」一詞，因為他們有時認為這是遊戲化的升級❺❻。許多其他遊戲化的批評者加入狄特丁與麥戈尼格爾陣營，宣稱主流的遊戲化應用沒有激勵效果，反而會操控人心。

到頭來，與其爭論什麼包括與不包括，更有益的作法是不是讓每個人都說：「既然我們的人生已經在遊戲上花掉這樣多時間，現在讓我們運用從中學到的教訓，讓一切變得更美好」？

當然，人們總是難以避免會在語義上咬文嚼字，因此最好在整個對話過程之中，擁有一套架構化的思維，以便與同事或上司溝通。

番茄是水果還是蔬菜

以我之見，嚴肅遊戲與廣告遊戲應該被包括在遊戲化之內，因為它們都運用遊戲設計，達到非遊戲的生產力目標。

在「這是一款遊戲」與「這不是一款遊戲」的分類之間，界線經常十分模糊。舉例來說，有時候很難判斷某件事物是用於訓練的「遊戲」，還是「遊戲化的訓練」。你可以把用來訓練員工行為舉止的遊戲稱為「嚴肅遊戲」，但是你也可以說該公司將訓練計畫遊戲化。根據我個人的定義，這就像你可以藉由引進「嚴肅遊戲」，將訓練「遊戲化」，但是嚴肅遊戲問世之後，你再也無法將之「遊戲化」。

既然它已經是種遊戲，你只能加上更佳的遊戲設計，不能將之「遊戲化」。你可以看出，這樣的對話如何很快落到沒有建設性的地步。

在瑞士洛桑發表的 TEDx 演說之中，我提出八項改變世界的遊戲化概念，每項代表前章提出的核心動力之一❼。關於第三項核心動力：賦予創造力與回饋，我提到自己最喜歡的例子是「嚴肅遊戲」《蛋白質摺疊遊戲》。對某些人來說，這項聲明可能讓他們嚇出心臟病。

對於第五項核心動力：社會影響力與同理心，我舉的例子是學習遊戲《神龍之盒》（DragonBox）。至於第八項核心動力：損失與避免，我舉的例子是《殭屍大逃亡》（Zombies, Run!），這是一款激勵玩家跑步的健身遊戲。有些人不認為它們是遊戲化範例，因為本身已是遊戲（相較於對無聊的東西大量發送徽章）。

如果我們從遊戲中學到的東西，可以讓世界變得更好的話，為什麼要努力限制自己的觀察角度呢？觀眾們顯然並不在乎這點，而且對於讓生活中一切事物演變成充滿樂趣與動力，或者說更像遊戲的潛力，大家都迫不及待。

鄭重聲明，番茄在生物學上被歸類為水果，但是烹調上卻被視為蔬菜。相對於只關心烹煮與享用一道美味佳餚的人們，以上這點也許只有園藝專家在乎而已。

顯性遊戲化：滿足非遊戲目的的遊戲

不論什麼是與不是遊戲化，我認為更有益的作法是根據如何執行，以及不同種類玩家如何回應，將遊戲化的方式分為兩大類。在我的著作之中，這兩種遊戲化執行的形式分別為「顯性遊戲化」以及「隱性遊戲化」。

顯性遊戲化包含運用顯然像是遊戲的策略。玩家知道他們正在玩遊戲，而且通常是自主選擇投入遊戲。例子之一是《迪肯比・莫湯波的四週半拯救世界》（Dikembe Mutombo's 4 1/2 Weeks to Save the World）❽。這是老帆船（Old Spice）推出的一款有趣、古怪的「廣告遊戲」，讓一位著名的籃球巨星在「世界末日」於 2012 年到來前，在一個八位元的電玩世界內克服一連串挑戰，目的是拯救世界。

當然，遊戲內到處可以看到運用老帆船強化戰鬥力，以及該品牌的置入性行銷。這顯然已不僅是運用遊戲設計技巧進行行銷，更是運用遊戲本身行銷的清楚範例。

《麥當勞大富翁》（McDonald's Monopoly Game）是另一個很好的顯性遊戲化例子[9]。每位玩家都知道自己在玩遊戲，但是這款遊戲的重要目的是讓人們回到麥當勞，吃掉更多薯條──麥當勞對此毫不掩飾。在第九章關於第 16 項遊戲技巧：全套收集品的部分，我們會詳加討論《麥當勞大富翁》。

其他顯性遊戲化的有趣例子，包括幫助愛滋病研究的著名嚴肅遊戲《蛋白質摺疊遊戲》[10]，以及歐特克（AutoDesk）的《未知的土地》（Undiscovered Territory）[11]，這款遊戲的設計目的是幫助銷售非常昂貴的 3D 影像軟體。其他的顯性遊戲化例子還有《重建洛克威》（Repair the Rockaways）[12]，這遊戲與《農場鄉村》相似，但是玩家可用的磚塊數目，是由捐款賑災珊蒂颶風的金額而定。

以上例子全都是人們主動參與的**遊戲**，因此構成「顯性的」遊戲化。為顯性遊戲化進行設計的好處，是產品通常比較好玩，而且容許設計師發揮更多想像力。缺點是產品會被認為太幼稚、不嚴肅、或者讓企業、銀行、製造廠商等目標使用者分心。有些企業主管一看到生動的遊戲畫面，就會心生避開的念頭。但是設計得當的互動「遊戲」，能夠讓目標使用者投入更長時間，創造更佳業績。此外，想要執行優良的顯性遊戲化，通常需要投入更多資源，才能創造出高品質的遊戲。

隱性遊戲化：使用遊戲元素的人本設計

隱性遊戲化是一種設計形式，在使用者經驗中不知不覺地置入遊戲化技巧，以及八角框架的八項核心動力。隱性遊戲化技巧充滿遊戲化元素，有時甚至連使用者都無法察覺。這就像門把手一樣，最佳設計是讓你想都不想，直接打開門的把手。

隱性遊戲化的例子在遊戲化文獻內多所討論，例如領英的進度列[13]、驅動維基百科的內在動機[14]、經由 eBay 執行的競標與回饋系統[15]、OPower 的社群比較與動機[16]、以及 Woot! 內的不確定性與匱乏特點[17]。

看到領英頁面上的進度列時，大部分人不會說：「噢，他們想要我玩遊戲！我才不玩遊戲。」進度列的目的是友善地建立讓使用者看到的破關進度，激勵他們繼續往目標前進。當然，許多點數、徽章、排行榜、以及階級經常在隱性遊戲化之中出現。

隱性遊戲化的優點是技術上易於執行，而且在大部分情境中都能適當應用。至於隱性遊戲化的缺點，則是便於執行常導致「懶惰」的設計，例如遊戲內的隱藏機制設計錯誤，被漫不經心地拼湊起來。對於推動正確的業務評量標準，會帶來設計不當、缺乏效率的結果。

隱性 vs. 顯性遊戲化

到頭來，一種遊戲化不見得在本質上比另一種優越。隱性或顯性遊戲化的適當用法，必須視計畫目的以及你的目標市場而定。有的團體喜歡參加遊戲，有的不喜歡。有人想要享受購物時腎上腺素飆升的感受，其他人則想要擴展創造力，克服學習曲線。當然，這八項核心動力全都可以運用在隱性與顯性遊戲化計畫之中，我們將在接下來的章節中深入探討。

雖然主張遊戲包括以及不包括什麼是件沒有用的事，但是根據你手上設計計畫的目標、整體情境、以及文化期望，了解何種執行方式最適合需求，卻非常重要。所有遊戲之內都擁有遊戲元素與遊戲機制，但是大部分遊戲都無法成功，只有少數仔細設計的遊戲讓人保持高度投入。遊戲化需要高明的設計才能真正奏效，並且在玩家與遊戲製作者之間創造長遠的關係。

遊戲化的四項應用領域

討論過遊戲化的不同應用方法之後，現在我們要深入分析遊戲化在數個產業的各種應用。

一般而言，我大部分客戶都來自四個我認為不斷創新的領域，象徵這些領域出現的大量應用與成長：

- 產品遊戲化
- 工作場所遊戲化
- 行銷遊戲化
- 生活方式遊戲化

產品遊戲化

產品遊戲化代表運用遊戲設計，讓網路或非網路的產品行銷變得吸引人、有趣與振奮人心。大部分公司都費盡心思，想要創造出受到顧客喜愛、持續使用、以及與朋友熱情分享的產品。部分產品擁有很棒的「功能化」目的，但是並未重視使用者的動機與核心動力。

在從前的時代，消費者沒有足夠資訊，習於慢慢被滿足。加上創立新公司的高入門門檻，一家公司只要能夠正確行銷產品，單憑想像構思顧客如何使用產品，似乎並沒有壞處。然而，今日人們已被網際網路帶來的快速滿足寵壞，加上遊戲帶來的大量授權與即時回饋，以及隨時與社群網路保持連線。你的使用者、顧客、以及員工已難以容忍設計不佳、沒有考量他們動機的產品，尤其是當他們擁有眾多競爭產品可供選擇的時候。

許多企業與新創公司很興奮地告訴我：「我們的產品很棒！使用者可以拿來做這個、還有做那個。他們甚至可以這樣做！」我的回答則是：「是的，你說的都是你的使用者**能夠**做的事。但是你沒有向我解釋，**為什麼**他們要這樣做。」

以上正是大部分公司產品的問題——擁有很棒的科技與功能性，但是沒有受到顧客愛用。人們沒有理由特地去使用這項產品。有的時候，我會聽到新創公司創辦人這樣跟我說：「嘿，郁凱，人們沒有理由不用我們的產品。我們可以為他們省錢、省時，讓他們的生活變得更好。」碰到走運的時候，顧客會說：「對啊，我沒

有理由不使用你的產品。這可以為我省錢、省時，讓我的生活變得更好。明天我一定找時間去買。」

　　曾經經營新創公司或是推出產品的人，就知道整段話最殘忍的部分是最後一句。當人們說「明天」會去做的時候，經常代表「永遠不會」。這是因為在這個時候，他們的動機來自第八項核心動力：損失與避免。更明確地說，是來自我所謂「現狀怠惰」（第 85 項遊戲技巧），他們正在避免改變習慣與行為。

　　記得我們談過，遊戲化事實上是得自數十年、甚至數世紀以來遊戲設計經驗的人本設計嗎？當你推出新產品的時候，其動機狀況與遊戲相當類似。沒有人**必須**玩某款遊戲。你必須報稅；你必須上班；你真的應該上健身房。但是，你從來沒有必須玩遊戲，而且老實說，很多時候你不應這樣做。

　　但是遊戲投入了讓人驚嘆的創造力、創新與資源，找出如何讓人們想要花費更多時間，因此你可以從遊戲中借用許多對你產品有用的經驗。這裡的關鍵是產品必須非常引人興奮，讓顧客沉迷於使用你的產品，而且迫切地與朋友分享他們的興奮體驗。

工作場所遊戲化

　　工作場所遊戲化是創造合適環境與系統，激發與鼓勵員工從事工作的技藝。常見的狀況是，員工每天上班的原因只是為了領到薪水（第四項核心動力：所有權與占有欲），以及不會失去工作（第八項核心動力：損失與避免）。結果，員工只會付出到讓他們領到薪水，以及不會失去工作而已的地步而已（如果你記得的話，第四項與第八項核心動力是左腦、外在以及黑帽動機的最佳範例）。

　　事實上，蓋洛普（Gallup）在全球 142 個國家進行的研究顯示，只有 13% 員工可被歸類為「盡心投入」工作[18]。相較之下，24% 員工被歸類為「積極疏遠」，這代表他們對工作不滿到將生產力降至最低、散播負面心態、甚至在需要執行更多工作才能保住飯碗的時候，會在暗中搞破壞。

　　這點讓人一想到就不寒而慄。這代表貴公司員工之中，可能有四分之一是壞

蛋！當一個生物體 24% 是由癌細胞構成時，如何保持競爭力呢？

　　與拒絕面對現實的常見想法不同的是，員工疏遠工作其實不是他們的錯。像是捷步（Zappos）與 Google（尤其是從前）這樣的企業，以讓員工每天都充滿動力、使命感、以及幹勁而聲名遠播[19][20]。我相信每個人都擁有能力與期待，會為某件值得的目標變得充滿動力與幹勁。但是差勁的環境與文化設計，將優秀員工轉變成癌細胞。

　　當然，你不需要蓋洛普研究也知道，職場上的不投入員工是什麼模樣。請想想其他人多麼頻繁地向你抱怨工作與上司。請想想電影《上班一條蟲》（*Office Space*），這部一針見血的喜劇主題是一家無趣、一板一眼、煩悶的典型美國公司[21]。這部電影受歡迎到已經成為廣為崇拜的經典片，因為人們能夠將片中角色的挫折與疏離連結到自己的經歷（這是第五項核心動力「同理心」部分發揮作用的很好例子）。

　　這點為何重要？因為研究顯示，與員工積極投入、充滿動力的公司相比，員工疏離與缺乏動力的公司，平均只有五成的獲利與四成的營收成長[22]。如果我告訴你，不需要開拓新市場，也不需要引進突破性科技，單憑讓工作場所變得更吸引人、更有激勵效果，就可以讓獲利加倍、營收成長改善 250%，你願不願意這樣做？大部分人都會回答願意。但是根據我的個人經驗，還是有人會回答不願意，原因只是──「我不想讓員工玩遊戲。這樣會分心！」

　　對於今日的經濟，以及未來的創新而言，工作場所遊戲化事關重大。投入職場的 Y 世代（現在已經三十歲）已習慣於處在提供重大意義、影響力、自主性、以及其他要素的環境之中。隨著愈來愈年輕的世代進入職場，這種情況只會愈來愈顯著，所以企業盡早開始建立正確的動機系統，避免勞動力過剩、但是缺少人才的嚴重問題，會是明智之舉。

行銷遊戲化

　　行銷遊戲化是創造整體性行銷活動，讓使用者投入為某項產品、服務、平台、

或者廠牌設計的獨特、有趣體驗。還不是太久之前，人們會點選網路廣告，因為他們經常無法分辨廣告與內容的不同。但是，現在使用者分辨不請自來促銷的能力愈來愈高明，使得許多廣告活動效果大打折扣（一大部分原因要歸功於阻擋廣告的應用程式）。

接下來是電視廣告，大家乾脆關掉聲音、轉台、或者快轉前進（如果有數位錄影機）。至於像是廣告招牌或報紙等其他傳統廣告……我連提都不想提。

對於獲取曝光與增加銷售，搜尋引擎行銷（SEM）以及搜尋引擎優化（SEO）已在過去十年中證明是相當有效的辦法。事實上，搜尋引擎就像是個大型排行榜，搜尋引擎優化產業只是在玩爬到排行榜頂端的遊戲而已。這樣做有用的原因是（1）你可以鎖定正確對象，他們正在搜索你的解決方案。（2）你可以利用他們正在搜尋的時候，在正確時刻鎖定他們。

然而，搜尋引擎行銷以及搜尋引擎優化仍然缺乏網路行銷的信任元素。如果有個你所信任、已經使用兩年的網站上出售某樣你需要的東西，你不太可能前往搜尋引擎上隨機找到的另一個網站購買。

接下來是社群媒體行銷。經由部落格、臉書、推特、以及 YouTube 等平台，品牌能夠與潛在顧客建立關係、創造獨特價值、以及建立信任，帶來未來的互動。不幸的是，社群媒體平台只是傳達迷人內容的管道而已。就本質而言，它們並不會帶來動機，也無法成功吸引使用者。

這正是遊戲化發揮功效的地方。在玩家的使用歷程之中，行銷遊戲化運用遊戲元素與策略，首先瞄準使用者為何選擇這個遊戲。行銷不應只是行銷人做出一個動作，接著顧客產生一個回應而已。行銷應該是個完整的生態系，讓行銷人與顧客經由多種互動，享受愉快與持續投入的體驗。

行銷遊戲化運用以上提及以及其他的平台與載具：搜尋引擎優化、社群媒體、部落格、電子郵件行銷、線上／線下競賽、病毒循環策略、以及獎勵時間表，讓使用者不斷投入這段迷人的遊戲化體驗。

生活方式遊戲化

　　我在第一章提到，當我突然得到啟發，想到應該把一切事物視為遊戲時，我的人生從此改變。既然遊戲化很能激勵人們從事某些活動，為什麼不能用來激勵自己呢？

　　生活方式遊戲化包括將遊戲化原則以及八項核心動力應用在日常習慣與活動之中，例如管理工作清單、增加運動量、準時起床、健康飲食、或者學習新語言。

　　現在有許多科技方法，讓生活方式遊戲化更受歡迎，這些科技包括許多蔚為風潮的流行用詞，像是大數據、穿戴式科技、量化自我、物聯網[23]等等。關於這些潮流，有趣的是它們可以追蹤你的所有活動，讓你擁有管理回饋機制以及觸發點的能力。

　　長久以來，遊戲一向能夠追蹤每位玩家的每個行動。一款遊戲能夠自動知道一位玩家達到第三級、已經收集四項物品、學到三種技能、曾與六個角色對話、但是尚未與另外三個角色對話，因此這扇門無法為這位玩家開啟。

　　一款遊戲記得你做過的每件事，能夠據此提供量身打造的體驗。在現實生活中，你的大部分「數據」都沒有被記錄下來，因此很難打造出優化的生活方式。穿戴式科技與量化自我風潮的出現，終於讓我們能夠追蹤更多的日常行為。當然，即使是那些宣稱擁有大數據能力的公司，仍然無法提供玩家習以為常的客製化體驗。許多公司仍然堅守一般化的人口統計資料，以及無法轉為行動的報告，而非專注於為每位使用者創造即時的特別經驗[24]。

　　生活方式遊戲化分為數個領域，例如職涯遊戲化、生產力遊戲化、以及教育遊戲化。這可以用來遊戲化達成人生目標等整體性活動，或者使用骰子決定如何獎勵自己等執行性活動（這是來自第七項核心動力：不確定性與好奇心）。

　　由於生活方式遊戲化已經徹底改變了我的人生，我非常熱切地想要使用以下辦法，幫助人們達成夢想：（1）找到他們自己的遊戲。（2）分析他們的初步數據。（3）擬定他們的技能樹。（4）與盟友結盟。（5）找到正確的關卡。（6）在遊戲中勝出。因為這是一個大到可以寫成另一本書的主題，我不會在本書中詳細討論這

些題目。

　　到現在為止，我們已經撒開一張很大的網，涵蓋許多名詞、概念、核心動力、經驗階段、動機本質、以及設計的執行。你不需被這些名詞嚇到，因為接下來數章之中，我們將開始深入已經談到的所有東西，讓你更能掌握八角框架的基礎。

馬上動手做

入門：思考你的生活之中，哪些是你想要運用遊戲化改進的部分。是產品、工作場所、行銷、還是生活方式遊戲化呢？

中級：找出一個你碰到過的遊戲化例子。應該將之歸類為顯性遊戲化，還是隱性遊戲化？使用這種遊戲化有何優點與缺點？

請將你的想法加上標籤 #OctalysisBook，在臉書、推特或你喜好的社群網路上分享，看看別人有何想法。

第 5 章

第一項核心動力：
重大使命與呼召

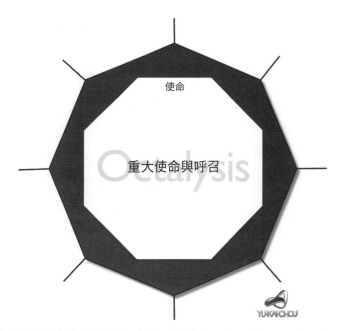

對八角框架架構建立基礎認知之後，就來深入每項核心動力，找出其中的力量與魅力。

如果讀完本書之後，你只記得一件事，那麼應該是從八項核心動力的觀點思考動機，而非關注功能與效用。當然，你必須熟悉八項核心動力，才能正確使用，不然最後你可能會損害使用者的動機。

高高在上的核心動力

重大使命與呼召是八角框架遊戲化的第一項核心動力。這項動力讓人們相信自己正在從事一件高於小我的事情，驅動人們的動機因素。

遊戲經常帶來重大使命與呼召。在許多遊戲中，開頭的故事介紹會敘述世界即將被毀滅，出於某種原因，身為玩家的你是唯一有資格拯救世界的人。這段話馬上產生對於冒險的興奮感與動力。

在真實人生中呢？我們真的碰過被重大使命與呼召驅動的例子嗎？

- 你是否想過，為何有人肯為維基百科這樣的非營利網站付出心力？為什麼有人花費許多小時更新一個沒有報酬、甚至對他的履歷毫無幫助的網站？
- 為什麼人們對蘋果產品如此忠誠，因此在了解下個產品細節之前，已經想要下單購買？
- 為什麼學校間的競爭讓人如此投入，造成惡作劇、裸奔、暴力等偏激行為，同時又為學校帶來好處？
- 除了常見的獎勵與懲罰之外，養育子女的方式是否可以納入崇高使命？

有趣的是，這些問題全都可以由強大的白帽核心動力：重大使命與呼召解答。在本章之中，我們將會試圖回答以上問題，讓你能更深入了解這項無私的核心動力。

「幹掉」我的百科全書

「『幹掉』（Pwn）是一個網路俗語名詞，衍生自動詞擁有（own），意思是以占用或征服方式取得所有權。該字主要出現在網路電玩遊戲文化之中，意指主宰或羞辱敵方，用來嘲笑剛被打倒在地的對手（例如：你剛被幹掉了！）。」——維

基百科❶。

　　當我在 2004 年首度創業時，我很興奮終於成為創客，想要到處推銷這家公司。我得知任何人都可以更新維基百科的內容，因為這是使用者生成的網站，當時我覺得把我公司收納在維基百科的龐大資料庫之內，是個很讚的主意。我興奮地花了一整天，為本公司撰寫一份資訊豐富的介紹，說明公司何時成立、是由哪些驚人的天才創辦、以及宗旨是解決哪些問題。

　　完成之後，我驕傲地按下「發布」按鈕。馬上就刊出了：我看到自己的公司成為維基百科的文章。哇！我們正式登上維基百科！真是個永傳青史的勝利！

　　然而，我這份「終於在人生中辦到」的歡樂，只維持了短短一下而已。

　　刊出之後約三分鐘，我的貼文就被一位「維基百科社群成員」標註，指出該單位不夠重要，因此不配登上維基百科。五分鐘之後，另外幾位人士也同意這項看法，我的貼文就這樣被移除。

　　就這樣，我一整天的工作成果在十分鐘之內消失得無影無蹤。

　　經過一段無言的時刻，以及額頭上冒出三條線之後，我想到的第一個問題是：「這些人是誰？他們還算人嗎？」

　　說來奇怪的是，有這樣一大群義工查閱維基百科，目的不是為了學習數量驚人的知識，而是為了保護平台免於像我這樣的害蟲入侵，因為我們想要將不相關或不重要的內容偷渡進維基百科。

　　如果你曾經僱用實習生或入門階層員工，注意過他們的動機與感受，你也許知道開口要別人對於堆積如山的文件執行「查核工作」，找出已經過時的內容，是不容易的。你知道沒有人喜歡做這種苦工。這些聰明的年輕實習生與員工真心想從你和貴公司學到有用的技能，這樣他們才能成長為專業人士。但是這些單調工作，只有微不足道的學習效果。公司裡面就是**有人**要做這些工作，對於這些沒人想做的事，入門層級的實習生自然是不作他想的人選。

　　因此，你一五一十地試著告訴他們怎麼去做，這樣他們也許會照步驟做好，不會多想這件事多麼讓人提不起勁來。或者，你可能選擇花費很多時間，解釋這件事

對公司多麼重要，以及他們的工作如何帶來重大影響。你可以試著讓這項計畫聽來有趣與讓人興奮。但是話說回來，你心裡知道這是件可怕的工作，還有你的年輕同事必須走過這段路，以後才能輪到他們叫其他實習生來做同樣的事情。

但是說到維基百科，人們自願拿出工作之外的寶貴時間去做完全一樣的事情，而且不會拿到任何「真正」的好處！當你下班回到家時，你有很多可做的事情，像是重複每天抱怨老闆的戲碼、看電視、與重要的另一半在 Skype 通話、甚至玩遊戲。人們選擇保護維基百科，而非從事其他活動，因為他們認為自己正在保衛人類的知識。這比他們個人更加重要。

談到重大使命與呼召，這無關你個人的希望，或者什麼讓你開心。個人加入系統採取行動，不是因為對自己有好處，而是因為他們可以將自己視為一則偉大故事中的英雄。這是為了眾人之福，貢獻一己之力。

如果扮演一角，不需要犧牲生命成為烈士，只需每天花費幾小時，監看維基百科上的異常活動，這倒是非常划算的交易，也是一件值得去做的事情。

根據一份麻省理工學院研究，以隨機方式放進維基百科的不雅字詞，平均會在1.7 分鐘後被移除❷。這些不支薪的守門人，真的在盡心盡力保護**人類的知識**。

然而，根據我日後對人類動機的了解，我直覺地認為：與其對於為維基百科付出的寶貴心力領取報酬，他們寧願**付錢**給維基百科。

經過一些研究之後，啊哈，我發現與使用維基百科獲取有用資訊的人相比，那些花時間編輯維基百科的人，會向維基百科捐款的比例高出九倍（3% vs. 28%）❸。更有甚者，不參與編輯者的捐款次數都少於三次，至於為維基百科貢獻心力者，有驚人的八成曾捐款五次以上。

我們一再見到，當你的系統或產品對崇高的願景展現出深刻與誠摯的熱情時，即使這代表放棄金錢收入，其他人也會想要投身其中，和你一起共度這趟旅程（這是第四項核心動力：所有權與占有欲）。

甚至到今天，當別人問我：「為什麼你不把自己和你的八角框架放在維基百科上？你在這個產業已經相當有名，是吧？」我通常會換個話題，因為光是想到這件

事，就會引起過去的傷心回憶，被這樣專制的社群無異議地表決我不值得被提到。

「不用啦，我沒有那樣出名。」

牛頓留下的不只是水果而已

核心動力一：重大使命與呼召通常最適合在玩家旅程的發現與加入階段傳達。打從一開始，你就得清楚說明為什麼使用者應該加入你的使命，變成玩家。

蘋果是少數了解這項核心動力的企業之一，他們在沒有使用者生成內容、成為開放平台，或者推動「慈善目的」之下，將以上這點植入消費者心中。每隔一段時間，會有朋友興奮地告訴我：「嘿，郁凱，我正在存錢買下支 iPhone。」我會說：「但是你還不知道新 iPhone 裡面有什麼！如果很爛怎麼辦？」我的朋友會接著回答：「我才不管。我就是要買下支 iPhone。」

與 iPhone 相比，許多其他競品都宣稱擁有同樣或更佳功能，而且便宜許多。在一個電子產品消費者被大量選擇寵壞的世界之中，這不是很奇怪嗎？

為什麼人們對蘋果產品如此瘋狂？

我們在這裡看到的是，我的這些朋友（我猜想你也有同樣的朋友）將自己認定為「果粉」。因此，他們需要去做「果粉」會做的事，就是購買最新的 iPhone 與 Macbook 筆記型電腦，以及表現得像個「果狂」，到處走來走去跟人家說：「噢，我從沒碰過這種問題，因為我用的是 Mac。」對於這種狀況，我本人可能也必須負些責任。

談到和 iPhone 相比，許多安卓手機擁有更佳規格與更低售價，我的回答通常是：「嗯，我對規格不太清楚，但是我知道使用安卓手機時，我會覺得很彆扭，使用 iPhone 時卻覺得很開心。這也許值得研究一下。」（附帶一提：據我之見，根據 iPhone 與安卓手機的市占率，評斷兩者的成功是很不公平的作法，因為 iPhone 只有一家廠商出售，安卓手機卻有全球十多家廠商出售。當人們鬼叫說：「你看！現在安卓使用者多於 iPhone 使用者！」這基本上只說明非蘋果陣營的智慧手機業

者加起來超過蘋果。真是了不起。）

　　所以，價值連城的問題是：蘋果怎麼辦到的？

　　除了提供性能優越、造型優雅、以及精心設計的產品之外，蘋果是少數幾家真正嘗試行銷崇高意義的電子產品公司之一。

　　讓我們看看兩則史上最成功的廣告，它們都是蘋果的廣告。

1984 年的瘋狂廣告

　　第一則大大出名的成功蘋果廣告是「1984 年」廣告，於 1984 年的第十八屆超級盃在哥倫比亞廣播公司（CBS）頻道播放❹。

　　這則廣告是以喬治・歐威爾（George Orwell）的知名小說《一九八四》為藍本。這部小說是在 1948 年出版，主題是關於一個未來的反烏托邦世界，社會受中央集權的政府把持與洗腦❺。

　　這則廣告呈現一幅沉悶、充滿壓迫感的場景，代表一個邪惡但有秩序的社會，看來處於集權體制的壓迫控制之下。在一個大房間內，擠滿蒼白嚴肅的人，身穿單調的灰色制服，這時傳出一個權威聲音。大家睜眼望著一幅巨型螢幕，上面顯示一個「獨裁人物」的巨大影像。「老大哥」正在向子民演講，要求他們貢獻服從、忠誠與心靈。

　　突然之間，一位身穿彩色衣服的女士飛奔而出，朝向巨型螢幕拋出一把榔頭，將螢幕敲得粉碎。接著，一個深沉的男性聲音說道：「1 月 24 日，蘋果電腦將推出麥金塔。你們將會見到，為何 1984 年會與《一九八四》完全不同。」❻

　　透過這支廣告，蘋果向觀眾保證，世界不會受到「老大哥」IBM 的控制，而是被蘋果電腦解放。

　　雖然蘋果公司董事會並不全然贊同，使得這則廣告差點被束之高閣，但是廣告播出後卻成為史上最成功的範例之一。泰德・佛瑞曼（Ted Friedman）在著作《電子之夢：電腦在美國文化中的地位》（*Electric Dream: Computers in American Culture*）中指出：

超級盃觀眾被這則驚天動地的廣告徹底吸引。這則廣告帶來價值數百萬美元的免費播送時間，因為當夜的新聞節目不斷報導。許多廣告業人士馬上將之譽為傑作。《廣告時代》（Advertising Age）將之稱為「1980 年代的代表性廣告作品」。至今這則廣告仍在史上最具影響力的廣告排行榜上名列前茅。❼

後來，蘋果公司內部團隊計算這則廣告產生的免費播送時間。他們估計，這則廣告造成的播送時間價值一億五千萬美元。廣告播出的三個月之內，蘋果賣出價值一億五千五百萬美元的麥金塔電腦，確立在業界的革命性電腦公司地位。

第二則獲得驚人成功回響的蘋果行銷活動則是「不同凡想」（Think Different）。這則廣告是在 1998 年播出，彼時蘋果創辦人史帝夫‧賈伯斯（Steve Jobs）剛在 1996 年底重返董事會❽。

當時蘋果公司還是一家苦苦掙扎的公司，品牌欲振乏力。賈伯斯不但將蘋果公司產品從超過 350 項減至十項，更知道必須重振該公司品牌。

這則廣告有多個較短版本，原本的完整版廣告詞如下：

向那些瘋狂的傢伙致敬。他們特立獨行。他們桀驁不馴。他們惹是生非。他們格格不入。他們不會人云亦云。他們不喜歡墨守成規。他們也不安於現狀。你可以讚美他們，引用他們，反對他們，質疑他們，頌揚或是詆毀他們。

但唯獨不能漠視他們。因為他們改變了事物。他們發明，他們想像，他們治癒，他們探索，他們創造，他們啟迪，他們推動人類向前發展。也許，他們必須瘋狂。

你能盯著白紙，就看到美妙的畫作嗎？你能靜靜坐著，就聽見美妙的歌曲嗎？你能凝視火星，就想到行動實驗室嗎？我們為這樣的人製造工具。

或許他們是別人眼中的瘋子，但卻是我們眼中的天才。因為只有那些瘋狂到自以為能夠改變世界的人，才能真正改變世界。❾

這一系列廣告大獲成功，獲得數十個備受尊崇的廣告獎表揚，還有再度讓蘋果品牌「變酷」。十年之內，蘋果公司從一家垂死的公司，轉變成全球最具價值的公司，這則廣告扮演了領頭角色。

從這些廣告之中，你是否注意到獨特與有趣的地方？

以上廣告都沒有談到電腦或電子用品。它們並沒有談到規格、記憶體、彩色螢幕、或者電腦。如果你對該公司不熟的話，甚至不確定他們到底想賣什麼。

他們賣的是願景。

當人們對「因為蘋果電腦，1984 年將不像《一九八四》」的聲明產生認同的時候，許多人會開始想道：「噢！真是驚人！我不知道他們在做什麼，但是我想成為其中一分子！」

你如何「成為其中一分子」呢？那就是買下麥金塔電腦。

相似的狀況，當人們聽到低沉的睿智聲音說出結語：「因為只有那些瘋狂到自以為能夠改變世界的人，才能真正改變世界」，他們會得到激發想到：「沒錯！為了符合別人對我的期望，我一直隱藏自己真正的熱情。我想要成為改變世界的瘋子之一！」當然，不同凡想與改變世界的方式是買下一台 iPod，在口袋內放進一千首歌曲。

各位看到重大使命與呼召的力量了嗎？當每家公司都在行銷自己的電腦有多棒時，蘋果公司賣的是值得信任的願景。有趣的是，當蘋果公司構思「不同凡想」計畫時，第一條規則就是廣告內不會出現產品。這點完全違反人之常情，但是卻非常**人本**。

只要蘋果公司繼續讓人們認為擁有值得信任的願景，顧客就會繼續維持「果粉」身分，購買蘋果產品。但是如果有一天，蘋果公司做了一件笨事，毀掉對於該公司願景的信任，人們就會停止盲目購買蘋果產品，再度開始認真研究產品規格。

雷神之槌不只是工具而已

當我發表這套聽來太過美好的道理時，有些公司找上門來，問道：「郁凱，這套重大使命與呼召的東西聽來很棒，但是我們的產品只是工具而已。它的目的不是改變世界，以及解決全球暖化。我們如何對一個簡單工具賦予重大使命與呼召呢？」

關於這點，我最愛的例子是行動應用程式 Waze [10]。這是一種運用 GPS 的行動導航程式，提供大量由 Waze 社群使用者生成的旅行資訊。

GPS 導航機是一種完全功能化的工具。你根據指示左轉、右轉、到達目的地，非常功能化，但是完全沒有重大意義。所以像是 Waze 這樣的應用程式，如何創造重大使命與呼召呢？還有，你如何在不要求使用者長時間觀看影片，或者閱讀長篇文字之下賦予其意義呢？

Waze 辦到了非常了不起的事。Waze 問世之初，當你首次下載這種應用程式時，上面只會顯示一個圖像。圖像左邊有一隻巨蛇怪物，裡面是一條塞滿車輛的街道。這個巨蛇怪物的名字是**交通**。圖像右邊有些小小的可愛 Waze 騎士角色，佩戴寶劍、盾牌與盔甲，正在合力對抗這隻巨蛇怪物。

所以當你使用 Waze 駕駛時，你不只前往目的地而已，更在幫助勇敢的 Waze 社群成員對抗這隻交通怪物！這點讓人在潛意識中產生共鳴，因為在我們的心靈深處，每個人都厭惡交通。

當然，打敗這隻交通怪物的真正方法是打開 Waze 駕車。由於 Waze 是一套使用者生成系統，當你打開 Waze 駕車時，系統會開始收集道路狀況資訊，幫助改進社群的整體駕駛體驗。

重大使命與呼召有力之處，在於能夠將被動的使用者轉為熱情的福音傳播者，到處提倡你的使命。更有甚者，他們非常包容你的缺失。由於 Waze 內容是由使用者生成，有時候並非完全準確。因此推出初期，Waze 曾經三次把我帶到錯誤的地方，使得我必須為開會遲到道歉。

　　你會以為，導航應用程式唯一的目的是把你帶到正確地點，當導航程式未能完成任務時，大部分使用者會說：「這東西真爛。我要把它刪除！」然而，由於Waze在心靈中建立的重大使命與呼召，當人們被帶到錯誤地點時，許多人不但不會生氣地將之刪除，反而會開始驚慌：「噢，不好了！地圖壞掉了！我要修好它！」

　　這點的力量有多強大？當你的核心能力失敗時，使用者不但沒有憤怒地刪除這個應用程式，反而急忙地想要為你解決問題。這又一次說明，關於重大使命與呼召，是什麼讓你開心並不重要。重要的是更大的意義與崇高的願景。當你在自己相信的崇高願景中察覺異狀時，你害怕其他人也會發現，因而對於願景失去信心。有鑑於此，你把修好問題變成自己的責任。

　　這點把我們帶回人本設計的核心。你玩一款遊戲的原因不是你必須這樣做，而是因為你享受這樣做。你使用Waze的原因，不是因為市面上沒有其他優秀的導航應用程式，可以向你報告交通狀況、事故、以及抓超速的交通警察。你使用的原因是這很好玩，最重要的是你享受它帶來的體驗。就像雷神之槌（以足以移山出名⓫）一樣，這不是一種尋常的工具，因為它可以殺掉交通！

　　儘管發生許多帶錯地點的失誤，在其成立幾年之內，該公司被Google以收超過十億美元購併了。對於賣願景來說，價格不錯。

你的父母比你重要！

　　有些人誤以為，八角框架與遊戲化是所費不貲的科技解決方案。事實上，它們都是重視動機的設計系統。所以，如果活動與動機相關，你可以採用遊戲化。就像遊戲一樣，你可以選擇玩《魔獸世界》

（World of Warcraft）這類複雜的 3D 虛擬世界科技遊戲，或者捉迷藏這種完全不需科技的遊戲。現在的小孩可以選擇《魔獸世界》或捉迷藏。上回我調查的時候，他們仍然喜歡捉迷藏。

由於這點，我們甚至可以將八角框架遊戲化應用在有些抽象的事物之上，例如養育子女。父母經常使用兩種主要核心動力，激勵孩子良好表現：第二項核心動力：發展與成就（當孩子表現好時給予獎賞），以及第八項核心動力：損失與避免（當孩子表現不好時給予處罰）。

然而，中華文化早就「找出」如何對養兒育女之道，執行第一項核心動力：重大使命與呼召，其中關鍵是「孝」一字背後的意義。這個字沒有相對應的英文字詞，但其理念是打從出生第一天開始，你就對創造你生命與人生的父母有所虧欠。因此，「孝道」要求你盡己所能，為他們帶來光榮與地位。

關於這方面，中國文學之中甚至有些廣為流傳的說法與成語，像是「不孝之子，天地不容」，意思是「未能盡孝道的兒子，在天地之間沒有容身之處」。這代表如果沒有孝心，你根本是個徹頭徹尾的卑鄙傢伙，不配活在世界上。天地都對你的存在感到厭惡，想要將你逐出。

有些人士將「孝」翻譯為「Filial Piety」，意思是「尊敬父母與祖先之美德」。然而，成長過程中與這個字相伴的經驗，讓我覺得其意義遠超過「尊敬」。當我還是個小孩，剛開始了解世界的時候，我記得讀到或聽到古老中國知名孝子振奮人心的故事，不過這些故事有時相當殘忍。這些孝子為了保護父母挺身對抗老虎、就寢前先為父母暖床、或者割下自己身上的肉讓父母不致挨餓。有則故事是關於一位六十歲的高齡孝子，假裝在地上開心打鬧，娛樂八十歲的雙親（注意：無論使用什麼辦法教導這種重大使命與呼召，孝道都是一種偉大的美德，但是在注重立即滿足、自我中心的全球化「扁平世界」中，孝道正在逐漸消失）。

《二十四孝》❷書中的其他榜樣包括：

* 一名男子賣身為奴，換取葬父費用

- 一名男子口嘗病父糞便的味道，以求得知父親病情
- 一名女子烹煮自己的肝餵食母親
- 一名八歲男孩吸引蚊子吸自己身上的血，以免父母受蚊子騷擾
- 一名父親決定活埋三歲的兒子，以便保留餘力照顧母親。他在挖洞時發現財寶，才不需殺害兒子。

　　雖然這些故事有的讓人怵目驚心，卻展現出「孝」在文化中的重要價值。當然，父母並不是虛偽地操控子女而已。無論這些故事怎麼說，如果看到雙親對祖父母的態度不佳，子女很可能不會接納「孝」的重大意義。運用第一項核心動力引起動機的時候，這是一項重要因素：必須帶來真實感受。

　　在古老的中華傳統文化中，雙親過世的時候必須穿上孝服，戒除所有娛樂，甚至有時必須吃素。還有，必須停止社交活動三年表達哀思。這種行為稱為「守孝」，傳統上守孝期為三年，因為孔子表明我們需要三年才能離開父母的雙臂。因此，我們應該以三年時間表達哀思。在今日的社會中，三年守孝的傳統已經少有人遵守，守孝期已減短至數天或數週，作為孝敬父母的象徵性措施。

　　由於這種「孝」的文化，亞裔孩子長大時都覺得必須為父母做許多事。他們必須努力用功、進入讓父母驕傲的好學校、一輩子供養父母、應該與父母同住以便隨傳隨到，以及確認父母終生所需不虞匱乏。舉例來說，我有一位五十多歲親戚在過去近十年中，把太太與兒子留在美國，住在台灣照顧年邁的母親。每年他僅僅返美數次與家人相處。

　　相較之下，在許多「孝」的觀念並沒有那樣普遍的西方社會，人們仍然非常尊敬雙親。但是他們一旦成家之後，通常就會變得較為疏遠，每年只會帶孩子去見祖父母一兩次，人生決定不再一直以雙親為考量。

　　甚至到了現在，如果父母告訴我說我的行為未盡到「孝」，會讓我非常傷心，促使我去做任何事情彌補過錯。因為我了解動機的本質，並不代表我不受其牽制。這件事已深植我心，以及我的價值之中。同樣地，我的父母絕不會這樣指責我，因

為這是父母給予孩子最大的侮辱之一。關於這類動機，事情可以如此嚴重與明顯。

重大使命與呼召之下的遊戲技巧

現在各位已了解第一項核心動力：重大使命與呼召的主要概念。接下來的問題是如何將之運用在你的體驗之中。以下我將介紹數種遊戲技巧。如果設計得當，這些技巧能夠帶來重大使命與呼召的感受。請記住，根據我的用語，當我提到遊戲技巧的時候，我指的是整合遊戲元素（包括遊戲機制），用來驅動動機的技巧。

還有，你會開始注意到在許多地方，我提到的每個遊戲技巧後面都有個「遊戲技巧編號」。這些編號源自我的網站 YukaiChou.com，是一場尋寶遊戲的一部分。讀者可以試著收集所有編號，有朝一日會為你的八角框架帶來讓人著迷的結果。

有件事必須謹記在心，八角框架設計架構背後的整個假設是使用者不應侷限於遊戲機制、遊戲技巧、或者任何設計的外觀。相反的，使用者應該重視的是核心動力，以及如何以可行動化的方式創造動機。遊戲技巧以及相關的編號，都只是優良動機設計的工具而已。如果你沒有專注在核心動力上，你只會得到一款引人遊戲的**外表**，不會深入其**本質**。

故事（第 10 項遊戲技巧）

大部分遊戲開始時，都會講述一段故事，讓玩家進入**為什麼**應該玩這個遊戲的情境。大部分故事主題都是拯救世界、公主、解決懸案、甚至只是幫助一隻龍或鱷魚洗個澡。所以，為什麼我們不使用故事，讓人們在其他方面進入相似情境呢？

想要對使用者社群灌輸重大使命與呼召，最有效的方法之一是充滿吸引力的故事。這種作法讓你經由與你的公司、產品或網站互動，向人們介紹一個具備崇高意義情境的故事。

Zamzee 是一家生產兒童「穿戴式科技」產品的公司，使用故事向兒童灌輸史詩童話故事，激勵他們多加運動。經由網路軟體介面，Zamzee 向兒童提供童話故

事關卡，例如成為魔法師的學徒。為了學會第一個咒語，你必須在樓梯跑上跑下十五次。即使這項舉動與故事沒有關係，讓舉動本身帶來讓人信服的魔法意義，仍然可以激勵孩子多加運動，因為他們受到自己的想像力激發。Zamzee 表示與沒有參與這些想像任務的孩子相比，參與任務的孩子運動量多出 59%[13]。

人類英雄（第 27 項遊戲技巧）

　　如果可以將一項世界任務整合在商品之內，你會在加入階段獲得更高的業績。在向消費者灌輸人類英雄意識方面，TOM's 鞋（TOM's Shoes）是成就斐然的公司，你每下單購買一雙鞋子，該公司就將一雙鞋子送給第三世界的孩子[14]。你每次購買都在幫助窮困兒童的想法，非常激勵人心。此外，當顧客穿著該公司鞋子時，可以讓其他人知道他們正在幫助世界，這正符合第五項核心動力：社會影響力與同理心之下的獎盃架（第 64 項遊戲技巧）。

　　FreeRice 是另一個使用人類英雄技巧的範例。只要在該網站上回答一個教育性問題，FreeRice.com 就捐出十粒稻米。該網站經費來自廣告，以及回答這些問題帶來的點閱數。至今為止，FreeRice 已經捐出 6,100 公噸、共計 930 億粒稻米，足以餵飽 1,000 萬人[15]。

　　如果能夠將你的系統與許多人關心的理想產生連結，你可以利用他人的善心建立一家公司的業務。

精英主義（第 26 項遊戲技巧）

　　讓你的使用者或顧客根據種族、信仰、或共同利益組成一個自豪的團體，覺得自己是某個遠大理想的一分子。精英主義可以灌輸團體自豪感，這代表每個成員會採取特定行動，為團體的榮譽努力。團體還會試著阻撓對手，最後導致雙方動作逐步升級，以求擊敗對方。

　　這正是大學間的敵對如此引人投入的原因。當我就讀加州大學洛杉磯分校時，很難不對南加大感到強烈敵意。打從新生始業說明（加入階段）開始，就有充分的

內容與笑話，為對抗南加大設下戰場。
到了運動賽季，這種敵對關係達到最高
點，雙方都會積極侮辱對方，有時演變
成暴力衝突。更有甚者，還有以下字樣
的 T 恤出現：「我最愛的兩隊是加州大
學洛杉磯分校隊，以及正在和南加大對
打的那隊。」

　　雙方都相信，這種敵對比個人更重
要，在這種新灌輸的精英主義之下，他
們會採取許多不理性活動，因為他們
「應該」是自己學校的驕傲代表。

　　雖然對於學生而言，這種敵對關係非常吸引他們，甚至相當有趣，但是真正從
中獲益的是誰？最常見的獲益者是學校本身。藉由創造一個學生「應該充滿仇視」
的外部敵人，校方可以創造更多「學校精神」，讓學生團結起來，狂熱地採取**期待
的行動**。對抗南加大的球賽門票很快售罄，每個人都要身穿加州大學洛杉磯分校商
品，臉部塗上油彩。更重要的是，學生會對母校產生更強的連結，這代表在他們的
未來職涯之中，更可能對學校捐款，因為這是一位成功校友「應該」的事。

　　與「孝」的理念相似，我也在潛意識中覺得「應該」向母校捐款。這不是為了
任何個人好處，而是為了高於我個人以及家庭事務的目的。有次演說中，一位聽講
者問我：「我想要找出提升我們這所大學校友參與度的辦法。學術上而言，本校排
名很不錯，但是出於某些原因，校友並不以就讀本校為榮，只把學校視為踏腳石而
已。他們很少參與活動或捐款！」我的回答是：「聽來在學生就讀期間，你們需要
好好提升**學校精神**。我猜想你們沒有體育比賽隊伍，或者與別校為敵吧？」「我們
沒有！你怎麼知道的？」

　　多年以前，我的同事傑瑞・傅夸（Jerry Fuqua）已收到哈佛大學與其他常春藤
盟校的全額獎學金，最後仍然決定就讀加州大學洛杉磯分校，因為他喜歡該校的籃

球隊。另一位在高一所有微積分考試表現優異的朋友，選擇就讀堪薩斯大學，而非其他聲譽更卓著的大學，因為他從小就是堪薩斯大學松鷹隊球迷。如果你曾經懷疑，一所教育機構花費鉅資經營體育隊伍是否值得，現在至少知道理由何在。

另一個精英主義的絕佳範例是微型貸款平台 Kiva.org，該平台讓已開發國家捐助者借款給第三世界國家村民，幫助創立小企業養家活口。為了創造精英主義的感覺，Kiva.org 成立團體與公布統計數字，讓基督徒與無神論者彼此比較，看看誰捐出更多錢幫助第三世界國家❶。

由於聖經昭示信徒，首要之務是敬愛上帝與彼此相愛，基督徒相信他們應該向世界展現慷慨之心，幫助需要的人。因此他們願意增加捐款。另一方面，無神論者想要證明，人不需要信仰神明才會善待其他人，所以他們也跟進增加捐款。由於採取這種辦法，雙方都拿出更多捐款，原因只是覺得他們的目的超越個人：他們在保衛各自團體的名聲（免責聲明：我本人是基督徒）。

新手的運氣（第 23 項遊戲技巧）

在重大使命與呼召之中，**呼召**是「新手運氣」的重點。呼召讓人們覺得自己獨特地註定要成就某些事。運用新手的運氣，人們會覺得自己是少數雀屏中選採取行動的人之一，這點會讓他們更願意採取行動。如果有位玩家在進入一款遊戲的第一天，就隨機贏得遊戲中最強大、甚至老玩家也無法輕易獲得的寶劍之一，他應該不會只玩這一天而已。他可能運用這把強力寶劍熱切地宰殺惡魔，直到遊戲的下一個新玩意吸引他為止。

遊戲設計師還會藉由設計獎盃架（第 64 項遊戲技巧），為遊戲加入社會影響力與同理心（第五項核心動力）。獎盃架是一種讓使用者不經意地展示引以為傲的成就的機制。如果遊戲設計師想要經由護城河（第 67 項遊戲技巧），加入稀缺性與迫切（第六項核心動力），他會告訴玩家在某一等級擊敗所有對手之後，才能佩戴這把寶劍，玩家會不可自拔地試圖找出征服這一等級的所有方式。

免費午餐（第 24 項遊戲技巧）

遵循「召喚」的主題脈絡，向特定人選提供能與主題連結的免費獎品（通常不是免費），可以讓顧客覺得自己很特別，鼓勵他們採取進一步行動。

舉例來說，Spoleto 餐廳是一家在巴西、西班牙與墨西哥各地擁有兩百多家分店的連鎖餐廳。為了慶祝國際婦女節，任何女性顧客只要說出她很漂亮，就可以得到幾乎免費的午餐[17]。此舉幫助提升該餐廳的形象，同時讓女性顧客在那天覺得特別，因此更可能再度光臨，因為這家餐廳現在與讓她們覺得特別的正面回憶產生連結。

關鍵是可信度

雖然重大使命與呼召的威力「難以估計」，其弄巧成拙與失敗的後果也會非常可觀。當你使用這些概念時，請記得如果在創造史詩般的意義與召喚的時候，你的態度看來虛偽的話，你會被人棄之不顧。

例如，一家眾所周知「發不義之財」的石油公司，試圖以「加我們的油可以保護地球」說服大眾使用該公司品牌，不但無法讓顧客留下良好印象，更可能讓他們覺得受到侮辱。或者，如果一家以銷售便宜不健康食品（例如放久不會腐敗）出名的速食大亨，推出的廣告說道：「享用我們的食物可以保護您的健康與家人。」可能會被人們當成工於心計的欺騙招數。

在《殭屍大逃亡》的幻想場景中，玩家必須跑步更遠的距離，因為他們正在試圖從虛擬殭屍手上拯救自己的村落，不過你必須確定在當時情境之中，使用者願意接受崇高的幻想意義。在公司大型會議進行到一半時，為了讓每個人站起來活動，假裝會議室內有殭屍出現，可能不會受到大家歡迎（所以請別告訴你的董事會，你是因為看了我著作中的重大使命與呼召才這樣做）。

一旦對於你的重大使命與呼召產生堅定不移的信念，你很可能已具備有效應用這種核心動力的能力，讓人們展現快樂與無私的一面。

第一項核心動力：全面觀點

在八角框架分析之中，第一項核心動力：重大使命與呼召是最主要的白帽核心動力，而且經常在玩家旅程的發現與加入階段產生重大影響力。正確使用的時候，這項動力強調了活動背後的意義，並且強化另外七項核心動力。接下來章節中，我們還將探討一些企業如何應用重大使命與呼召（以及其他白帽遊戲化核心動力），激勵員工帶著熱情工作，甚至面對其他公司以更高薪挖角，仍然能夠留住員工。

第一項核心動力：重大使命與呼召的缺點在於落實可信度的困難性，以及動機之中缺乏迫切性。雖然人們一直希望成為崇高使命的一分子，而且真正採取行動時會覺得很棒，卻經常對這些行動拖拖拉拉。因此，為了產生期望中的行為，遊戲化設計師需要八角框架內其他核心動力的幫助。

馬上動手做

入門：請想出一個第一項核心動力：重大使命與呼召激發你或其他人採取某些行動的例子。這項動力讓人們表現得更加無私嗎？

中級：找出一個你正在執行的計畫。想想是否能夠在這項經驗之中加入第一項核心動力：重大使命與呼召。你能夠將這項經驗與崇高目的結合嗎？

請將你的想法加上標籤 #OctalysisBook，在臉書、推特或你喜好的社群網路上分享，看看別人有何想法。

開啟新篇章！得到激勵

現在你已經相當熟悉八角分析架構，請觀看我在 TEDx 的演講，了解在八種改變世界的產品之中，每種如何運用一項核心動力讓世界變得更好。請點選以下網址，觀看我的 TEDx 演講：http://yukaichou.com/tedx。或者請在 Google 上搜尋「Gamification Tedx」。

第 6 章

第二項核心動力：
發展與成就

在八角框架架構之中，發展與成就是第二項核心動力，讓人們被成長以及必須達成某個特定目標的感覺驅動。這項核心動力讓我們專心致志於生涯發展，對於學習新技能產生熱情與投入，最後經由展現進度與成長，為我們帶來動力。

大部分人都記得幼稚園的時候，老師會發給金星表揚良好行為。這些貼紙不是真的獎品，但是許多孩子仍會努力得到更多星星，而且專心投入找出得到的方法。

這正是發展與成就的效果，顯示將之加入經驗之中是多麼容易。

以上也是我們最常在業界見到的遊戲化執行方式，因為 PBL——點數、徽章與排行榜——大量運用了這項動力。

遊戲中的發展與成就

幾乎所有的遊戲都會以某種形式，向你顯示距離**破關狀態**（Win-States）還有多遠。破關狀態代表玩家克服某種挑戰，因此稱為「破關」。遊戲會將玩家面對的挑戰分為多個階段，幫助玩家覺得一直在進步。

我們的大腦擁有想要達成目標與經歷成長的本能，這樣才能感受正在為人生做出進展。我們需要破關狀態。遊戲能夠支持四十小時、甚至四千小時的玩家旅程，因為它們在過程中運用不同階段以及頭目戰，認可玩家的成就。

為了展現這種成就感，有的遊戲會顯示點數，其他則使用階級、徽章、階段、進度表、更好看的裝備、勝利動畫……這張單子可以一直排列下去。然而，只因為你從這些元素之中**看見**自己的進展，並不一定代表你**覺得**有所成就。

第二項核心動力：發展與成就的目的，是確保使用者對於克服既定目標感到自豪。擁有表演學博士學位的著名遊戲設計師簡‧麥戈尼格爾將遊戲定義為「我們自願克服的不必要障礙。」❶（這原本是哲學家伯納德‧蘇茲〔Bernard Suits〕採用的定義。）

麥戈尼格爾指出，挑戰與限制是讓遊戲有趣的元素。舉例來說，如果高爾夫球只是種不受限制的遊戲，每個球員可以拿起球來，放進洞裡就算勝利。這樣人人都可以得到高分，每個人在熟悉「將圓球放進圓洞」的遊戲後，也許會覺得這很無趣。

藉由加入不必要的障礙，例如要求使用某根奇怪的棍子、特定距離、以及地面障礙物，高爾夫變成有趣的活動。克服這些挑戰，會讓球員覺得很有成就感。遊戲化的目標正是將發展與成就的感受，整合在你的產品或服務提供的日常體驗之中。

第一個讓我上癮的遊戲化網站

在我的網站上，最受歡迎的部落格貼文之一，是一份「將為購物帶來革命性改變的前十大電子商務遊戲化範例」名單。這份名單的第一名是 eBay（資訊揭露聲明：我曾在 2013 年與 eBay 合作執行數項計畫）[2]。

拍賣網站 eBay 成立於 1995 年，當時還是網際網路時代之初。該網站是網路經濟興起時代的最大成功之一，也是目前矽谷的頂尖科技公司之一。此外，eBay 還是首家將遊戲化內建於核心 DNA 的公司之一。如果你打算建立一個簡單、一般性的電子商務網站，不見得會想到在其中包括一個競標系統、或是買家／賣家回報評分介面。還有，你也應該不會藉由黃星、紫星與金星等成就符號，提供一套「升級之路」，或者創造一個超級賣家狀態系統。

eBay 是啟發我第一次創業募資的平台。沒有 eBay，我很可能不會變成創業家，因此你也不會閱讀這本書。

當我即將成為加州大學洛杉磯分校大一新生時，當地舉行了一場烤肉聚會，讓大二學生與我們這些「菜鳥」分享經驗與建議。聚會的抽獎獎品是兩張美式足球球季第一戰的門票。我被選為抽獎人，負責從抽獎箱內抽出贏得兩張門票的學生。隨便你將之稱為天意、命運、巧合、或者其他原因；我從抽獎箱內抽出自己的名字。

當我宣布自己的名字時，每個人都嚇了一跳，活動主辦人開玩笑說道：「恭喜！別把門票拿去 eBay 賣掉！我們會查噢！」

那個時候，我想道：「什麼是 eBay ？我從來沒聽過。」我對 eBay 做了一點研究，很快我就經由這個平台賣掉兩張門票（希望烤肉聚會主辦人沒有閱讀本書）。

這次交易帶給我驚奇的快感與樂趣。當我從網際網路的無名陌生人收到第一筆出價時，我差點開心地跳起來（文化笑話：但是我並沒有卡住）。不久之後，另一位出價者加入這場「戰爭」，我的雙眼開始黏著螢幕不放。

上刊之後數天，這件事變成我心裡唯一在乎的事。我不斷檢視自己的拍賣啟事，想知道是否有人提出更高出價。當然，在我進行**第四次**三分鐘檢查卻沒有看到

新出價時，讓我產生沮喪到乾脆去死的感覺！附帶一提，這正是我現在所稱的「酷刑休息」（第 66 項遊戲技巧），無論使用者想採取何種行動，都必須等待一段規定時間，這是第六項核心動力：稀缺性與迫切產生的遊戲技巧。

　　當我最後將兩張門票以數百美元出售時，我整個樂到不行。我覺得自己剛完成一件大事（對於一個剛從高中畢業的人而言），首次以賣家身分賺進一筆錢！我開始尋找其他可以在 eBay 出售的東西。這段時間中，我注意到 eBay 拍賣的最後賣價，通常與拍賣結束於一天的何時有關。這是因為大部分人喜歡等到最後一刻才出價，想要出其不意贏得競標。

　　在這種狂熱狀況下，人們會在結標時限的前一刻，迅速往上出價。這種效應結合了「倒數計時器」（第 65 項遊戲技巧）以及「最後一哩路」（第 53 項遊戲技巧），讓使用者覺得他們已經非常接近目標，必須趕快完成。在此必須說明，這裡使用的大部分是黑帽技巧。

　　觀察到這種效應之後，我創辦了一家購買與出售 TI-83 計算機的小企業。我開始買下所有在上午兩點結標的 TI-83，售價通常為 40 美元，因為當時不會有人跟我競標。我將它們轉售，結標時限訂在下午，這時每個人都在彼此競標，售價通常可達 60 美元。與經濟課堂上無趣的數學理論，以及大學聚會的社交活動相比，這才是我需要精通的遊戲。

　　在遊戲化的精神之下，當我在 eBay 出售第十件物品時，我從 eBay 收到一封電子郵件！這是一份由「梅格」寄給我的獎狀，恭賀我成為一位重要的 eBay 賣家，並且頒給我一張黃星獎狀！這份「成就符號」（第 2 項遊戲技巧）讓我非常興奮，我將之列印出來，在宿舍房間牆上掛了許多年。我想到了今天，這份獎狀還放在我父母家的某個箱子內。

eBay 頒發的黃星賣家獎狀

上圖並不是我收到的那份證書，但看起來就像這樣。

最後我賣掉了許多其他物品，包括數位相機、iPod、GPS 導航機，甚至一些我創作的弦樂四重奏！大二那年，我的 eBay 生涯達到最高點，共有超過 1,100 則正面回報給我 100％的滿意率。因此我登上紅星排行榜。

「我花太多錢買了。給你好看，阿呆！」

根據以上經歷，很容易看出 eBay 如何運用第二項核心動力：發展與成就，讓賣家經歷變得更有趣與易於上癮。但是買家呢？是什麼讓買家願意繼續在 eBay 上購買商品？

從買家的觀點來看，eBay 最聰明的地方是完成購買時，你不只是像在其他電子商務平台一樣買下一件東西。不是這樣，你不只覺得使用金錢買下一些物品，你還覺得自己是個**贏家**！

當然，經過一場緊張刺激的競標，你付出的金額可能要比其他方式高出一成，

但是至少你覺得從另外十一個參加競標的混蛋手上贏得了勝利！

「給你好看，阿呆！這是我的了！」

任何人都可以花錢買到成功，但是這回你是全力以赴，得到破關狀態！你覺得很有成就感，這種快樂的感覺遠超過為物品付出的額外價格。你在 eBay 不是花錢買東西，而是花錢參加遊戲。

這和人們花錢參加遊戲，目的是打敗尚未克服的關卡道理類似。嚴格來說，人們購買的不是**勝利**。如果玩過電玩遊戲後，螢幕上出現一則訊息：「恭喜！你贏了！」很少有人會興奮。任何人都可以付錢得到東西。玩家付錢的目的是為了很爽的感覺。他們付錢得到強大的武器或快速升級，以便迅速擊敗大批敵人怪物，成就壓倒性的勝利。

另一個以同樣原則為基礎的範例，是通用磨坊（General Mills）旗下的貝蒂妙廚（Betty Crocker）蛋糕粉。這種蛋糕粉在數十年前推出的時候，設計目的是為家庭主婦提供最易於上手的蛋糕，她們只要在蛋糕粉內加水，將之放入烤箱，就可以做出美味蛋糕。不幸的是銷售平平，該公司於是聘請商業心理學家，幫助找出原因。

他們提出的假說之一，是蛋糕粉太容易製作成蛋糕，客戶並不**覺得**真正在烹飪，因此沒有成就感或擅長感。基於這套概念，與其讓流程變得更簡單，通用磨坊決定在製作流程中**增加**步驟。他們決定從貝蒂妙廚蛋糕粉中拿掉便於製作的蛋粉，要求使用者將蛋糕放入烤箱前，必須自行加入新鮮雞蛋。

出乎許多人的意料，這項產品馬上大獲成功。藉由增加自行放入雞蛋的額外步驟，為人們帶來真正在烹調飯後甜點的**感覺**。這點讓他們對自己，以及對於他們為家庭的貢獻感到開心❸。「遊戲是我們自願對付的不必要障礙」的道理在這裡得到明證。只是小小增加幾個步驟，就提升了體驗之中的第二項核心動力：發展與成就。

由於以上提到的遊戲化系統，許多人宣稱 eBay 會讓人「上癮」。該網站從一項個人嗜好，變成財星兩百大公司，價值超過 700 億美元❹。

那亞馬遜呢？

討論過 eBay 之後，你也許會問：「那麼亞馬遜呢？難道他們不是更成功？我在亞馬遜平台上沒有看到任何遊戲化。」這點並沒有錯。亞馬遜成立於比 eBay 更早一年的 1994 年，現在是財星前五十大企業，總市值約 1,500 億美元，而且他們並不採取「遊戲化」。

嗯，他們並不以整合點數、徽章、故事、虛擬角色、或者升級路徑等方式執行遊戲化。然而，亞馬遜花費大量資源，確立人本設計與八項核心動力中的許多技巧，這些都是成功遊戲背後的骨幹動力。

如果你還記得之前章節的內容，優秀的隱性遊戲化經常像門把一樣，讓人視而不見。你甚至不會注意到它的存在，但是你會不假思索用它開門與關門。經由亞馬遜的優化設計，我們可以見到數項核心動力的應用，帶來非常顯著的效果。

首先，亞馬遜業務背後的主要核心動力是第四項核心動力：所有權與占有欲。如同第三章提到的，這項核心動力背後的基礎是如果你覺得擁有某項事物，你會想要改進、保護、以及獲得更多。

亞馬遜致力簡化這項所有權與占有欲的流程。該網站是一具優化引擎，讓你快速、準確、而且簡單地擁有與持有物品。亞馬遜已將自己變成「買到更多東西」的主要地點，而且你知道該網站提供市面上最便宜的價格。運用亞馬遜，你知道會以更快速度擁有更多東西。

此外，亞馬遜不斷學習你的喜好，以及將你看到的頁面配合你個人化，我將之稱為艾佛烈效應（第 83 項遊戲技巧）。隨著亞馬遜這樣做，你的所有權與占有欲會隨之增加，因為人們將之視為「我的亞馬遜」經驗，這是別家電子商務網站所沒有的特點。

不要比你隔壁的慢一步！

隨艾佛烈效應而來的是亞馬遜推薦引擎，此一功能現在已在個人化產業中聲名遠播。根據亞馬遜的數字，亞馬遜推薦引擎帶來三成業績❺。對於一家每月可賺數

十億美元的公司，這是相當可觀的數字。事實上，《財星雜誌》與 CNN 作者曼加林丹（JP Mangalindan）主張，亞馬遜在 2011 年會計年度第二季起一整年 29% 銷售成長，有相當一部分應歸功於推薦引擎❻。

推薦引擎長什麼樣呢？

亞馬遜推薦引擎

「購買本商品顧客也購買了以下商品。」

亞馬遜很快發現，經由得知其他與你相似人士購買哪些商品，你購買同樣商品的可能性會大幅增加。你可以想出推動這種行為的是哪一項核心動力嗎？

你或許已經猜到（但是如果你還沒猜到，也沒有關係）——第五項核心動力：社會影響力與同理心。知道其他相似人士購買什麼，社會認同與同理心幫助消費者更有信心地做出決定。這點幫助亞馬遜增加銷售額與日後的進階銷售。

當然，另一個對亞馬遜的早期成功廠功甚偉的「社會影響力與同理心」因素，是數百萬則對書籍與其他商品的顧客評語。

「我朋友鮑伯說醫生錯了——他看過許多與健康有關的東西」

由薩斯卡奇萬大學（University of Saskatchewan）研究者王耀與茱麗塔・華希雷瓦（Julita Vassileva），以及喬治亞理工學院（Georgia Institute of Technology）的米納希・古普塔（Minaxi Gupta）、保羅・哲吉（Paul Judge）與墨斯塔法・安瑪（Mostafa Ammar）對同儕網路中信任與名譽進行的研究發現，一般消費者偏好與信任同儕評論的程度，超過專業評論家的評論❼❽。這點看來有些奇特，因為專業

評論家的終生志業就是分辨好與壞的不同。對於每一篇公開評論，他們會花費大量時間收集所有必要資訊、完成全套體驗，為的是寫出一份經過仔細思量、反映出他們深度知識與投入的報導。

　　但是到頭來，消費者似乎偏愛其他消費者的想法與意見，他們對於產品沒有同樣的高超知識與了解，更未曾花費同樣時間體驗與研究這項商品。最後，我們重視的卻是能夠產生共鳴者的想法，而且重視程度經常超過權威專家的意見。

400 of 445 people found the following review helpful
★★★☆☆ **Entertaining but Lacking Scientific Rigor**
By Book Shark TOP 500 REVIEWER on October 3, 2013
Format: Kindle Edition　Verified Purchase
David and Goliath: Underdogs, Misfits, and the Art of Battling Giants by Malcolm Gladwell

"David and Goliath" is an interesting yet somewhat disappointing book about what happens when ordinary people confront giants. Best-selling author, Malcolm Gladwell provides many examples that range from the compelling to the dare I say feeble. That being said, the book is stimulating and it's never boring, it just lacked the brilliance that a book like his very own "Outliers" has. This provocative 320-page book is broken out into the following three parts: 1. The Advantages of Disadvantages (and Disadvantages of Advantages), 2. The Theory of Desirable Difficulty, and 3. The Limits of Power.

Positives:
1. Always engaging, provocative and a page turner. Gladwell is a gifted narrator.
2. Interesting subject, never boring. You never know what you are going to get from Gladwell. A great premise and title for a book, "David and Goliath".
3. Gladwell explores two main ideas through stories and keen observations. "What we consider valuable in our world arises out of these kinds of lopsided conflicts, because the act of facing overwhelming odds produces greatness and beauty. And second, that we consistently get these kinds of conflicts wrong."
4. A recurring theme that resonates throughout the book, "There is an important lesson in that for battles with all kinds of giants. The powerful and the strong are not always what they seem."
5. I absolutely loved the story of Vivek Ranadive's basketball team and where Pitino's trademark strategy came from. "The whole Redwood City philosophy was based on a willingness to try harder than anyone else."
6. The provocative discussion on the correlation of class sizes and educational success. Read more ›

16 Comments　　Was this review helpful to you?　Yes　No

407 of 470 people found the following review helpful
★★★★★ **Gladwell did it again.**
By Derek Halpern on October 2, 2013
Format: Kindle Edition　Verified Purchase
You might read some reviews that hate on this book.

They'll say they don't like his pseudo-scientific claims. They'll say he oversimplifies everything. They might even mention some "incidents" where they witnessed a deluge of "random" people who hated on this book... just a day after it's released.

But I believe those people have an agenda. An agenda where they decided they were going to hate this book before they even read it.

I'll explain.

亞馬遜商品評論

　　在亞馬遜的評論介面上，你可以看到像是「從 5 顆星中贏得 4.6 顆星」的說明，接著是反映社群感受的評論「排行榜」。置頂的評論會有「445 人中有 400 人覺得以下評論有所幫助」。巧合的是，這篇評論撰寫人是「書鯊」，身分標籤是「前五百大評論者」。

　　等一下，亞馬遜也有排行榜、社群投票、以及身分標籤？如果你以為亞馬遜不使用遊戲化的話，請重新想想這件事。當你這樣做的時候，請回憶你上次使用的門把是什麼顏色。

永遠不要讓使用者覺得自己很笨

　　我想要花點時間指出，雖然本章重點是第二項核心動力：發展與成就，但是評估優秀體驗或產品的時候不考量另外七項核心動力，是件幾乎不可能的事，因為它們唇齒相依，共同創造出一套統一與激勵人心的體驗。亞馬遜的成功可以使用其他核心動力來討論，例如稀缺性與迫切，以及賦予創造力與回饋，但是先讓我們回到發展與成就的主題之上。

　　除了提升排名與獲得徽章之外，另一種很重要的情感成就是「覺得聰明」。我們都喜歡覺得能幹與稱職，覺得不稱職與沒能力會帶來人生中最重的創傷。

　　無論使用科技多麼先進，一款讓使用者覺得自己很笨的產品，經常會是失敗產品。根據我的個人經驗，**如果使用者在介面上花費四秒，還是無法搞定如何使用，他們會覺得自己很笨，進而開始在情感上疏遠這項產品。**

　　Google 搜尋引擎確保這種狀況不會發生。在 Google 變成「Google」之前，雅虎是無所不在的「搜尋引擎」巨人。然而，雅虎將自己定位為讓人們找到新內容的網路入口網站，而非單純的搜尋引擎。

　　有趣的是，當 Google 創辦人想要將他們的搜尋引擎，以一百萬美元賤賣給雅虎的時候，卻遭到雅虎拒絕。當時雅虎已經知道，Google 是個更有效率的搜尋引擎，能夠更快地將使用者帶到目的地。這是因為 Google 不符合雅虎的入口網站策略，亦即顯示許多連結讓使用者點選，藉以提供更多可點選的連結（這是第七項核心動力：不確定性與好奇心）。在這樣的過程中，雅虎可以提供更多廣告連結❾。

　　結果是當你使用雅虎網頁時，會看到大量內容與連結。雖然這可以推動更多點選，以及驅使許多使用者進行探索活動，卻也讓使用者覺得有些畏懼甚至麻痺，因

為他們無法在如此多選擇之中摸索與做出決定。

　　當各位連上 Google.com，你通常只會見到兩樣東西：Google 的商標與搜索欄。你完全不可能對接下來步驟感到困惑，就在搜索欄內打進搜尋關鍵字。即使你不完全確定想要搜尋的是什麼（此時會覺得有些無能），其自動填表功能會立即啟動，向你提供建議。

　　打從一開始，Google 就了解這項關鍵。根據大衛 · 懷司（David A. Vise）與馬克 · 摩西德（Mark Malseed）合著的《翻動世界的 Google》（*The Google Story*）一書指出，該公司非常重視提供乾淨網頁的策略，因此謝絕許多從推出時即可運用的獲利機會。該公司至今仍維持一貫立場❿。有這樣一種說法，一個組織的策略不是選擇去做什麼，而是堅持不做什麼。

　　不幸的是，讓 Google 使用者覺得聰明的心意與好方法，並沒有出現在所有其他 Google 產品線。Google+ 就是一個優秀科技如何讓使用者覺得愚笨，因而失去影響力的常見例子。

　　即使 Google 喜歡宣揚 Google+ 的「活躍使用者」數目，使其成為全球第二大社群網絡，一般消費者都曉得這是因為他們在使用 YouTube 或 Gmail 的時候，不小心被「騙進」Google+ 的介面。我將之稱為**蠻力分配**（這不是任何一種遊戲技巧）。即使 Google+ 擁有數億名「活躍使用者」，ComScore 與尼爾森（Nelson）公司指出，Google+ 使用者平均每月使用時間不到七分鐘。相較於臉書的每月 400 分鐘，顯然這不是大家久待的地方。

　　某些擅長網路的使用者持續使用 Google+，因為該網站提供據稱對行銷大有助益的搜索引擎優化功能，這點要歸功於搜索引擎本身的優秀表現，而非其社群平台的優點⓫。話說回來，為了幫助提高搜尋排名，有些人連吃蟲子都願意。

　　儘管身為「全球第二名社群網路」，如果你查閱 Google 本身的部落格，你會在每則貼文看到推特推文與臉書按讚的數量遠高於 Google 的 +1，這還要考量到該部落格觀眾是最愛用 Google 產品的人。有位不願具名的 Google 員工曾經告訴我：「在 Google 有則笑話：『如果你想舉辦一場活動，卻不想讓任何人知道，就在

Google+ 上面分享吧。』」

伯利恆之星──引領使用者前行

如果你曾玩過廣受歡迎的《糖果大爆險》遊戲，是否想過為何當你沒有在數秒內做出下個動作時，遊戲會向你顯示「醒目選擇」（第 28 項遊戲技巧），而這種**可能的**解決方案卻經常不是搭配糖果的最佳作法？在大部分狀況中，如果你盲目地**跟隨醒目選擇**，你會輸掉遊戲。為什麼他們不向我顯示一個贏得遊戲的解決方案？這是陷阱嗎？

事實是，《糖果大爆險》曉得：感覺有所進展以及最後輸掉遊戲，要比覺得卡關以及迷惑好上太多。如果你玩通一個遊戲卻被擊敗，自然反應是從頭開始新的回合。但是如果你卡在某個地方，一直無法找到相配的三顆糖果，也許會放棄這個遊戲，去做別的事情。或許，該遊戲的專家顧問已經回覆你剛剛寄出的電子郵件──最好現在去收信一下！

回到亞馬遜；亞馬遜讓人們在買東西的時候感到聰明。他們使用多種不同方法。首先，亞馬遜藉由確認使用者永遠知道下一步為何，避開四秒鐘法則。

我的書在亞馬遜頁面的呈現

　　在這張產品資訊的頁面截圖上，大部分頁面都是白底黑字，但是圖面設計將使用者導向兩個期望的行動。第一項是書籍的「查看內頁」按鍵，這個按鍵以生動顏色以及一個箭頭強調，如同遊戲內的**互動入門教學**一樣。這是另一個利用明顯符號，導引使用者前往接下來步驟的「醒目選擇」例子。

　　第二個期望的動作是右邊的綠色區塊，同時還有兩個經過時間驗證的橘色待辦動作按鍵，這是亞馬遜業務的真正對話評量標準。有趣的是，這兩個橘色按鍵的顏色略有不同，「按下即可立即購買」的按鍵內還顯示一個食指按著游標的圖樣。

　　值得注意的是，期望的行動是頁面上唯一視覺「彩色化」的地方，因此目光會被自動導向那邊。我稱之為「沙漠綠洲」（第 38 項遊戲技巧），這裡除了主要的期望行動之外，沒有任何顯眼的地方。沙漠綠洲看來又綠又可口，在潛意識中建議這選項背後就是破關狀態。

　　最後，亞馬遜從未忘記向你顯示被畫掉的不實標價、下方的真正售價、以及告訴你如果不付不實標價的話，可以省下的折扣。這點又讓顧客覺得自己做出明智選擇，得到不錯的價格。對於此一概念的誤解，使得潘尼百貨（J.C. Penney）開除前執行長朗・強生（Ron Johnson）。強生在蘋果商店的推出扮演先驅角色，他在該百貨的「公平與公正」行銷活動中，移除「不實」的折扣比率，造成零售史上最慘重的失敗之一[12]。

自作聰明付出的高價

　　讓顧客**覺得**聰明的不實價格無所不在。行為經濟學暢銷書《誰說人是理性的！》（*Predictably Irrational*）一書中，作者丹・艾瑞利（Dan Ariely）提到這樣一個例子，一群麻省理工學院學生得到花費 59 美元訂閱一整年《經濟學人》（*Economist*）雜誌數位版，或是花費 125 美元訂閱一整年《經濟學人》數位版與實體版的選擇。大部分學生（68%）都選擇 59 美元的數位版[13]。當你只花半價就可以閱讀數位版的時候，誰會多花 66 美元去買實體版雜誌呢？

　　然而，當這兩種選擇之間出現另一種選擇，讓學生以 125 美元**僅只**訂閱一年實

體版雜誌的時候，一切改變了。技術上來說，這點沒有改變任何事情，對吧？當你能夠以 125 美元得到數位版**以及**實體版雜誌時，誰會花費同樣價格訂閱實體版雜誌呢？之前我們已經曉得，只有少數人願意花費 125 美元，同時訂閱兩種版本雜誌。加入一種更不受歡迎的選擇，怎麼可能改變使用者行為呢？

但是讓人吃驚的是，當這三項選項同時提供給另一群麻省理工學院學生時，如我們所料，沒有人選擇這種新的實體版選項（他們都是聰明的麻省理工學院學生），但是絕大部分學生（84%）突然想要訂閱 125 美元的數位版**以及**實體版雜誌，只有 16% 學生想要訂閱 59 美元的數位版。

如果你是《經濟學人》雜誌，這代表加入一種沒人想要的選擇，可以突然將總營收增加 44.6%！怎麼會有這種事情？其中秘密是**人們不見得採取最經濟的行動，而是採取自以為最聰明的行動。**

我曾親眼見過有錢的太太花數十小時剪下折價券，目的是將售價 20 美元的商品減少至 0.60 美元。她們真的需要這筆錢嗎？不是。這是使用時間的最經濟方法嗎？應該不是。但是她們卻這樣做，因為這可以讓她們感到聰明。她們可以拿著一張 1 美元紙鈔買下一件 20 美元的商品，甚至還有找！在雜誌的例子中，相似的是當學生看到訂閱實體版要花 125 美元，但是同樣價格可以得到數位版**以及**實體版雜誌時，讓他們覺得數位版是**免費**獲得！經由提供參考價格作為誘餌，人們選擇覺得看來理所當然的划算選項，以為自己很聰明。有時自作聰明要付出高昂代價。

eBay 的設計限制

由於以上提到的醒目選擇、個人化推薦、同儕評論、以及沙漠綠洲等設計元素，亞馬遜使用者對於下一步從不會感到迷惑。你會快速往破關狀態移動，尤其如果你做出購買亞馬遜頂級會員資格的「自我感覺聰明」決定，你的包裹會在兩天內送抵你家，而且附帶簡單的退貨與退款選項。

另一方面，eBay 並沒有讓使用者覺得聰明的同樣優勢。首先，eBay 的介面有

點像 Google+，使用者並不真正知道要去哪裡尋找想要的東西。eBay 網頁畫面上有多種水平與垂直選單，加上多個下拉式選單，使用者很容易花費超過四秒鐘，才能找出下一步在哪裡。

此外，由於 eBay 的本質是一處競標場，因此對於使用者體驗並沒有太大控制權。當使用者終於買下商品時，eBay 並不保證商品會在兩天內送達。事實上，eBay 對於新手賣家完全束手無策，連這些人會不會在一週內寄出商品都是問題。甚至寄出商品時，賣家有時不會告知已經寄出，更不會提供貨品追蹤號碼。在等待期間，買家根本不知道商品寄出與否，以及何時送到。這點絕對無法產生管控感。

幸運的是，當夢幻商品終於送到時，快樂感再度回來，延後的喜悅會驅動再度在 eBay 下單的動力。不幸的是，如果商品和你期待的狀況不同，就會暴露 eBay 的限制。尤其在二手市場上，你可能收到與當初形容狀況不符、運送途中受損、或者與你購買商品不同的東西。以 eBay 來說，該網站無法向你退費，責任是在那些把商品賣給你的無良賣家。

當然，你可以在 eBay 的評價系統對賣家留下負面評語，但是多年來這套系統有個奇怪的回覆停滯現象，使得上面的活動陷於停擺。當不好的經驗發生時，雙方都拒絕首先發表負評，因為他們都擔心會引起報復性的負評。即使我在 eBay 上有不好的購物經驗，我仍然不想給賣家留下負評，因為賣家會回頭攻擊我是惡劣買家，傷及我的名譽。這種對峙是另一種必須經歷的惡劣感覺，使用者因而感到不安，對於購買決定不再覺得自己很聰明（註：這種經驗近年來已有改善）。

當然，使用者可以向 eBay 報告這類惡劣經驗，甚至向 Paypal（由 eBay 所有）提報詐欺行為，但是這套流程非常煩人，需要長時間等待、經歷挫折、甚至經常出現溝通不良的問題。讓使用者卡在官僚程序當中（或者在客服人員之間轉來轉去），一定會為他們帶來無助感。

請想像一個遊戲，你一路努力達到破關狀態，但是還要等上一個星期，不知道獎勵何時出現。獎勵出現時，你領到的不是獎勵，卻是懲罰。唯一解決問題的方法，必須經過一長串談判與官僚步驟。你還會常常玩這個遊戲嗎？更簡單的作法是

離開遊戲，永遠不回來。或許，這會在玩家的每日抱怨中添上另一個好故事。

雖然我堅信，亞馬遜與 eBay 能夠運用更佳的遊戲化與人本設計，大幅改進它們的表現，但是不可否認兩家公司都獲得難以置信、讓人敬畏的成功。它們每年各自營收達數十億美元，而且善用不同的核心動力，讓它們成功經營、充滿吸引力、甚至讓人上癮。

等一下，這不是新產品了！

也許看到這裡，有的人會說：「讓使用者容易用，以及讓他們自以為聰明……這根本不是深奧學問！這正是使用能力、使用者介面、使用者體驗、以及所謂的使用者中心設計已經在做的事。遊戲化或人本設計有何不同？」

我相信人本設計與以上領域之間的主要不同，是它們的主要重點在於「簡化」一項活動，而非活動背後的動機。使用能力假定使用者已經想要進行這些活動，重點是讓使用者以更直覺的方式完成任務，八角框架遊戲化首要重視的則是進行這些任務的動機。

即使大部分 UX（使用者體驗）專家都很重視體驗的容易與順暢程度，我還沒有看到太多這方面專家，試圖運用使用者信仰的崇高史詩般願景改善動機因素，也沒有看到他們限制體驗的某些部分，以便創造情感的稀缺性。兩者的重點大不相同。

事實上，遊戲化結合了遊戲設計、遊戲動能、動機心理學、行為經濟學、使用者體驗／使用者介面、神經生物學、科技平台、以及推動投資報酬的商業系統。有趣的是，遊戲擁有以上全部元素，唯一缺乏的是最後一種：推動投資報酬的商業系統。

遊戲化的元素

為了做出一款優秀遊戲，設計師需要優秀的遊戲動能、優秀的使用者體驗／使用者介面、經由虛擬經濟了解行為經濟學、動機心理學與獎勵時程、以及達到破關狀態與多巴胺釋放之間的複雜關係。如果缺乏以上任何因素，玩家會離開這款遊戲。

基於這個理由，當我們研究優秀的遊戲化／遊戲設計時，會不可避免地帶出許多在其他領域創造行為與優秀體驗的概念。

發展與成就之下的遊戲技巧

你已對第二項核心動力：發展與成就的動機與心理本質學到更多知識。為了讓這些知識成為行動基礎，以下我列舉一些大量運用這種核心動力吸引使用者的遊戲技巧。

進度列（第 4 項遊戲技巧）

關於發展與成就，最簡單與眾所周知的例子之一是領英的進度列。領英身為全球規模最大的專業人士社群網路，曉得其價值仰賴人們願意輸入其系統的資訊。但

是將自己的個人檔案與履歷輸入領英，是一項吃力的工作，使用者在加入階段初期很快就放棄這樣做。

　　領英曉得，單單將介面變得更易於使用還不夠，需要將介面變得更有激勵效果。有鑑於此，領英在使用者檔案左方引進了一個小小的進度列的遊戲技巧，顯示使用者完成檔案的進度。我們的大腦痛恨有個未完成的東西在面前晃動。當我們看到一個嘲笑我們只完成七成的進度列時，會得到額外動力完成期望的動作，達到克竟全功的破關狀態。

　　讓人驚奇的是，開發者編寫進度列程式不用多少時間，但是一舉將領英的檔案完成率增加兩成。考量到領英為了同樣目標花掉數百萬美元，這真是一項讓人印象深刻的改變[14]。

　　今天在許多地方都能看到進度列的影子，這種工具常出現於加入階段的體驗之中。這是市面上最簡單的遊戲化設計技巧之一。當然，如果設計不當的話，進度列也會無法創造有意義的吸引力。約卡布·史哲寧（Jakob Skjerning）寫了一篇名為《進度戰爭》（Progress Wars）的搞笑文範例，主題是一款毫無意義的遊戲，每次你按下一個按鍵，進度列就會衝到高點讓使用者再升一級[15]。對於在系統內只有遊戲設計技巧，卻缺乏驅動它們的核心動力，造成低吸引力的後果，這是一個很好的例子。

只有進度列的遊戲設計

搖滾明星效應（第 92 項遊戲技巧）

搖滾明星效應是一項讓使用者覺得每個人都在竭盡所能與他互動的遊戲化設計技巧。本質上而言，如果你讓使用者覺得他們是**靠努力取得**搖滾明星的地位，他們會繼續執行期望動作，擴大粉絲人數，並且與其他人分享。

推特是運用搖滾明星效應的絕佳範例。大部分人的印象中，推特的創新是將每則訊息長度限制在 140 字（這在第六項核心動力：稀缺性與迫切，以及第三項核心動力：賦予創造力與回饋之間取得有趣平衡），但是很少有人記得，推特的另一項創新是單向追隨。

從前的社交連結是雙向而行，不是雙方同意結為朋友，就是毫無關係存在。當推特在 2006 年推出時，帶來了全新的單向追隨系統，讓使用者追隨他們感興趣人物的訊息更新，對方卻不需要追隨使用者。由於這種關係的單向本質，許多人將獲得大量追隨者視為真正成就。這代表每個人都想要傾聽你的寶貴意見，即使你對他們的意見根本不屑一顧。

人們盡其所能「努力取得」追隨者——發出詼諧貼文、分享寶貴的連結、以及轉推他人文章獲得注意。有人甚至要求不懂科技的朋友追隨他們，以便在推特上壯大聲勢。對於許多人而言，這已變成一場遊戲，目標是達到數目最高的追隨者與轉推。

接下來的某一刻，具有影響力的人物開始彼此競爭，看看誰擁有最多追隨者。一開始，隱性的比較發生在具有影響力的科技界人士之間，例如蓋伊・川崎（Guy Kawasaki）或羅伯・史考柏（Robert Scoble）。這是許多新興科技公司都經歷過的歷程——部落客與矽谷人士已經愛用某些平台，但是主流人口還不曉得它們的存在。

然而，由於推特與生俱來的「成就」本性，隨著艾希頓・庫奇（Ashton Kutcher）等名流加入「追隨者競賽」彼此競爭，尤其最著名的對上 CNN 突發新聞推特頻道事件，推特終於得到大量的主流人口注意。

庫奇在 2009 年向 CNN 突發新聞公開叫陣，比較誰先達到擁有一百萬名追隨

者大關[16]。雙方對於這場競賽都志在必得，開始經由所有媒體動員推銷推特，以及自己的推特檔案，希望成為首先達到「黃金百萬」的一方。庫奇的粉絲喜歡他的電影，但是完全不曉得推特是什麼，不過他們還是開始發表部落格文章和 YouTube 影片，告訴大家追隨庫奇。

艾希頓・庫奇與 CNN 的推特追隨者競賽

最後，庫奇擊敗 CNN 突發新聞贏得勝利，首先在推特達成一百萬名追隨者目標。庫奇將之視為一大成就，用了九個驚嘆號表達歡喜與自豪。

另一方面，CNN 突發新聞拿出大公司應有的風範，表現得很有運動家風度。在以上的截圖中，你可以看到庫奇贏得競賽時，CNN 突發新聞擁有 999,652 名追隨者，距離勝利只差了數百人。CNN 突發新聞不但沒有心酸地說道：「就差一點！我們只差數百人而已。」反而很有風度地向全世界宣布：「在與 CNN 的競賽中，艾希頓・庫奇首先達成一百萬名追隨者。」推文下方加上一句「恭喜」。

這場競賽對於 CNN 以及艾希頓‧庫奇的品牌名聲帶來頗大的正面助益，但是推特才是最大受益者。對於完全不熟悉此一平台的觀眾，推特贏得價值數百萬美元的免費報導。

成就符號（第 2 項遊戲技巧）

如同第二章所言，點數與徽章可以毀掉優秀的遊戲化設計，因為所謂的「遊戲化專家」經常將它們貼到眼前所見的每樣東西之上。然而，它們對於推動發展與成就是很有用的工具，而且在遊戲化系統中占有一席之地。

徽章是我所稱的「成就符號」，具有許多形式：徽章、星星、腰帶、制服、獎盃、勳章等等。關於成就符號，重要的是它們必須代表「成就」。如果你連上某個網站，點選一個按鈕，螢幕上突然跳出一則訊息：「恭喜！你剛贏得『點選第一個按鈕徽章』！請按這裡，查看其他你可以贏得的酷徽章！」你會覺得興奮嗎？

可能不會。

你甚至可能會想到：「這實在很遜……這裡還有什麼？某個『拉下選單徽章』？『點選關於我們頁面徽章』？」你覺得自己好像被人侮辱。

但是，如果你是運用創造性技能，解決一個不是人人都能辦到的特別問題，因此獲得一個徽章表彰這項成就，你會覺得自豪與成功。現在你有了實在的動機。

成就符號只是反映成就而已，本身並非成就。一個相似的例子來自徽章的起源：軍隊。如果你參加軍旅之後，馬上在胸前佩戴「參軍章」。隔天，胸前再佩戴一枚「撐過第一天章」，接著是「結交第一個朋友章」以及「結交五個朋友章」。你可能不會覺得有所成就，也不會佩戴這些徽章參加社交聚會。更可能的是你會覺得困窘，甚至受到冒犯。但是，如果你做出英勇行為，例如冒著生命危險拯救一位同袍，因而獲頒國會榮譽勳章，你很可能會真正感到光榮與成就。

請記得，有些「侮辱章」其實小孩很有用，因為對於他們來說，這些是真正的功績與成就。在大部分狀況中，結交第一個朋友不是成年人會大事慶祝的事情。

因此，當我與遊戲化客戶合作的時候，我從來不問：「你們有徽章嗎？」我會

問道：「你們讓使用者覺得有所成就嗎？」擁有徽章（或者任何遊戲元素本身）並不代表使用者有邁向破關狀態的動機。這是為何我們將重點放在八項核心動力，而非遊戲元素的原因。

狀態點數（第 1 項遊戲技巧）

動機系統有兩種**點數**：狀態點數與可交換點數。狀態點數目的是記錄進度。對內而言，這種點數讓系統知道玩家距離破關狀態還有多遠。對外而言，這種點數讓玩家擁有一套可以追蹤進度的回饋系統。狀態點數是**八角框架策略資訊板**（將在第十七章詳加討論）「回饋機制」的最佳候選者之一，能夠向玩家顯示分數，以及如何因為小小的改進而變化，激勵他們往正確方向前進。

狀態點數之下還分為數種類別。例如，與絕對狀態點數（記錄旅程中贏得的總點數）相對的是邊緣狀態點數（特定關卡或時間內的專用點數，一旦關卡或時間結束就需重設）。另一個例子是與單向狀態點數（只有升級才能夠保有）相對的雙向狀態點數（即使玩家沒有破關而降級也能保有）。

如何設計得分與失分，以及點數背後的意義，能夠顯著改變使用者對產品的認知。執行不當的話，整個體驗會失去價值，而且他們不會再對你這位系統設計師付出信任。

設於以色列的 Captain Up ❶公司聘請我出任行為科學家顧問的一年前，我正在為我的部落格 YuKaichou.com，尋找一套優良的 PBL 平台。

我發現 Captain Up 的遊戲化平台是當時最能夠客製化、最易於使用的選擇。

當我使用該公司平台設計自己的點數與徽章系統時，做第一件事是改變預設值。對於觀看影片與對我的部落格文章發表評語，當時的預設值只給予少數點數，但是對推文以及在臉書上分享我的文章給分高出許多。大致而言，這樣的設計尚稱允當，尤其是因為我的讀者向他人分享我的內容時，的確讓我獲得更多價值。然而，我覺得預設的點數／獎勵並非優化的設定。

我做出的第一個改變，是在我的部落格發表評論可得 100 點，觀看一部影片

可得 40 點。臉書按讚與推文只得到 25 點與 10 點。在平台做出這些改變之後，Captain Up 的優秀支援團隊成員與我聯絡，確認我對該公司平台感到放心。他們還問道：「對於單單只是發言而已，100 點會不會太多了？」

這是個非常好的問題。

在玩家旅程的發現與加入階段（這是最初兩個階段），你想要讓玩家知道的第一件事，是「這是不是個值得一玩的遊戲」。運用你設下的規則與使用者開始建立互動，傳遞你的價值觀。

如果你給予為你執行行銷工作的人一大堆點數，或者每次做一件雞毛蒜皮小事就以虛擬物品作為獎賞，玩家會覺得這款遊戲十分空虛——這不是個值得玩下去的遊戲。如果玩家發現，遊戲設計者關心的只是自己的好處，而非玩家社群，他們不會想碰這款遊戲。舉例來說，如果根據「你向網站擁有人捐獻金額」可以換取點數、進度列與徽章，這種沒有說服力、只讓個人獲益的手段，會讓大家覺得受到冒犯。

人們曉得，在推特／臉書上進行分享，大部分好處都會歸我，所以我才不告訴他們我的遊戲目的就是分享。當我聲明在我的網站上發表評論，價值超過任何其他事情，我想傳達的是**與你**互動要比其他事情更有價值。我想要與你溝通，這對我非常重要。如果你不想跟我說話，至少觀看我的影片，你可以學到東西！當然，如果你願意和朋友以及家人分享我的內容，我會非常感激，但是我不會用它在網站釣你上鉤。

這點讓使用者知道，這款遊戲的關鍵是「投入」。我希望你認真投入、學到許多東西、以及參加社群。這會變成值得一玩的遊戲。

當你設計狀態點數系統時，請確保其基礎是有意義的東西——亦即使用者希望投入的東西。不然的話，點數只會變成沒有意義的數字，逼人們離開。

排行榜（第 3 項遊戲技巧）

排行榜是一項遊戲元素，根據一套標準為使用者排出名次，即使用者達成驅動

期望行動的程度。排行榜的目的是激勵人們與帶來尊榮感，但是如果設計不當的話，經常會帶來完全相反的效果。

如果你使用某個網站數小時，得到 25 點，然後看到前二十名排行榜的榜尾已達到 25,000,000 點，這應該不會讓你想要繼續下去。

這正是 Foursquare 多年前面臨的問題，這是一個將簽到程序遊戲化的地理位置行動應用程式。當一位新使用者進入一家新咖啡廳時，經常會發現那裡的「市長」已經簽到 250 次，而且數字每天都在增加。「對抗市長」可能不是使用者想做的事，因為他知道累積進度與有成就感的可能性很低。

使用者需要的是**急迫的樂觀**，這是另一個由麥戈尼格爾發明的詞語[18]，代表使用者不但對於完成任務感到樂觀，更感到立即行動的急迫性。當你建立一個排行榜時，有數種不同的作法似乎能夠帶來更佳效果。

首先，你應該將使用者置於排行榜顯示的正中央，這讓他們看到排名在前的玩家，以及排名在後的玩家。一眼看到前十名玩家的分數多高，並不是非常激勵人心的作法。但是看到原本排在後面的人，成績突然突飛猛進的時候，其激勵效果非常驚人。

另一種經過驗證的成功作法是建立**團體排行榜**，排名由團隊的集體努力決定。在這種狀況中，即使不是每個人都想要力拚名列前茅的排名，但至少大部分人都不想變成拖累團隊的懶惰蟲。因此，社會影響力與同理心（第五項核心動力）會讓每個人更加努力。

下一種作法是建立不斷更新的排行榜，上面的資料每週都會更新，重新開始追蹤進度。這樣的話，沒有人會落後太多，而且可以帶來新希望，造就急迫的樂觀。最後，建立微排行榜也是個不錯的想法。在微排行榜上，使用者只會看到好友以及相似玩家的比較。與其看到自己在一百萬名使用者中排行 95,253 名，你會看到在二十五名好友中名列前五名。

有效整合排行榜的關鍵，是確保使用者能夠快速體認驅動他們邁向破關狀態的行動項目。如果沒有達成成就的機會，就不會出現行動。

第二項核心動力：全面觀點

　　由於發展與成就是最容易設計的核心動力，許多公司都將重點放在這項核心動力之上，有時甚至單單專注於此。因此，許多遊戲化平台也都專門在運用這項核心動力。然而，如果你計畫在產品中執行這些遊戲元素，請確保作法的謹慎與優雅。永遠重視你想要帶給使用者的感受，而非想要使用那些遊戲元素。

　　第二項核心動力：發展與成就經常是妥善執行其他核心動力的自然結果，這些核心動力包括第三項核心動力：賦予創造力與回饋、第四項核心動力：所有權與占有欲、以及第六項核心動力：稀缺性與迫切。這樣的狀況經常導致第五項核心動力：社會影響力與同理心，亦即使用者想要與朋友分享成就感與實現感。接下來數章中，我們將對這些核心動力深入探討。

馬上動手做

入門：想出一個第二項核心動力：發展與成就激發你或其他人採取某些行動的例子。這項核心動力延長了人們的投入時間嗎？

中級：想出上次你見到的點數或成就符號系統。這些點數或成就符號代表的東西有意義嗎？或者沒有重點？你會做出哪些改變，讓它們代表真正的進展與成果？

高級：對於你的計畫，利用試算表創造一套狀態點數或成就符號經濟。界定哪些是期望行動，然後根據這些行動對於使用者的意義，向每項行動分配點數。使用要比「哇！你已經做了這個動作一百次！」更有創造性的因素，分配成就徽章。

請將你的想法加上標籤 #OctalysisBook，在臉書、推特或你喜好的社群網路上分享，看看別人有何想法。

調查體驗

本章之中，我討論如何全面整頓我部落格使用的 Captain Up 系統，創造出一款「值得一玩的遊戲」。請前往我的部落格 YukaiChou.com，體驗畫面右邊 Captain Up 介面帶來的激勵設計。玩過之後，請前往 http://bit.ly/YukaiCup，閱讀我關於設計決定的完整部落格貼文，或是在 Google 上搜尋「how yu-kai chou designed his blog.」。

如果有更多時間的話，還有許多我想要更改與加入遊戲化體驗的東西。歡迎你提出新的改進方式，並且將發現與我分享。

第 7 章

第三項核心動力：
賦予創造力與回饋

　　「有些人將一生花在執行少數幾項效果也許一成不變、或者近乎相同的簡單任務，從來沒有機會發揮他的了解力，或者運用發明能力，對於尚未發生的困難找出權宜解決之道。因此，他會自然地失去運用這些能力的習慣，通常會淪落至人類最愚蠢與漠不關心的境地。」

──亞當·斯密（Adam Smith），《國富論》（*The Wealth of Nations*）

　　八角框架遊戲化的第三項核心動力是賦予創造力與回饋，其重點是大部分人所稱的「玩」。成長過程中，我最喜愛的回憶是玩樂高遊戲，投入組合、拆解、以及重組擁有無限種組合的基礎結構。這種活動為我和全球數百萬人帶來樂趣與滿足感，原因只是這樣做讓我們發揮創造力，而且可以立即看到成果。我可以欣賞自己的想法成果，同時確信將想像變成實際的過程中，能夠一次又一次檢視我的努力。我相信人類的本性充滿創造力，我們都想要學習、想像、發明、以及參加創造的過程，因為這趟旅程本身帶來許多快樂。

　　這項核心動力的美好之處，在於擁有讓我們終生持續投入的至高無上能力。請想到八角框架的結構，由上到下的核心動力是白帽／黑帽、由左至右的核心動力是顯性／隱性，你會注意到第三項核心動力：賦予創造力與回饋位置在右上方的「黃金角落」。這顯示第三項核心動力是白帽——代表擁有長期正面感情，以及右腦——強調隱性動機。不幸的是，這也或許是最難以正確實行的核心動力。

成為全國性運動的電腦遊戲

　　在一座大型運動場內，超過十萬名觀眾熱切地坐在舞台前方。這些玩家全都付了一筆不小的入場費，正在興奮地等待長期仰慕的偶像出場，與聯盟中其他高手較量。

　　兩位專業賽評開始暖場，介紹這次比賽的背景以及對於賽季的重要性，還有對於每位選手以及他們生涯的意義。他們根據每人的實力、弱點、風格、以及可能在這次關鍵比賽中展現的創新，推估每位選手的勝算，其間不時插入幾則笑話。

　　在此同時，超過一百萬人在電視與網路上觀看比賽，一些全球最大贊助商的商標展示在明顯位置。

　　這是任何職業運動的常見場景。唯一不同的是，在舞台上的數個巨型螢幕下方是兩個電腦「工作站」，每個工作站被隔音玻璃圍繞，電腦前坐著兩位約二十歲的「明星選手」，正在為這場關鍵比賽進行賽前暖身。

電競冠軍賽現場

　　這是一場「電子競技」業的冠軍賽。這是一個新興領域，全球觀眾觀看職業選手彼此競技❶。

　　這個產業的先驅是大獲成功的暴雪娛樂遊戲《星海爭霸》（Starcraft）❷。《星海爭霸》是在 1998 年推出的即時戰略遊戲（RTS）。即時戰略遊戲開始之初，玩家通常擁有數名能夠開採資源的工人。資源可被用來創造更多工人、興建不同功用的建築、招募作戰單位、研發科學與科技、以及／或者獲得某些能力，目的全是為了對抗或擊敗其他同樣在建立勢力範圍的玩家。

　　根據時間與資源的匱乏，使用者不斷做出迅速決定。他們應該招募更多作戰單位，攻入敵人領土，還是冒著被正在訓練作戰單位的敵人擊敗的風險，投入開發緩慢但有朝一日主宰局勢的科技？

　　《星海爭霸》的每場比賽（大部分即時戰略遊戲也是如此）長度為十分鐘到一小時，每位玩家在每一回合都是從零開始。這代表除了玩家的技巧之外，之前對遊戲付出的努力全都不算數。

　　此外，即時戰略遊戲的「即時」代表做出與執行正確決策的速度愈快，你會變成愈強的玩家。《星海爭霸》的好手都有 APM（每分鐘動作數）的概念。這代表一名玩家每分鐘可以做出的動作數目。動作涵蓋命令一名士兵防守某個據點，或是

選定一棟建築展開新的科學研究。

《星海爭霸》新手玩家通常每分鐘可以做出 10 至 20 個動作，因為判斷何種動作可行以及做出決定，一般需要數秒時間。至於經驗豐富的老手，速度可以提升至每分鐘 50 至 60 個動作，亦即每秒鐘一個動作。關於《星海爭霸》（或是大部分電競遊戲），最讓人驚異的地方是頂尖職業玩家擁有驚人的 APM 數字，可達每分鐘 300 至 400 個動作。這代表遊戲從頭到尾，他們可以每秒鐘做出五至六個動作。

這點在即時戰略遊戲之中至關重要，因為如果你每執行一個動作，對手已執行兩個動作，考量到雙方擁有類似的判斷與策略，你很可能落居下風被「幹掉」。在紀錄片《半生》（*The Hax Life*）之中，一位《星海爭霸》頂尖玩家被問到如何加強訓練的時候，回答他練習時會在手腕綁上重沙包。到了真正比賽時，不受束縛的雙手與手指可以加快移動[3]。

事實上，《星海爭霸》在南韓非常受到歡迎，專門播放該遊戲職業賽事的電視頻道已開播超過十年。受惠於主要廠牌的贊助，頂尖的《星海爭霸》選手年收入超過三十萬美元。對於富有讀者而言，我知道這樣的收入並不算多，但是在南韓這樣的國家，這會被認為是項不錯的成就，尤其是對不到 25 歲的年輕人而言。除了《星海爭霸》職業選手，頂尖專業賽評也會廣為人知。

在美國，《星海爭霸》也同樣大受歡迎。加州大學柏克萊分校是首先開設《星海爭霸》與策略課程的學府之一，許多其他教育機構學生則將《星海爭霸》的經濟動能與決策作為研究報告與論文主題[4]。

《星海爭霸》推出十年後的 2009 年，普林斯頓大學學生成立星海聯盟大學對抗賽，在聯盟會員學校之間舉辦賽季競賽。目前已有超過 100 所北美大學與學院參與此一賽事，包括哈佛、耶魯、康乃爾、麻省理工等學校[5]。

《星海爭霸二》在 2010 年問世時，對於《星海爭霸》的狂熱仍未消失，許多玩家堅持《星海爭霸》更好玩。當然，大部分職業玩家仍在數年內從《星海爭霸》轉移至《星海爭霸二》。

對於優秀的結局設計，以及運用第三項核心動力：賦予創造力與回饋，解除所

謂的「遊戲化疲乏」，以上故事提供了很好的例子。

遊戲化疲乏？

每隔一段時間，我主持的演講或訓練中會有出席者問道：「郁凱，我想要為本公司引進遊戲化，但大部分遊戲壽命不是都很短嗎？如果我們執行遊戲化，是否會傷到自己呢？」

沒錯，大部分有趣的遊戲只能吸引玩家二到八個月，之後會轉往新的遊戲。然而，這並不代表將你的系統遊戲化會帶來同樣狀況，原因有兩個。

第一，請記得我之前提過，玩某款遊戲的舉動通常沒有真正的**目的**。這意思是大部分人從不**需要**玩某款遊戲。遊戲變得無趣的那一刻，人們會退出改玩其他遊戲，或者打開 YouTube、臉書或電子郵件。經過二到八個月之後，遊戲已經無法吸引玩家，所以他們會退出遊戲。希望你設計的系統有個真正目的，即使到時變得無趣（反正現在已可能處於這種狀況之中），使用者仍有待下去的理由。

第二個理由是在玩家旅程的第四個、也是最後一個「結局」階段，大部分遊戲的設計目的都不是繼續激勵使用者。如果一項體驗到了結局階段已不再吸引人，你會乾脆地轉往其他遊戲。

許多像是《星海爭霸》這樣設計優良的遊戲，都能夠讓玩家保持興趣超過十年之久。其他像是撲克牌、高爾夫、西洋棋、麻將等遊戲，更是歷久不衰。目前設計讓人投入的結局有許多種方式，但是這麼多遊戲可以經歷時間考驗，最重要原因是它們利用了第三項核心動力：賦予創造力與回饋。

倫敦瑪麗王后大學（Queen Mary University of London）與倫敦大學學院（University College London）於 2013 年發表的研究比較了不同遊戲對於大腦的效果。經過六到八週之後，研究發現每天玩《星海爭霸》約一小時的學生，在記憶、視覺搜尋、過濾資訊能力、以及其他認知技能方面出現增長（有件小事：《華爾街日報》對這份研究的報導引用我的話）❻。

當使用者能夠持續運用創造力，產生幾乎無限數目可能性的時候，遊戲設計師已不再需要一直創作新內容保持遊戲吸引力。使用者的想法已形成了，能夠不斷投入體驗當中的長青內容。這正是第三項核心動力：賦予創造力與回饋長期留住使用者的威力。

三子棋

幾乎每種文化，都有三子棋遊戲，有的稱為別的名字，像是「○與×」[7]。在我們小時候，幾乎每個人都喜歡這個遊戲，因為只要一枝筆與一張紙（或者一根棍子與沙地）就可以開始玩，而且半分鐘之內可以結束。

然而，隨著年紀漸長，這個遊戲變得不再有那麼有趣[8]。為什麼呢？因為到了某個時候，這個遊戲變得太過簡單。大部分比賽會以和局收場，唯一刺激是看看能否誘使新的對手在魯莽／匆忙之中（這是第七項核心動力：不確定性與好奇心），不慎採取錯誤行動。只要採取有點深度的策略，三子棋就會變得無趣[9]。

由於賦予創造力與回饋方面的限度，三子棋變得缺乏吸引力。

另一方面，西洋棋在過去數個世紀之中，一直是種受到認真研究與投入的遊戲。時至今日，由全球最佳棋手進行的刺激對決，仍為觀眾帶來充滿興奮的樂趣。

當我還是高一學生時，剛移民至美國的我曉得自己的英文能力很差（十一年級時，有位兩年沒見的朋友對我大聲說道：「噢，你會說英文了！難以置信！」）。為了彌補我所缺乏的溝通技巧，我經常和美國朋友下西洋棋，因為這和我在台灣下的中國象棋相當類似。我和數位朋友，加上指導教師理查·吉爾（Richard Gill）先生，組成了藍谷高中西洋棋社。

這個時候，我是個相當害羞的人，無法想像有朝一日會公開演講（有很長一段時間，光是看到別人上台講話，就會讓我手心冒汗）。我在高中的名聲（除了是校內少數亞裔學生之外），就是一個「好人」。大部分研究說服心理學的人士都會同意，在大部分狀況中，被大家說是個「好人」不會讓人心裡太好過。像是「真

誠」、「熱誠」、或者「容光煥發」等形容詞意義近似，但是更讓人樂意接受。

　　到了十年級，雖然我尚未建立起自信心，仍然被選為西洋棋社社長。我的拉票演說內容基本上是：「我的姓氏是字數最少的那個。選我就對了！」出乎意料地贏得選舉之後（我猜想大家喜歡這樣的幽默），我突然發現責任感上身──重大使命與呼召！這已不只是我的事情，而是為整個組織的成功努力！這時候開始，我認真努力想要成為更好的棋手，這樣可以讓我帶領與指導我的團隊，贏得更重大的勝利。接下來兩年多之中，我每天花四小時全心投入開局、策略、以及各種不同走法，試圖擴展我的知識與布陣方法，建立自己的棋風。

　　西洋棋中有許多種不同開局法，至於接下來的走法數量更是驚人，數字超過可見宇宙中的原子數量總合（雙方各下四步棋之後，已經有超過 2,880 億種可能走法）。

　　世界西洋棋冠軍蓋瑞・卡斯巴洛夫（Garry Kasparov）在 1996 年對上 IBM 為西洋棋設計的超級電腦深藍（Deep Blue）。當時的深藍電腦每秒可以計算一億步走法。深藍與卡斯巴洛夫各有約三小時進行思考，但是深藍電腦可以在卡斯巴洛夫移動棋子的同時思考。如果你計算以每秒一億步速度，三小時有多少走法，這數目還真是驚人。

　　棋賽開始後，卡斯巴洛夫輸掉第一盤，這似乎大出他的意料。之後他輕鬆贏了三盤，另外兩盤平手，贏得這次比賽[10]。

　　這場比賽於 1997 年再度舉行。IBM 有一整組團隊，專門改進深藍電腦的下棋功力。當時深藍電腦已經功力倍增，每秒可以計算二億步走法。這場比賽中，卡斯巴洛夫贏了一盤、兩盤平手、輸掉兩盤，因而輸了比賽[11]。

　　第二次比賽震驚了西洋棋世界。這是史上第一次，強力電腦在西洋棋中擊敗頂尖人類高手。對我而言，這是個相當奇怪的態度。直覺上來說，電腦**當然**能夠打敗優秀的人類選手。下棋不就是記憶與計算嗎？與人類相比，電腦顯然「記憶」與計算的速度都快上許多，而且更為精準。

　　這就像是對於機械車輛的速度開始超越人類跑者，或者計算機在乘法運算比賽

中打敗人類感到震驚一樣。以我之見,與其對於電腦在西洋棋終於擊敗人類感到驚異,應該驚異的是人類竟然還有一搏的機會!能夠計算數十億步走法與結果的電腦,怎麼可能不預先知道會輸,因此採取行動防止呢?

即使到了今天,電腦仍然無法徹底擊敗人類棋手,原因是西洋棋不僅是計算與記憶而已。**下棋需要創造力、直覺、以及理解**。西洋棋是如此複雜,面對人類的創造力與直覺,即使是當今功能最強大的電腦,也無法全面主宰棋局。

西洋棋電腦能夠計算,但是無法**理解**。對於一種走法,西洋棋電腦能夠看到十五步之後的演變,但是除非有將軍或損失重要棋子等提示,電腦無從知道走法是「好」或「壞」。另一方面,人類無法判斷十五步之後的演變,但是可以直覺理解:「我的騎士處在一個非常有利的位置。騎士可以如何走,我還不完全確定,但是我知道這對我一定有利。」這種理解與分析能力,讓人類棋士還能再擊敗強大的電腦。

之前我提過,西洋棋的可能走法超過宇宙中的原子數目總合,有些懷疑者會理所當然地以為,這只是我隨口說說的誇大之詞。然而,如果你研究過這些數字,會發現每邊 40 格的棋盤,總共有 10^{120} 種可能走法,這比已知宇宙的原子數目還多出 10^{40} 倍[12]。

我提到這些數字的原因,是為了引出以下這點:由於西洋棋有如此多種走法變化,能夠運用的策略與棋風多到不可勝數。對於運用第三項核心動力:賦予創造力與回饋創造優秀的遊戲化計畫,這種變化自由度不可或缺。有的棋士偏好狂熱地發動攻勢,有人則是步步為營;有些人喜歡慢慢將對手折磨至死,有人則為勝利結局奮力一搏。你幾乎可以根據他們的棋步作風,判斷下棋的人是誰。

我曾在加州大學洛杉磯分校寫過一篇論文,主題是每位世界西洋棋冠軍的棋風,如何反映出當代歷史事件。第三屆世界西洋棋冠軍荷西·卡帕布蘭卡(José Capablanca)處於古巴的和平黃金世代,因此以和諧優雅的方式下棋,累積微小的優勢造就最後勝利。下一屆世界冠軍亞歷山大·阿勒肯因(Alexander Alekhine)身處俄國革命時代,經常必須躲避迫害,面對死亡威脅。因此眾所周知,他的棋風非

常緊迫盯人，願意不惜代價打破對方國王身邊的堡壘。另一位世界冠軍米凱爾·波特文尼克（Mikhail Botvinnik）身處蘇聯的「鋼鐵與工程」強大年代。因此他的棋風走的是侵略性布陣，就像是組裝出一輛戰車，然後勢不可當地踏破敵人領土。

最棒的是，為了成為西洋棋世界中的佼佼者，你不需要跟隨某種特定的「最佳」方式。你可以經由**有意義的選擇**創造自己的棋風，反映個人人格與作風。只要你努力投入、保持恆心、以及對棋賽熱情不輟，也有機會成為一位偉大棋士。

這種讓棋士表達無限創造力、立即收到回饋、以及提供有意義的選擇，讓他們展現不同棋風的能力，正是第三項核心動力：賦予創造力與回饋對玩家、使用者、顧客、以及員工同樣充滿吸引力的原因。**當你設計一套優秀的遊戲化系統時，會想確保贏的方式不只一種。因此，要為使用者提供充分的有意義選擇，讓他們運用截然不同的方式表達自己的創造力，同時仍然能夠達成破關狀態。**

至於我的西洋棋社，等我讀完十一年級的時候，藍谷高中已成為堪薩斯州的分組冠軍，接下來成功蟬聯王座五年之久。更進一步，本社在全國大賽中表現優異。這段經歷也教會我如何成為一位領導者，並且在缺乏信心的時刻為我建立信心。對於今日的成就，西洋棋與藍谷高中西洋棋社厥功甚偉。

將軍在教育時的紅蘿蔔

當你著手設計第三項核心動力：賦予創造力與回饋時，重要的是，你必須創造一套賦予使用者目標的情境，以及多種工具與方法，讓使用者制定達成目標的策略。你的使用者大都缺乏動機因素，原因是不了解活動的目的、對於活動目標沒有清楚認知、以及／或者缺乏有意義的工具，創造達成目標的積極策略。

過去十年中，像是《寶可夢》（Pokemon）或《魔法風雲會》（Magic: the Gathering）等實體卡牌遊戲已成為新興現象，在許多國家廣受歡迎❸。與西洋棋或《星海爭霸》相似的是，這些遊戲也有多項專門賽事，讓不分老少的玩家彼此對決，爭取成為遊戲冠軍。

　　關於這種現象，有趣的是為了精通遊戲，玩家必須記住大量資訊。卡牌數量有數百種之多，每種都擁有獨特的數據與數字（例如馬力、攻擊能力等等）。擅長這些卡牌遊戲的孩子不但記得所有卡牌與數據，更能記得哪張卡克制哪張卡，以及哪些卡是這些卡的剋星。

　　如果你要計算這些數字，其中需要記得的資訊其實超過元素週期表的內容。這就像不但要記得週期表上的各種元素，還要記得每種元素的原子量與位置，以及各種元素之間的互動作用。

　　這真夠讓人眼花撩亂了。

　　但是如果你向這些聰明的孩子問起，週期表上第五種元素為何，你得到的答案可能是：「嗯……氧？」為什麼會這樣呢？顯然孩子不會突然從天才變成蠢材。這種截然不同的反應的原因不是智力的改變，其實只是動機的改變而已。

　　當孩子記憶週期表的時候，他們不知道這樣做的目的。其原因只是為了通過考試、得到高分、讓父母開心。因此，孩子的用功程度足以通過考試，但是馬上會將大部分學問忘得一乾二淨。

　　不過在這些卡牌遊戲中，孩子學習資訊的目的是擬出厲害的策略、擊敗朋友、以及萌生成就感。此外，由於他們手上擁有許多卡牌，他們會迫不及待地研究它們、了解它們的長處與短處、以及研究還有什麼卡牌尚未入手（這是第四項核心動力：所有權與占有欲的效應）。

　　如果達成目標的**手段**是記得數以千計的詞語與數據，這會變成值得、甚至有趣的工作。身為設計師，重點是體認他們想要了解目標（擊敗朋友）、建立所有權與熟悉手上工具、以及使用他們的獨特策略與經驗達成目標。

與大眾結合

　　賦予創造力與回饋的最佳範例之一，是新興的群眾募資風潮。群眾募資向社會大眾提出挑戰或活動，讓眾人以合作或競爭的方式解決問題。

在這方面，最廣為人知的例子之一是 XPRIZE，這項計畫讓個人與團隊開發空氣動力學與太空旅行等方面的先進科技解決方案，促進人類福祉。另外，Kaggle 邀請最聰明的數學人才解決預測性模型或分析法的問題❶。

在嚴肅遊戲領域，一個非常受歡迎的例子是第四章介紹的《蛋白質摺疊遊戲》。多年以來，科學家一直試圖破解一種名為「梅森輝瑞猴病毒」（Mason-Pfizer monkey virus，簡稱 M-PMV）的愛滋病毒晶體結構，目的是提升對愛滋病治療與預防的了解。然而經過十五年研究之後，科學家仍然無法解決此一問題❶。

幸運的是，華盛頓大學的大衛·貝克（David Baker）於 2008 年推出《蛋白質摺疊遊戲》計畫。經由互動式遊戲介面，玩家能夠以不同方式改變蛋白質結構，目的包括「將這種蛋白質表面積擴至最大」。

讓人驚異的是，這個已經困惑研究人員超過十五年的問題，在短短十天內就被破解。藉由集結全球數千名「玩家」之力，他們很快經由認真遊戲找出一個充滿創造力的解決方案。

時至今日，《蛋白質摺疊遊戲》仍在幫助生化領域研究人員尋找解藥，對象是危害人類的主要疾病，包括愛滋病、癌症、以及阿茲海默症。

對於一項產品或者一個職場環境，如果你能善用這種隱性動機（尤其如果能夠像《蛋白質摺疊遊戲》一樣，與第一項核心動力：重大使命與呼召結合），讓人們運用他們的創造力，並且迅速收到回饋，你很可能會贏得長期的使用者投入，以及高度生產力。

通往健康天堂的樓梯

你經常聽說，走樓梯要比搭乘電扶梯更好。然而在現實中，人們經常忘掉這項建議，搭乘方便的電扶梯。為了解決這種問題，福斯展開病毒行銷方案「樂趣理論」（此一影片資料庫已成為許多遊戲化討論會的主要教材），其先導計畫是在瑞典推出名為「鋼琴樓梯」的方案。

設計「鋼琴樓梯」的工程師整合動作追蹤設備，偵測樓梯上的活動，然後在路人踏上特定階梯時彈出一個音符。這個樓梯被漆成鋼琴琴鍵的模樣，讓人看出被彈奏的是那個音符，以便吸引路人的好奇心（發現階段的設計非常重要）。

當路人走上與走下樓梯時，他們會開始聽見音符。很快，許多聽到別人步上樓梯發出音樂的路人也開始走上樓梯，看看是否會有同樣事情發生。最後，有的人開始試著彈出一些簡單樂曲。

鋼琴樓梯

當你藉由讓大家輕易彈奏樂器，賦予他們權力的時候，你開始讓走路這種簡單活動變得更有樂趣、更引人投入。在這項先導計畫中，鋼琴樓梯讓行走樓梯的路人數目增加 66% [16]。

從結局設計的觀點來看，此一樓梯有其限度。行人能夠彈出的樂曲相當有限，因為在樓梯跳上跳下創作悅耳旋律，挑戰性相當高。重複踏過一樣的音符之後，行人很快就失去興趣。一旦最初的驚訝與新奇感消失之後，重複性的音樂可能變得無趣。然而與一般樓梯相比，許多人仍然偏好這種樓梯，目的只是為了讓每一步帶來一些愉快的回饋。

這是第三項核心動力的一個執行範例，重點是給予使用者的回饋，但是並未給予他們表達多種創造力的完整控制權。

企業環境中的賦予能力與創造力

第三項核心動力：賦予創造力與回饋同樣可以應用在工作環境與激勵員工之

上。

有些在企業任職的朋友偶爾會與我聯絡，討論投入創業領域的問題。在大部分狀況中，他們想要自行創業的理由都只是在企業環境中，對於他們的創意想法未能收到回饋感到挫折。他們提出一項計畫與概念之後，經常要等待數個月時間，才能從企業官僚管道收到回覆。而且在許多例子中，員工的創意想法就此石沉大海。

在官僚機構之內，雖然人人都喜歡談論創新，但是創新需要接受風險，企業的晉升階梯已把大家訓練出趨吉避凶的心態。任何新鮮事的發生，需要許多人的簽字授權。這種作法確保事情出錯的時候，不需有人負起全責。經理經常要求每個人提出創新想法，但是當他們真的聽到新想法的時候，立即的反應會是：「嗯，有其他公司作過同樣的事情嗎？」

對於擁有改變現狀創新想法的員工，這是一種充滿挫折感的體驗，尤其是當他們的想法馬上遭到拒絕，或是核准程序無止境地拖延下去的時候。這是一種讓人難過的情況——隨著規模愈來愈大、愈來愈官僚，企業變得更不靈活，對於變化的商業環境缺乏適應力。與這些笨拙的對手相比，更年輕、靈活的公司能夠迅速因應商業模式的變化與利用新機會。已經有許多上世紀的偉大公司最後落到消失的命運。

在激勵心理學暢銷書《動機，單純的力量》（*Drive*）一書中，作者丹尼爾・品克（Daniel Pink）說明，讓員工對於他們在做的事情、工作的方式、工作的夥伴、以及何時工作賦予全面**自主權**，帶來的激勵效果超過給予晉升[17]。在另一份讓人信服的報告中，康乃爾大學研究人員以 320 家小企業為對象，發現一半公司賦予員工更大自主權，另一半則採用由上而下的管理方式。讓員工擁有更多自由，運用創造力執行工作的公司，業務成長率是另一組的四倍，離職率只有三分之一[18]。

試圖在工作環境中賦予創造力與回饋的企業範例之一是 Google。該公司執行了一個名為**二成時間**的專案——每星期有一天，員工可以執行任何他們想做的專案，唯一條件是智慧財產權歸 Google 所有。

許多想要成為創業家的員工都加入這個專案，原因是他們想要實現心裡的偉大想法，但是大部分人仍然不想承擔成立一家公司的風險與麻煩。在**二成時間**專案之

下，員工不再覺得需要自行成立公司，因為他們可以在安全舒適的 Google 避風港中實現自己的想法。

因此，有些最成功的 Google 產品即是源自這種對於創造力核心動力的重視，例子之一是 Gmail。不幸的是，隨著 Google 規模愈來愈大，想要將「瞄准目標再行動」，「二成時間」專案於是畫上休止符[19]。

畫把槍，斃了糟糕的結局設計！

當我們討論第三項核心動力：賦予創造力與回饋如何創造出結局的長青內容時，請注意，如果內容沒有為結局仔細設計的話，經常無法獲得長期效果。

舉例來說，有趣的行動遊戲《你畫我猜》（Draw Something，基本上與《猜猜畫畫》〔Pictionary〕相同，都是一方以筆畫出某件東西，另一方猜是什麼）在 2012 年推出後，曾經短暫大受歡迎。推出後的七星期內，該遊戲被下載三千五百萬次，年底之前以近二億美元賣給星佳公司[20]。

這款遊戲充滿樂趣的原因是讓玩家運用想像力，決定什麼是根據出題畫出圖畫的最佳方法，讓另一方了解與猜出正確答案。這款遊戲甚至提供收費才能使用的顏色與畫圖工具，它們讓玩家擁有更多表達創造力，幫助對方更快猜出答案（這正是我所稱的**加速器**，本章稍後會對此說明）。

《你畫我猜》[21]

此外，《你畫我猜》帶來讓人上癮的社會影響力與同理心元素（第五項核心動力），使得人們好奇地想知道朋友能否猜出他們圖畫的意義（追加第七項核心動力：不確定性與好奇心）。所有這些元素造就出《你畫我猜》當時獲得的重大成功。

《你畫我猜》的沒落

儘管運用了這些核心動力，這款刺激遊戲被星佳公司買下之後，玩家數目馬上下跌。許多玩家開始退出《你畫我猜》，因為這款遊戲未能提供新鮮內容與挑戰，為玩家帶來持續改進的感受，以及進一步征服的故事條件。

或許《你畫我猜》原廠 OMGPOP 公司過分專心於與星佳團隊整合，忽略要創造更多題目，因為同樣的題目開始一再出現。隨著人們一再畫出同樣圖畫，創造力的元素耗光了。

在這裡，我們看到一件不被認為是長青內容的東西——即使畫出東西的方法有許多種。如果遊戲公司不再向玩家提供更多新題目，隨著創造力層面逐漸消失，遊戲會變得無趣。

另一個問題是，當你同時在玩太多回合的時候（其設計使得玩家很自然地在每一回合之後開始新回合，以及邀請更多朋友參加新回合），回答所有問題會開始變成一大負擔，使得玩家不再對遊戲本身感到刺激。如我們所知，玩遊戲應該是自願行為，一旦你覺得對玩遊戲這件事失去控制，你已經落入黑帽動機，造成玩家投入度的長期下跌。

最後，此一遊戲失去吸引力的原因，是許多玩家乾脆繞過遊戲的創造力部分，開始藉由畫出答案的真正文字，而非畫出圖案來「玩弄」系統。結果，許多獲得高分的玩家都是作弊來的。人們會以多種方式運用他們的創造力，包括想出欺騙系統的辦法在內。

在我的客戶研討會之中，我經常探討為何擁有一個「可耍手段」的系統不見得是件壞事，還有設計得當的話甚至可以幫助他們的公司。但是如果設計不當，這套

系統可能嚴重破壞遊戲過程，還會讓按規定參與遊戲的玩家失去興趣。

如果你不讓玩家以對生態系有益的方式表達創造力，他們會把創造力用在找出漏洞，藉由玩弄「暗招」手法取得上風。

賦予創造力與回饋之下的遊戲技巧

你已對第三項核心動力：賦予創造力與回饋的動機與心理本質學到更多知識。為了讓這些知識成為行動的基礎，以下我列舉了一些大量運用這種核心動力吸引使用者的遊戲技巧。

加速器（第 31 項遊戲技巧）

你是否曾玩過《超級瑪利歐》遊戲，在撿到一個增強實力的蘑菇或花朵時覺得欣喜若狂？這些都是遊戲的加速器，幫助獲得的玩家盡快達成破關狀態。

加速器與單純的升級或取得新技巧不同，通常只限於某些狀況使用。只要讓自己避免受傷，你可以享受破磚或擲火的樂趣。如果被敵人打中，你會回到使用加速器之前的「正常狀態」。

像是《超級瑪利歐》的「跳星」就是一種具時效性的加速器，可以暫時讓玩家擁有無敵戰力。接下來十二秒內（我真的看了 YouTube 影片讀秒，才在這裡寫下確實時間），玩家可以隨意地往前推進（有時會掉入坑洞內），同時享受這種腎上腺素瞬間快感（用到第六項核心動力：稀缺性與迫切）。

得到更強大能力的感覺並不新奇，但是限量的實力提升卻會讓人欣喜，而且對於採取期望行動是種非常有力的激勵。當「無敵之星」發揮功效的時候，很少有人願意停下遊戲。

在《糖果大爆險》之中，加速器也是一種非常有效的機制，尤其是在為遊戲創造收入方面。玩家可以賺到（或買到）限量版加速器，在某些階段幫助克服一些最困難的挑戰；例如取得泡泡糖怪物擊敗充滿威脅的巧克力，或者取得像是迪斯可彩

球的彩色炸彈，移除所有特定顏色的糖果。少了不同的加速器與強化實力機制，這款遊戲不會變得像今天一樣吸引玩家。

Superbook.tv 內的加速器例子

我的客戶之一 Superbook.tv 經營一系列超高畫質的電腦繪圖動畫（CG），在網路與國際電視頻道上擁有數百萬名粉絲。Superbook.tv 是非營利的基督教廣播網（Christian Broadcast Network）旗下事業，目的是經由生動影像、現代同理心（第五項核心動力）、以及出其不意的幽默教孩子聖經故事。其影片中甚至有個有趣的紅色機器人，名字是「季思莫」（Gizmo），會在一邊表演讓人絕倒把戲時——例如假裝是機器人海盜時，從胸前拉出一隻機器人寵物鸚鵡，然後讓牠飛走——一邊說出滑稽的話。

除了高畫質電影之外，Superbook.tv 設有一個網站，目標是吸引兒童學習影片背後的故事。與客戶合作時，我總是先請對方根據八角框架策略資訊板，界定五個項目。關於此一資訊板，我們會在第十七章：業務評量標準、使用者、期望行動、回饋機制與誘因之中詳加討論。大部分客戶都將營收或活躍使用者的成長，視為最重要的業務評量標準。但是 Superbook 創意媒體總監葛雷哥里·佛里克（Gregory Flick）表示：「我們的首要業務評量標準是讓孩子更投入聖經。」

為了吸引孩童注意力，Superbook 的策略是在網站上執行多種孩童喜歡的趣味遊戲。這些遊戲提供累積「超級點數」的機會，點數可用來兌換商品、禮券、以及其他獎勵。

雖然孩童很享受這些遊戲，有些孩童卻開始探索網站其他內容，包括「各集內容指南」。這些指南解釋每集影片背後的故事，例如當時的歷史背景、人物、以及其他趣味小知識。

Superbook 最終的目的是運用「影集指南」，導引孩童前往聖經應用程式，與聖經進行更多互動。這是一種非常明顯的漏斗策略：玩遊戲→探索「影集指南」→與聖經應用程式互動。

將漏斗倒轉

漏斗策略的缺點是其底部面積通常只有頂部的一點而已。許多孩童會玩網站遊戲，**或許**有的會注意到「影集指南」，但只有少數孩童會試用聖經應用程式。相較於只是讓孩童扮演充滿好奇心的探索者角色，如果**遊戲**的一部分可以變成進入「影集指南」以及聖經應用程式，那就太棒了。

此一問題的解決之道，是在「影集指南」以及聖經應用程式內建加速器。像是完成「影集指南」內的聖經相關問題（需要使用聖經應用程式才能回答），孩童可以提高「知識分數」，這項分數能以倍數累積至網站上趣味遊戲得到的超級點數之內。

運用加速器贏得遊戲之後，畫面會在點數旁邊顯示「知識分數」乘算器，讓他們比其他孩童更快累積超級點數。當然，出於稀缺性與迫切，如果這名孩童尚未擁有這些加速器的話，螢幕會顯示「知識分數乘算器：0%」，激勵他們贏得分數的念頭。

這裡有趣的是，相較於先玩遊戲，接著也許前往「影集指南」，然後可能進入聖經應用程式的方式，現在孩童的策略必須是**先**前往「影集指南」，將知識分數提升至最高點，然後才回頭玩遊戲。在玩遊戲之前，孩童的創造力策略流程會激勵他們投入聖經應用程式，之前的「漏斗模式」被翻轉過來，配合 Superbook 的最重要業務評量標準。

解鎖里程碑（第 19 項遊戲技巧）

遊戲內最成功的設計技巧之一，是我所稱的解鎖里程碑。當人們玩遊戲的時候，經常以某個里程碑作為停下的目標。例如：「讓我打敗這隻怪物，然後我就不玩了。」「我馬上可以升級。我一升級就去上床睡覺。」

解鎖里程碑提供的，是開啟達到里程碑之前不存在的刺激可能性。

在某些角色扮演遊戲（RPG）之中，無論你何時升級，都會學到新的技能。這些都是很棒的技能，通常可以幫助你更快速、更從容地擊倒怪物。因此，這些技能

可以讓你之前的遊戲過程容易許多。

　　一旦玩家升級（他們的「中場時間里程碑」），他們自然會想看看這些新技能是怎麼一回事。他們想要先試玩這些新技能，然後在更強大的對手身上試用，享受自己的力量，接著發現距離下個里程碑如此之近，乾脆在停下來之前再拚一下。

　　這是為什麼人們本來打算在晚上十一點停止遊戲，結果玩到早上四點的原因。

《植物大戰殭屍》的解鎖里程碑

　　《植物大戰殭屍》（Plants vs. Zombies）是一款充滿動感的「守城」遊戲，玩法是擬出充滿創造力的策略，使用資源與「植物」解決殭屍攻擊的謎團。秉持第三項核心動力的精神，這款遊戲特點是讓玩家整合他們的創造力，為解決同樣的問擬出各種不同方案。有趣的是，這是唯一一款讓我母親與太太非常著迷的「戰鬥」與「殭屍」遊戲。

　　就遊戲技巧而言，《植物大戰殭屍》將解鎖里程碑發揮到極致。完成每一級的時候，你通常會解鎖一種新的植物，幫助你對抗殭屍。以下這點不是巧合，這種新植物經常可以直接對抗上一級被你打敗的最強殭屍，如果早點得到的話，會讓你的日子好過許多！

　　當然，這經常不是停止遊戲的時候。如果你不開始進入下一級，試試這些新得到的力量，你會躺在床上徹夜輾轉難眠！

摘採毒藥／選擇感知（第 89 項遊戲技巧）

　　許多研究[22]已指出，與只有一種選擇時相比，人們在擁有多種選擇的時候，會更喜歡某種事物。即使當這些選擇不如單一選擇吸引人的時候，這種現象仍然不變。任何擁有兩歲小孩的父母，都知道選擇感知的影響力。

　　「你想在吃雞肉之前還是之後吃青菜？」

　　滿兩歲時，孩子會很快發現他們擁有一種名為「自由意志」的神奇力量。一旦他們發現這種力量，就會開始發揮其影響力。

「你想要哪一種？」

「……」

「你想要 A 嗎？」

「不要！」

「好，你想要 B 嗎？」

「不要！」

「這樣的話，你要做個選擇。A 還是 B？」

「不要！」

「所以你什麼都不要。那我把它們都拿走，好嗎？」

「不要！」

　　與孩子溝通，是為人父母必須認真面對的工作。你必須讓孩子覺得，無論結果為何，都是他們的決定，而非別人的建議造成（有趣的是，隨著我們年紀漸長，在這方面還是沒有改變）。當孩子不知道自己想要什麼時，會是最麻煩的狀況，因為他們無法自己作決定。但是，他們就是不喜歡跟隨別人的建議。

　　當我還小時，母親要我學彈鋼琴。這對我是充滿挫折的經驗，很多次讓我生氣到哭出來。彈了兩年鋼琴之後，我媽看出這件事造成多大的痛苦，於是跟我說道：「好，如果你這樣討厭，就不要再彈鋼琴了。但是你必須學一種樂器。你想要學什麼？」當時，我在台灣曾看過流行歌手王力宏在舞台上拉小提琴，讓我留下深刻印象。因此我跟我媽說想學小提琴。

　　從鋼琴轉學小提琴之後，事情並沒有變得比較容易。但是因為我做出拉小提琴的選擇，所以只好忍耐下來，拿出比較好的態度。話說回來，如果我也討厭拉小提琴的話，代表我之前做出「錯誤」的選擇。大家都討厭犯錯！當我開始發出牢騷與抱怨時，我媽會問道：「所以你討厭拉小提琴嗎？」我會立刻反駁：「不是！誰說我討厭拉小提琴了？我**喜歡**拉小提琴！我只是需要……更多練習！」

　　這對父母是多棒的勝利！

　　選擇感的關鍵是選擇本身並不一定有意義，只是讓人覺得他們有權在不同方向

與選項之中作做出選擇。在我的例子中，我仍然被迫學一種樂器——我沒有不學的選擇——但是因為能夠選擇樂器，我覺得自己擁有權力。

當我說選擇沒有意義的時候，這代表使用者面前擺著一個好的選項與一個糟糕選項，邀請使用者自然地選擇較好的選項（與被迫去選那個較好的選項相比，這種情況通常讓使用者較為開心）；不然就是所有的選項都有其限度，因此之間沒有太大差別。

在《遊戲設計的藝術：各種觀點》（*The Art of Game Design – A Book of Lenses*）一書中，作者傑西・希爾（Jesse Schell）介紹了兩種觀點：自由觀點與間接控制觀點[23]。希爾這樣形容：「**我們不會總是讓玩家擁有真正的自由——我們只需讓玩家得到自由感〔……〕如果當玩家只有少數選擇的時候，一位聰明的設計師仍然能讓玩家感到自由，突然我們就有了雙贏的狀況。玩家擁有美好的自由感覺，設計師則以經濟的方式，創造出擁有理想興趣曲線以及全套理想事件的體驗。**」

根據希爾的說法，達成這點的辦法為（1）為玩家選擇增加限制，（2）為玩家提供誘因，讓他們選擇真正達成玩家目標的選項，（3）創造介面導引使用者採取期望行動，（4）加入視覺設計吸引玩家目標，（5）提供社會指引（通常經由遊戲內電腦創造的角色），以及（6）影響玩家行為的音樂控制。

選擇感會以許多其他重大方式影響我們的決定，例如浪費時間與精力開啟無意義的出口或選項，儘管這些都已經被視為糟糕選項而作廢，目的只是為了維持有選擇的假象而已[24]。

顯而易見，由於選擇感會讓人想到缺乏有意義的選擇，所以經常不是理想的執行方式，因為這樣做不會引出使用者的創造力。如果提供太多明明毫無意義的選擇，同樣也會造成使用者反感。但是對於許多企業而言，讓設計師在系統內執行選擇感，要比創造真正有意義的選擇更為簡單。

摘採植物／有意義的選擇（第 11 項遊戲技巧）

除了提供讓人們覺得自己擁有選擇權之外，還有其他真正有意義、彼此之間沒

有高下之分的選擇。我將這種技巧稱為「摘採植物」，因為就像決定要在花園內種植何種植物一樣，這通常需視個人風格與策略的偏好而定。這是第三項核心動力的來源。

如果你創造出一個擁有一百名玩家的遊戲化環境，而且這一百名玩家**全都**以同樣方式達到破關狀態（例如「執行 A 動作、得到點數、執行 B 動作、得到徽章、執行 C 動作，贏了！」），就不會出現有意義的選擇（在這種情況中，遊戲化系統經常被視為擁有不需動腦的**優勢策略**[25]，因此可被歸入選擇感）。如果三十名玩家以一種方式玩遊戲，三十名以另一種方式，最後四十名採取別種方式，你就達成了某種程度的有意義選擇。如果這一百名玩家全都以不同方式進行遊戲，代表你擁有大量的**有意義選擇**。

如果你要一百名孩童坐下來玩一組樂高積木，統計上不可能有兩人以同樣順序造出同樣東西（除了彼此抄襲之外）。此一層級的有意義選擇與玩法，是第三項核心動力：賦予創造力與回饋的終極境界。

《植物大戰殭屍》的策略

之前我提過，在《植物大戰殭屍》的優秀遊戲設計之中，解鎖里程碑是多麼重要的一部分。這款遊戲的另一個成功之處是其植物揀拾設計。當你在《植物大戰殭屍》開始新一級遊戲時，你會面對一項新挑戰——一整批殭屍、每個都有不同的實力與能力。身為玩家，你在遊戲開始前擁有數種可以「預選」的植物，用來對抗這些殭屍。你還擁有可以播種的陽光資源，以及有限的空間讓你種植植物。

為了在《植物大戰殭屍》獲勝升級，你有許多種非常有效的辦法與策略，以及許多不會奏效的辦法。玩家可以先使用許多吸收陽光的植物提升經濟狀況，布置較少的防禦植物；在賽場內布滿基礎級的豌豆射手；省下精力以備將來使用威力更強大、可以造成重大破壞的植物；重心全部放在炸藥與陷阱；或者使用臭洋蔥將所有殭屍趕進一條巷弄，然後傾力一擊掃光他們。

通常狀況下，玩家每破一關只需要一種策略，之後重玩一次的目的，是測試玩家自己想出的新策略。這套能夠擁有許多選項、每個選項都各有其長處與短處、讓個人作風與創造力決定策略的流程，正是摘採植物技巧的核心意義。

不幸的是，當《植物大戰殭屍二》問世之初，完全捨棄其原本設計，將摘採植物變成摘採毒藥，有的植物威力完全被蓋過，其他植物在最初階段完全無用。

《農場鄉村》藝術

我相信《農場鄉村》其實不是一個「好玩」的遊戲，因為這款遊戲並未大量使用隱性動機，不過仍然創造出一具引人入勝、讓人徹底著迷的機器，聰明地使用所有黑帽遊戲機制，在遊戲中帶出我們的核心動力。

一般而言，遊戲到了結局階段仍需執行日常工作，對於玩家不是好玩的事。然而，有的《農場鄉村》玩家創造出自己的結局，我認為這是一種正面與有趣的正確作法。每個人都可以運用創造力，在自己的農場上表達自我。

《農場鄉村》玩家參與遊戲一段時間之後，已經解鎖所有種類植物與色彩，有的玩家甚至變成「農場鄉村藝術家」，展現他們的創造力。許多玩家運用《農場鄉村》的數位畫素，創造出讓人讚嘆的藝術傑作。當然，使用微軟小畫家或許比較有效率，但是遊戲中的畫布可是你的農場呢！

由於你使用穀物可做的事情如此之多，《農場鄉村》的此一部分可以被視為一種長青機制。無需增加任何內容，使用者就能夠保持投入，彷彿油漆與油漆刷子就是長青材料一般。

這裡巧妙的地方，在於玩家必須迅速種下藝術作品，然後截取畫面截圖，因為數小時後這些植物都會枯萎而死。以下是數則值得欣賞的藝術作品：

《農場鄉村》藝術作品[26]

《農場鄉村》藝術作品[27]

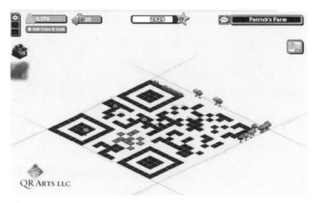

《農場鄉村》藝術作品[28]

基本元素，無限組合

　　有意義的選擇讓樂高、西洋棋、甚至《當個創世神》[29]這樣的遊戲充滿樂趣。在遊戲的過程中，你的選擇創造出顯著的不同，塑造體驗的長期演變。你經常只擁有少數積木可供選擇，但是根據情境、挑戰、以及限制的不同，這些積木可在不同情境中以多種方式發揮作用。

　　在《遊戲設計的樂趣理論》（*A Theory of Fun for Game Design*）一書中，遊戲設計師拉夫・柯斯特（Raph Koster）介紹了一款假想遊戲，主題是一把只能做一樣事情的榔頭，因此造就出無趣的體驗。柯斯特將之與三子棋相比，後者也不需要運用多種能力與策略。相較之下，西洋棋棋士可以學到迫使對方做出不利舉動的重

要性。「大部分遊戲要花一段時間慢慢釋出各種能力，直到你成為高級玩家，擁有多種策略可供選擇。」[30]

遊戲設計師傑西・希爾指出，為遊戲增加有意義的選擇，最刺激與有趣的方式之一，是讓玩家在謹慎為上、爭取小獎、冒大險、以及試圖贏取大獎之間做出選擇。這種他稱為**三等分法**的策略，可見於許多充滿吸引力的成功遊戲之中。

說到最後，關於在你提供的經驗中執行有意義的選擇，並沒有一套一以貫之的解決方案。如果有的話，這會自相矛盾。你必須小心決定與設計使用者需要解決哪些挑戰、可以選取那些植物、以及不同的植物選項會如何塑造使用者體驗，帶領他們進入讓人興奮的茂盛叢林之中。

第三項核心動力：全面觀點

就許多層面而言，第三項核心動力：賦予創造力與回饋是一項偉大的核心動力。這種核心動力藉由向我們提供所需的工具與力量，指引我們的遊戲過程，以及給予我們經由想像力影響周圍環境的能力，讓我們運用內心的渴望進行創造。

不幸的是，第三項核心動力經常是最難在產品設計中執行的核心動力。主因是在一個已經缺乏注意力的社會之中，這種核心動力需要如此大量的注意力。在一個資訊超載的時代，人們的注意力持續時間都很短，才能過濾掉每天接受到的所有無用內容。除非你能夠精細設計你提供的體驗，否則人們很可能迴避投入他們的時間與精力，轉而將創造力運用在別的事物之上。這正是為什麼第三項核心動力通常在攀登與結束階段最有效果，而非發現與加入階段。

一旦你能夠解開第三項核心動力：賦予創造力與回饋的力量，經常能夠引出大量的其他核心動力，像是發展與成就、講求合作遊戲的社會影響力與同理心、以及不確定性與好奇心。如果能夠有效執行，這項核心動力將成為關鍵的長青引擎，也是曇花一現與可長可久之間的分野。

馬上動手做

入門：請想出一個第三項核心動力：賦予創造力與回饋激勵你或其他人採取某些行動的例子。這項核心動力是否延長大家投入的時間呢？

中級：請想出上回吸引你全心投入的活動。這項活動是否包含大量創造力、策略、或者有意義的選擇呢？如果是的話，請描述引出這些元素的過程。如果沒有，請思考如何將這些元素加入體驗之中。這樣會讓活動更加吸引人嗎？

中級：對於你手上的計畫，請想出在體驗中執行解鎖里程碑的方式，以及當使用者達到里程碑時提供加速器作為獎勵。使用者會因為加速器讓他們以更有效率的方式去做想做的事，而接受這些加速器嗎？或者，使用者會將之視為控制工具，目的是讓**你**更有效率地達成目標，而對他們的利益全然不顧呢？

請將你的想法加上標籤 #OctalysisBook，在臉書、推特或你喜好的社群網路上分享，看看別人有何想法。

下海嘗試

　　你已一頭栽入八角框架遊戲化與動機的迷人世界，請在我的網站上試用八角框架工具。試試核心動力計算尺，對每項核心動力加上註記，幫助你更加了解每項動力，以及閱讀自動產生的八角框架觀點，更加了解此一設計的長處與短處。請將這項工具視為創造流程，將觀點視為對於你分析的回饋。八角框架工具可在 YukaiChou.com/octalysis-tool 免費取得。

第 8 章

第四項核心動力：
所有權與占有欲

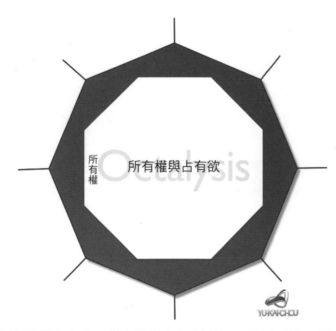

在八角框架遊戲化之中，所有權與占有欲是第四項核心動力。這代表受到我們覺得擁有某樣事物的動機驅動，因此產生想要改進、保護、以及得到更多的渴望。

這項核心動力包含許多元素，例如虛擬物品與虛擬貨幣，但這也是驅使我們收集郵票或累積財富的主要動力。至於在更抽象的領域，第四項核心動力與我們投入時間或資源，根據自己喜好打造某樣事物相關。在一個不斷學習你的喜好，以便為

你量身打造體驗的系統之中，同樣可以找到這項核心動力。

　　所有權與占有欲位置在八角框架最左邊，因此是展現最強大左腦影響力（再次說明，這是象徵性位置，而非科學上的位置）、以及與分析性思考相關的核心動力。在這方面，決策大部分是以邏輯與分析為基礎，至於主要激勵因素則是持有的渴望。

　　以《農場鄉村》為例，你不斷經由開發土地、提升穀物產量、以及改進牲畜的質與量，致力增加資產的價值。你還可以在土地上進一步建立基本架構與住宅，在你的夢幻地產上興建鄉間宅邸。

　　基於以上這點，你會發現為了擴張農場不斷投入更多時間與精力。你想要累積更多的牛隻、植物與水果，以及購買馬廄供馬兒使用，或是刷洗服務讓馬兒「更漂亮」。

等一下，這是我的？等等，我已經不在乎了！

　　大腦會與我們擁有的事物之間產生自然連結。請假想一下，通常你最喜歡的是別種飲料，而不是啤酒（對許多讀者而言，這樣的假想很難辦到）。如果我們參加聚會，我給了你一瓶啤酒，你的回應是：「噢，還好啦，我不是很喜歡啤酒。」我會接著說道：「少來，拿去就是了！我擺在你旁邊。」

　　這個時候，你可能並不在乎這瓶啤酒。起身離開的時候，你甚至會將之留在原地。但是如果有人在這個時候走過，拿起這瓶啤酒喝下去，你會生氣地說道：「嘿！你在幹嘛？」他們也許會這樣回答：「有什麼關係！你又沒有要喝！」你可能還是很不高興。「就算這樣，你拿之前還是應該先問一下。」

　　一旦某樣事物讓你感到擁有，在你心目中的地位會開始提升，激發你做出不同行為。　如果一瓶你不在乎的啤酒，能夠引起你對某人不爽，請想像如果這是你在乎的東西，對你的影響力會有多大。

　　我朋友克里斯 · 羅比諾（Chris Robino）曾向我解釋，他對數學非常不在行，

直到他開始創業，對數字加上錢幣符號為止。這樣一來，數學突然變得非常吸引人，他很快就搞懂需要知道的一切。

運用新建立的賺錢本領，他很快將新事業擴大成一家獲利豐碩的顧問公司。克里斯開玩笑地說道：「一旦數字代表我的錢，我馬上變成天才。」

與啤酒例子相似的是，當他的理智了解這些無聊數字代表他擁有與關心的東西，動機與投入的本質馬上徹底改變。

收藏能撫慰人心

所有權與占有欲核心動力最常見的體現方式是收集事物的欲望，例如郵票或棒球卡。我們之中的許多人都有收集某些物品的經驗，這些物品本身的實用功能相當低，其意義來自作為整體收藏的一部分。

一開始，有些讀者或許以為第四項核心動力只會帶來累積更多物品的行動。但是，這項核心動力可以更進一步，為熱愛持有這些物品的人帶來情感慰藉。這就像是昂貴車輛或畫作的主人，花費許多小時欣賞與享受他們擁有的東西，卻不需要拿它們來做任何事。有的人甚至會藏起他們的畫作，以免被別人偷走，只要**知道**畫作安放在保險箱內，就可以享受其效果。

馬爾坎・葛拉威爾（Malcolm Gladwell）在著作《以小勝大》（*David and Goliath*）一書中，談到 1950 年代一家兒童醫院內的內科醫師。這位醫師治療的是罹患嚴重血癌因而流血不止的兒童。葛拉威爾寫道：

> 這些孩子到處流血——經由大小便，這是最糟的部分。他們血染天花板。他們從耳朵、還有皮膚流血。每樣東西都沾染血跡。一早護士穿著白衣來上班，晚上全身是血地回家……這些孩子會內出血，流入胰臟與脾臟，造成莫大痛苦。他們會在床上不斷翻滾，造成可怕的瘀傷。甚至流鼻血也可能帶來致命後果。❶

在那個年代，兒童在六週內出血致死的比例高達九成。在這樣讓人喪氣的環境中，你可以想見大部分醫師都待不久。葛拉威爾描述經過讓人情感受創的一天之後，這位內科醫師每晚只想靜靜坐在集郵簿前面。

這點讓我覺得非常奇怪。這人每天看著孩子在自己手上去世，唯一安撫他的事物是一套郵票？還有，看來他每晚都要在郵票前面花上很長時間。他坐在那裡的時候，到底在想些什麼？他只是坐在那裡看著郵票，像是忘記自己擁有那些郵票一般，或者對於擁有它們覺得開心？

這正是所有權與占有欲的力量。這種核心能力不但具有吸引人的能力，更具有撫慰人心以及帶來幸福感的能力。你可以在棒球卡、筆、甚至整齊放在書架上沒人閱讀的書籍上，看到同樣現象（希望我的書不會成為其中之一）。人們只是喜歡展示它們，花費數小時欣賞藏書，同時在這段過程中「享受樂趣」。

你可以絕情到什麼地步

關於擁有感，有個絕佳的例子發生在雅浦島（Yap），這是位在西太平洋卡洛林群島（Caroline Islands）中的一個小島。除了開朗自在的個性之外，雅浦人還以使用一種名為「萊」（Rai）的貨幣出名❷。

「萊」的用法與大部分貨幣相同，唯一的差異是它們是體積非常龐大的圓形石碟，材料是從霰石與方解石結晶切出的石灰石。「萊」的問題是體積過大無法攜帶，更不可能交給其他人。事實上，有的「萊」大到根本無法移動，只得被留置在荒郊野外。因此，當雅浦人使用「萊」購買東西的時候，他們會對轉給他人的「萊」所有權留下口述歷史。

艾利克 · 君瑟（Eric Guinther）拍攝的「萊」石照片

在最極端的例子中，有一片著名的「萊」在運送過程，從船上落海沉入海底。即使已有超過一世紀沒人見過，雅浦人還是認定這片「萊」仍在原地，因此其所有人依舊能以所有權交換其他物品。說實在的，這真是相當瘋狂。

如果我告訴你，世界上某處有塊大石頭歸我所有，我要使用這塊石頭和你交換一百萬美元。然而，你沒有辦法移動這塊石頭，因此它必須留在原地，我之前的擁有人也是如此。你對這樣的安排作何感想？

你可能會覺得我是白癡或瘋子，於是擺出與這種人互動的常見態度（最常見的選擇包括：嘲笑我、對我吼叫、以奇怪眼神瞪我、為了好玩擺出認真態度、或是出於禮貌擺出認真態度──當我在 2003 年至 2008 年期間討論遊戲化的時候，曾經看過以上全部反應）。

然而，這正是我們在現代化已開發社會中常見的交易方式。如果有個生意人跟你說，他在芝加哥擁有一棟著名建築或紀念碑。只要你付出一億美元，就會把所有權轉給你，突然這聽來就不是一件瘋狂的事了──唯一的問題是你手邊可能沒有這麼多錢。

你也許從未見過這份地產。對於買賣而言，這不是必要的事，尤其如果標的物

已經眾所周知。你也無法將之移動到其他地點,但是每個人都會認真看待這筆交易。當然,為了確認所有權的轉移,你會偏好白紙黑字的合約,而非口述的記憶。這正是所有權的奇特本質。

　　所有權經常是種感覺或合約,但也能夠以概念的方式存在。我擁有八角框架架構,許多想要借用或得到授權的人會要求我的許可,因為他們體認與尊重此一所有權。我對八角分析的所有權會完好保留,直到我同意將所有權轉給他人。一旦同意簽字轉移,我對此一概念或方法的所有權會在瞬間灰飛煙滅。

完美的寵物

　　關於第四項核心動力:所有權與占有欲的特點,另一個有趣的例子是寵物石❸。寵物石是由加州自由廣告撰稿人蓋瑞 · 達爾(Gary Dahl)在 1975 年想出的奇特產品,而且大受歡迎。聽到朋友對寵物的抱怨之後,達爾想出一種完美的寵物,完全不需要餵食、洗澡、刷毛、訓練大小便、外出散步,而且不會不聽話、生病、甚至往生。最完美的寵物就是石頭。

寵物石

為了撰寫本書,我在 eBay 上以
14.75 美元(外加銷售稅與運費)
買下原版的 1975 年寵物石

有段短短的時間，寵物石引起不小的轟動。寵物石裝在有洞的盒子之內（以備需要空氣呼吸），盒內鋪上鬆軟舒適的稻草。隨盒附有一本主人手冊，教導如何發出「坐下」、「不動」等指令，以及讓寵物石「翻滾」、「跳躍」、「攻擊」的手勢。

最後，這是一件人們能夠喜愛、抱住、以及珍惜的東西，同時不需處理活生生寵物帶來的所有麻煩與情感問題。

雖然這只是個曇花一現的瘋狂主意，但是在 1975 年至 1976 年間，一共賣出超過一百五十萬顆寵物石。時至今日，許多寵物石仍然每天在玩「坐下不動」的把戲。不過我猜想大部分寵物石已經變成流浪動物。愛情不會持久。

當然，蓋瑞・達爾並不太關心寵物石是否得到關愛，因為他賺走了數百萬美元。他的唯一遺憾是 1970 年代沒有網際網路，否則寵物石會更加轟動。

當人們對某件事物覺得有所有權的時候，自然會想要照顧與保護它。不幸的是，寵物石並未提供第三項核心動力：賦予創造力與回饋。因此，人們轉往其他概念下的寵物，因為牠們提供某種回饋機制。

第一款虛擬寵物遊戲

我就讀小學五年級的時候，是我在南非生活六年後返回台灣的第三年。在學校與社交兩方面，那幾年對我都很不好過。中文程度落後班上同學，成績也不好。

當時學校會有國語測驗，每寫錯一個中文字，就要把這個字寫滿一整行作為處罰與練習。每次測驗之後，大部分同學都只要寫兩三行的「處罰練習」，但我經常要寫三四頁。我記得三年級的時候會流淚罰寫到凌晨三點，我媽一直坐在旁邊。就我所知，大部分小三學生不會碰到這種事情。

讓事情更困難的是，我在班上一直是個怪咖，因為我來自不同的文化。我並不合群，其他同學會取笑我。在這段時期，我開始密切注意不同類型的人在不同環境中的想法與感覺。我還花了很多時間，試圖了解如何讓別人接納我為團體一分子，

甚至有朝一日會尊敬我。雖然這段過程充滿痛苦，但也許幫助了我變得更為堅毅，開始在腦袋裡對人類動機產生好奇心，這點後來體現在八項核心動力之中。

當我努力在同學之中變得「很酷」的同時，我發現所有人都迷上名為電子雞的新玩意。孩童可以帶著這個像是迷你蛋的裝置，上面有個小小的數位顯示幕，開始的時候是一顆蛋。一旦設定時間以及選定名字，這顆蛋馬上變成一顆小小的嬰兒球，讓你撫養長大。有幾個選項讓你餵食嬰兒雞、與它玩耍、處罰它、清理排泄物、以及在生病時給它吃藥。

經過數個星期的小心照料，這個小嬰兒已經長成更大的「動物」，能夠回應你的關愛活動。在有的版本中，寵物在往生之前會生下一顆蛋，讓你不帶失敗的感覺重新開始遊戲。當時我正試著融入團體得到接納，所以我非常想要有隻電子雞。幸運的是，有個同學和我在男廁內發現一隻被丟棄的小寵物。我們對這個可憐的小傢伙充滿同情，所以決定當成自己的寵物撫養。

接下來數個月之內，我們輪流照顧這個小傢伙，決定在它哭叫的時候要餵什麼，以及在電子世界中帶它去散步。雖然這些活動本身相當無趣，也不見得「充滿挑戰性」或是「不可預測」，我們還是會爭論由誰照顧這隻小寵物，因為我們將之視為自己的寵物。就這方面而言，這些日常工作讓我們很享受，甚至帶來「樂趣」。

最後，這隻動物長成一隻腕龍。這原來是隻電子恐龍！有趣的是，這具裝置會變成何種恐龍，是由你選擇餵食的食物而定。如果你餵的食物多為蔬菜，就會變成腕龍。如果你餵的食物多為肉類，就會變成暴龍。我很遺憾太晚才發現這點，因為我真的想要有隻暴龍（你能認出此一遊戲機制運用何種核心動力嗎？）。

紅極一時的電子雞

許多年之後，我才得知電子雞的熱潮曾經橫掃日本與西方世界。電子雞最初是於 1996 年在日本推出，這是一種創造玩具／遊戲的早期努力，目標是不喜歡當時那些打鬥遊戲的女孩。電子雞的吸引力很明顯超過了原本的目標受眾。

此一熱潮橫掃全世界，許多學校禁止學生攜帶電子雞到校。孩子們會帶著電子雞到校餵食，因為間隔十二小時沒有照顧寵物，會造成寵物死亡——這點運用了**損失與避免**核心動力。澳洲下令禁售電子雞，因為有的內部裝有吃角子老虎迷你遊戲。政府認定，教導兒童成為賭徒不是正確之舉（這點是**不確定性**核心動力）。黑帽遊戲設計在這裡發揮功用。

接下來這些年中，全球出售了七千六百萬具電子雞。這種玩具成為社交遊戲的最早先驅，後來這類遊戲的主要目標涵蓋照顧動物、地產、或者生意。

看起來，這種根深柢固的所有權與占有欲感，加上一些新奇效果（第七項核心動力：不確定性與好奇心），使得寵物石、電子雞、以及日後像是《農場鄉村》或《寵物社區》（Pet Society）❹這樣的臉書遊戲，在全球大獲成功。

稟賦效應

對於我們相信自己擁有某件事物時，心理上會有何變化，至今已有不少科學研究。大部分都可歸於學者所稱的**稟賦效應**（Endowment Effect）。

在《快思慢想》（*Thinking: Fast and Slow*）一書中，諾貝爾獎得主丹尼爾・康納曼（Daniel Kahneman）敘述一則故事，主題是某位備受推崇的學者兼愛酒人非常不願把藏酒中的某瓶酒以 100 美元賣出，但是也不願花費超過 35 美元購買品質類似的酒。

就經濟上而言，這點沒有什麼道理，因為品質相同或相似的酒在人的心目中價值應該一樣。扣除交易成本之後，買價與賣價應該大致相同。這個例子顯示，相對於手上沒有的人，當人開始擁有某件事物的時候，馬上會在心中提高其價值。

對於此一概念，研究者丹・艾瑞利與濟夫・卡蒙（Ziv Carmon）更進一步對杜

克大學（Duke University）學生進行測試。這些受測學生都是籃球迷，願意不計麻煩獲得杜克籃球隊門票[5]。搭了一整學期的帳篷，以及每次空氣喇叭響起時都要報到之後，在隊伍最前端搭帳篷的學生只拿到一個參與實體門票抽籤的號碼。抽籤結果公布之後，有的學生會變成門票持有人，有的人則會落空。

研究者召集贏得門票抽籤的學生，詢問讓他們願意出售門票的價格為何。在此同時，研究者也聯絡了抽籤未中的學生，詢問他們願意花多少錢購買一張門票。結果，抽籤未中的學生（他們耗費了同樣的辛苦付出）平均願意花費 170 美元購買一張門票。另一方面，你要不要猜猜門票持有人願意出售的平均價格？

門票持有人唯一過人的地方是幸運贏得抽籤，他們的平均開價是 2,400 美元。這比買家的出價多出**十四倍**。顯然，當學生變成門票持有人的那一刻，這些門票的價值立即出現巨幅變化。

在另一個比較像是實驗室環境的例子中，研究者傑克・納許（Jack Knetsch）請兩班學生填寫問卷，同時保證提供獎勵，獎品在填寫過程中擺在全班同學前面。一班學生的獎品是一枝昂貴的筆，另一班學生的獎品是一條瑞士巧克力。雙方領到獎品之後，可以與對方互換。只有一成的參與者願意交換，顯示大部分人都很珍惜自己的獎品，原因只在於已經擁有[6]。

詹姆士・哈曼（James Heyman）、葉辛・奧杭（Yesim Orhun）與丹・艾瑞利進一步發現，稟賦效應在我們單純想像擁有某件事物時也會出現。他們在拍賣網站上發現，人們占有最高出價者的位置愈久（因此想像他們是物品正式所有人愈久），當有人出價更高時，他們就會愈積極地提出下個出價[7]。雖然尚未擁有這項物品，這種想像的所有權激勵人們為他們的天賦權利挺身奮戰。

這正是為什麼廣告商經常採用的方式，是請消費者思考想要對這些產品做什麼，讓他們想像擁有產品的感覺。此外，**試用促銷**與「退款保證」也有異曲同工的效果，讓消費者在順心的狀況下先擁有產品。由於我們知道，某件事物在變成我們所有之後，價值會水漲船高，消費者經常不願意退回產品，換取之後的退款。

僅供出售，不供使用

稟賦效應的條件之一是，如果某人擁有東西的目的是作為「交換」的憑證，他們就不會以心存偏見的方式對這項物品放感情。如果一名商人擁有數百雙鞋子，目的是將它們換成金錢，當別人買下這些產品的時候，他顯然不會對產品放感情。相似的是，當消費者拿出金錢買下這些鞋子的時候，他們也不會因為稟賦效應而收手（除非他們正面臨財務問題）[8]。

有趣的是，當經濟學家約翰‧李斯特（John List）研究棒球卡大會上的交易行為時，他注意到稟賦效應對新手交易者有著重大影響，他們會不當地高估手上卡片的價值，超越市場的接受限度。然而，隨著經驗漸長，他們會開始將棒球卡視為可交易商品，使得稟賦效應逐步消退[9]。這是為何當我們被提醒要「像交易者一樣思考」時[10]，經常可以做出更理性、更一致的決定。

身分、一致性與承諾

第四項核心動力：所有權與占有欲的另一項有趣效應，是驅使我們重視自身身分，對我們的過去看法更為一致。再怎麼說，很少有東西會讓我們比自己的價值、個性、以及過去的投入更為重視[11]。

事實上，科學已經顯示隨著我們活得愈久，我們對現有的信念、喜好、方法、甚至我們的姓名感情就更深[12]。

社會心理學家布萊特‧裴漢（Brett Pelham）進行了一項出人意料的研究，發現人們更可能選擇與他們的姓名相似的職涯[13]。為了測試這種想法，裴漢尋找與「牙醫」（dentist）一字發音相似的名字，例如丹尼斯。根據人口普查資料，丹尼斯在全美最常見男性名字中排名第四十名，第三十九名與第四十一名分別是傑瑞與華特。

接下來，裴漢在美國牙醫公會的全國會員名錄中搜尋以上三個名字。結果顯示，全美有 257 位名為華特的牙醫，以及 270 位名為傑瑞的牙醫，與全國統計比率相當一致。然而，名為丹尼斯的牙醫共有 482 位，比其他名字的正常比率高出近八成。此一結果顯示，如果你正好名為丹尼斯的話，你成為牙醫的機會要比其他名字的人多出八成。

相似的是，裴漢發現名字以「Geo」開始的人，像是「喬治」或「喬佛瑞」，成為地球科學研究者的比例高於正常。名字為「H」字首的人，成為五金行老闆的比例要比名字為「R」字首的人高出八成。至於屋頂修繕工人，名字為「R」字首的人要比「H」字首的人多出七成[18]。

更有甚者，人們更偏好移居至與他們名字相似的地方。移居佛羅里達州的人，名為佛羅倫斯的人比例高於平均，移居路易斯安那州的人更可能名為露易絲。華盛頓先生要比哲斐遜先生更可能住在華盛頓街。關於這點，我很高興自己從未考慮過以醫師為業，否則我很可能成為一位泌尿科醫師（Urologist）！

雖然沒有人會想到或承認，他們的名字在重要人生選擇中扮演任何角色，我們對自身身分的感情，已經強到會對任何與身分相關的事物產生渴望。研究甚至發現，我們喜好能夠提醒自己名字的品牌，甚至是配偶[15][16]。這樣最好是件好事，因為這些向我提醒**我自己**！

一致性：重視我們是誰

對於自身身分的感情，衍生出對於我們過去行動保持一致性的需求。艾瑞利將之描述為**自我因循**，這種觀念讓我們根據過去的行為，相信某件事物是好的（或不好的）[17]。我們購買某些物品或品牌的原因，經常只是因為過去買過，現在想要與自己的選擇保持一致，即使該產品或品牌已不再切合我們現在的需求也是如此。

研究發現，一旦在某匹賽馬身上下注之後，人們立刻會對這匹賽馬獲勝的信心大增[18]。這就像某人在下注前預測一匹賽馬的勝率為三成（考量到賽道上的賽馬數目，這是相當不錯的勝率），但是下注後馬上相信這匹賽馬的勝率為六成。這是因

為這匹賽馬突然從「不錯的賭注」轉變成「我的賭注」。我們從稟賦效應曉得，一旦某件事物變成我們所有，在我們心目中的價值會立即升高。

我們與過去保持一致的需求，也會讓我們對其他事物做出不理性的行為。1966年時，心理學家強納森・佛瑞曼（Jonathan Freedman）與史考特・佛雷瑟（Scott Fraser）在加州進行了一項實驗，挨家挨戶詢問住戶是否同意在前院草坪上豎立大型的公益看板。

研究人員出示一幅圖片，顯示一棟漂亮的房子幾乎完全被一幅六呎乘三呎、上面以粗陋字樣寫著「小心駕駛」的看板擋住，詢問住戶是否同意豎立這樣的看板。可想而知，只有 17% 的住戶表示同意。

然而，有一組住戶對於這樣提案做出正面回應，同意設立看板比例高達 76% [19]。為何這組住戶做出如此正面的回應呢？原來這次擾人造訪之前兩星期，另一組「志工」曾經拜訪這些住戶，詢問他們是否願意在窗前擺出三吋見方的牌子，上面的中性字樣是「當個安全駕駛人」。由於這只是一個小小的要求，幾乎所有人都表示同意。

住戶沒有預期的是，這項小小的公共服務之舉，讓他們開始相信自己重視公共事務，關心附近社區的駕駛人。因此兩星期之後，面對這項重大的要求，為了符合他們關心公共事務的自我形象，他們傾向不假思索便接受這樣的要求。當然，這其中還有第一項核心動力：重大使命與呼召，但是如同各位從控制組實驗中所見，單是重大使命與呼召不足以激勵人們放棄住家窗外的美麗景觀。

讓人驚異的是，第三組住戶只曾在兩星期前被要求簽署「保持加州的美麗」請願，願意接受「小心駕駛」看板的比例仍然增加 50%——儘管這項請願與安全駕駛毫無關係。這點顯示，接受要求的原因與**重複啟動**[20]效應關係不大，更重要因素是身為關心公共事務人士的認同感。

一位閱讀過羅伯特・席爾迪尼（Robert Cialdini）著作《影響力》（*Influence*）的讀者寫道，當他手下的保險業務員開始問道：「我在想，你是否願意告訴我選擇向〔本公司〕購買保險的真正原因？」而非只是與客戶約好見面簽署文件時，銷售

比率馬上從 9% 提高至 19% [21]。這點奏效的原因是當人們重複說明他們接受邀約的原因時，他們會說服自己接受保持一致性的價值，然後繼續這樣做。

承諾：白紙黑字寫下的力量

當我們創造出一項承諾的時候，對於一致性的需求會變得更為強烈，尤其是在我們將之寫成白紙黑字的時候。社會心理學家摩頓‧杜奇（Morton Deutsch）與哈洛‧吉拉德（Harold Gerard）曾進行過一項實驗，向不同組別的學生出示圖片，然後要他們估計隊伍長度。

一組學生只需要在心裡做出估計，另一組則將之寫在白板上，然後在其他人見到答案前將之擦掉。第三組只要寫下自己的估計，但是要公開宣布他們的數字。

之後，研究者會提供錯誤資訊，讓學生以為最初估計有誤，然後給他們機會改變答案。有趣的是，在心裡記下最初判斷的學生是最不堅守判斷的人，馬上根據新資訊改變答案。

當彼此牴觸的新資訊出現時，沒有被別人看到自己寫下答案的學生，相較下非常不情願改變自己的答案。當然，在第五項核心動力：社會影響力與同理心的助力（我們會在下一章討論）之下，公開自己估計的學生是最不願改變答案的一組，堅持他們一直都是對的[22]。

這種對於承諾的一致性，正是為何汽車業代為了成交，經常跟你說：「我必須向主管提出這個很難的請求，現在不能跟你保證任何事情，但是如果我可以為你求到這個價格，你今天就可以買下這輛車，對吧？」[23]一旦你承諾這點，他想當然耳會帶著這個價格回頭來談，這時你會覺得很需要對之前的承諾保持一致性，儘管你完全有權說「不」。

相似的狀況，一位餐廳老闆曾經分享以下經驗，當他接到訂位電話時的回覆從「如需取消請來電」改成「如果必須取消訂位，能否請您來電通知？」之後，訂位未到的比率從三成下降至一成。這是因為當人們對這問題回答「好的」的時候（對於這樣一個合理的問題，大部分人會覺得回答「不行」是惡劣行為），他們在情感

上覺得要對訂位承擔更多責任[24]。

　　要求使用者填寫自己的表格，經常可以提升他們對某種行為的承諾感。當上門拜訪的推銷員開始請新客戶填寫銷售表格，而非代替他們填寫時，日後利用「猶豫期」條款的比率會大幅下降。這項條款讓客戶在被黑帽動機技巧說服之後，還能夠後悔與退貨。基於這點，當醫院要求病患自行填寫下次約診單，而非代他們填寫時，取消約診的比率也可能有所下降[25]。

　　這正是為何像是寶鹼（Procter & Gamble）與通用食品（General Foods）等企業經常舉辦競賽，邀請顧客寫下「25、50、或者不到 100 字」的產品證言，起始句為「我喜歡這項產品的原因是……」當人們熱心地敘述這些產品有多棒的時候，他們開始對自己的證言產生擁有感，更加喜歡這項產品。當然，他們還開始將自己視為「非常喜歡該公司產品獎品，願意參與證言競賽的人」。

　　這種對自我身分、過去決定、以及承諾的所有權，是第四項核心動力：所有權與占有欲之下最讓人不知不覺的元素之一。話說回來，你已經曉得你對賺更多錢、收集郵票、或者保護珍貴資產具有強烈動機；但是當你的決定只是出自你的名字，或者你上星期吃到的東西時，你可能根本沒有察覺。

所有權與占有欲之下的遊戲技巧

　　你已對第四種核心動力：所有權與占有欲的本質學到更多知識。為了讓這些知識成為行動的基礎，以下我列舉了一些大量運用這種核心動力吸引使用者的遊戲技巧。

從無到有（第 43 項遊戲技巧）

　　當你創造出一種產品或服務時，你的使用者經常想在創造過程中增加屬於他們的所有權。這正是為什麼從研發之初，讓他們參與是件好事，亦即「從無到有」。

　　從無到有代表，與其將整套東西端給客戶——例如給他們完成裝潢的房子，以

及完整開發的遊戲角色——你要讓他們從裝潢房子的工作開始。讓他們自己選擇與安置床鋪的位置、選定角色的髮色與風格、以及決定喜歡的外觀流行樣式。當人們從無開始建立某樣東西時，他們會覺得：「我擁有這樣東西。這是我的東西。」

但是如果一開始，你就給了他們完美迷人的角色，或者完成裝潢的房子，他們的參與感也許不會如此之高。即使你告訴他們：「嘿，你們可以重新裝潢，或是增加別的東西。」人們還是不會感到那樣高的所有權，因此減少投入程度。

研究❷❻指出，與昂貴的高端家具相比，人們會對便宜的 IKEA 家具擁有更多感情，主因是他們花費更多時間動手組裝 IKEA 家具。這項個人所有權也激勵他們，更常與朋友討論自己的 IKEA 家具。同樣的狀況也發生在自製花圃、板凳、或者鳥屋等小型木工計畫。

事實上，行為科學家丹・艾瑞利與麥克・諾頓（Mike Norton）已開始將此一現象稱為「IKEA 效應」❷❼。

值得一提的是，如果從無到有技巧讓人們忽略第一次重大破關狀態（使用者第一次驚呼：「噢！真是太讚了！」），這就不是一項優良設計。你給予使用者的選擇應該是從無到有，加上一些快速的參考選項，讓他們快速進行下去，之後根據自己的喜好調整，不然就是確保從無到有技巧本身，就是讓使用者感到刺激的第一項主要破關狀態。

全套收集品（第 16 項遊戲技巧）

對於第四項核心動力：所有權與占有欲來說，全套收集品是最強大、最有效的運用方式之一。舉個例子，你給了大家少數幾樣物品、角色、或者徽章，然後告訴他們這是某個主題的全套收集品一部分。這會創造收集所有元素，擁有全套收集品的渴望。

現在事關個人，親愛的鹿兒

全套收集品的最好例子是由羅基遊戲（Loki Studio）推出的遊戲《吉魔》

（Geomon）。我曾在 2010 年至 2012 年間擔任該公司顧問（這家公司後來被雅虎收購，這款遊戲不幸已經停止營運）。

　　《吉魔》是一款與《寶可夢》相似的怪物捕捉與訓練遊戲，不同點是你可以捕捉的怪物是由行動裝置的實體位置決定。例如，如果玩家位在海灘上，他們能夠捕捉海吉魔，至於在山間健行的玩家會捉到山吉魔。

　　遊戲的主題是「四季鹿」，玩家必須捉到四個獨特的造物主：春季播種鹿、夏季火鹿、秋季風鹿、以及冬季冰鹿。

《吉魔》遊戲的四季鹿

　　如果玩家正好捉到四隻鹿中的二或三隻，會馬上覺得需要捉到所有的鹿。話說回來，只擁有四季鹿中的兩隻未免有點奇怪。問題是，玩家每季只能捉到一隻特定的鹿。這代表玩家必須等待三到六個月，才能湊滿全套的鹿。在遊戲世界中，這段時間漫長到折磨人！

　　因此，許多玩家沉迷於交換稀有的高價寵物，以便獲得手上沒有的鹿，有的人甚至願意自掏腰包取得這些鹿。讓人驚異的是，四季鹿的能力並不強大，大部分玩

家不會在真正戰鬥中用到它們。玩家想要它們的原因只有……嗯，他們必須這樣做。

關於此一等級的所有權，最讓人不敢置信的是玩家對於遊戲中捉到與訓練的吉魔感情之深。當該遊戲宣布將停止營運的時候，玩家（大部分是學生）集資 70 萬美元，想要維持遊戲營運。這個金額相當讓人佩服，背後主要動機是第四項核心動力：所有權與占有欲，以及第八項核心動力：損失與避免。事實上，在高階的八角框架研究之中，你會看到第四項核心動力的建立，經常能夠強化第八項核心動力的力量，以及稟賦效應與我們為避免損失做出的不理性行為直接相關。

獨占數十億

另一個絕佳的全套收集品例子是麥當勞的大富翁遊戲[28]。麥當勞對大眾的期望行動，是向該公司購買更多速食，所以創造出麥當勞大富翁遊戲，讓你每次達到「購買更多漢堡與薯條」的破關狀態時，會在大富翁棋盤上擁有一筆地產。

一旦你累積了全部地產，麥當勞會提供豐碩的現金獎勵與獎品。如同大部分收集類遊戲一樣，少數幾片地產非常稀有，因此人們願意砸下重金取得這些地產。這種狀況有點奇怪，因為大部分人付出現金甚至不是為了換取獎勵。他們付出現金是為了換取「部分」獎勵。技術上而言，這些獎勵根本一文不值。但是當人們迫切地想要完成全套收集的時候，就會有強烈動機想要完成結局。

全套收集品如此有效的原因，是一家公司經常無法向每位使用者提供實體獎勵，但是每位使用者在執行期望行動，達到破關狀態的時候，都希望某種形式的獎勵。藉由給予使用者一部分獎勵，而非完整的獎勵，每位使用者都會覺得自己對於獲得終極特獎有所進展，公司則能夠控制預算。向使用者提供獎勵時，不要只是直接發給實體物品，因為它們通常難以長期維持動機。更常見的作法是發給他們全套收集品的零件，這樣可以帶來長期的投入。

值得一提的是，當使用者由於你的廣告，或者是競爭對手的刺激，因此期待獲得完整的獎勵時，只提供全套收集品的零件有時會帶來反效果，造成冒犯使用者的

結果。一定要記得，遊戲化不是一種千篇一律的解決方案；遊戲化仰賴經過深思熟慮的設計，必須將系統的情境與玩家背景列入考量。

可交換點數（第 75 項遊戲技巧）

如同第六章所述，遊戲化系統能夠給予使用者的點數主要有兩種。第一種是狀態點數（第 1 項遊戲技巧），使用者可以據此增加與追蹤他們的分數，了解自己的進度。在大部分狀況中，隨著使用者達到更多破關狀態，狀態點數會隨之上升，但是不能用來交換其他寶物。這種狀態的主要動力是第二項核心動力：發展與成就。

第二種點數的代表是可交換點數。玩家能夠以策略性與限定的方式，使用累積的點數取得其他寶物。可交換點數有多種使用方式。有的點數只能在遊戲經濟體之內用來兌換，有的點數則能與系統中的其他玩家進行交易。有的可交換點數可在所屬的遊戲化系統之外使用，讓使用者與外部人士進行交易。每種點數各有其優缺點，許多優秀的遊戲化系統（以及遊戲）會結合數種以上作法，確保它們的經濟體能夠在玩家心目中維持價值。許多公司自以為，只要提供能夠用來兌換獎勵的可交換點數，就可以讓系統充滿動機，系統內部已經有了一套「經濟體」！

公司不見得了解的是，營運一套有效的經濟體非常困難。對於付出心力與換得獎勵之間的關係，你必須仔細制定正確的比例，同時不斷調整平衡，確保大家繼續重視你的點數與貨幣系統。如果系統不再對付出心力者提供公認合理的報酬，這個經濟體就會失去合理性。

聯邦儲備銀行或是任何國家的中央銀行都曉得，經濟體極端敏感，需要高明手腕操作。它們了解利率只要變動不太多的 3%，就會對消費者、銀行、保險公司、房地產開發商、以及企業帶來重大、甚至徹底的行為改變。試圖推出可交換點數的市場經濟時，一定要尊重這種複雜性。如果一家公司相信只要建立經濟體，使用者就會自動投入，會是非常危險的假定。

我不打算對這個主題寫一本書（話說回來，本書英文版標題是「**超越**點數、徽章與排行榜」），但是經濟體的稀有控制值得密切注意。這代表使用者應該永遠不

覺得可交換貨幣或物品非常充足。其控制方法經常是藉由真正的**時間稀有**，讓系統內的付出心力與帶來的獎勵取得平衡。在第十章討論第六項核心動力：稀缺性與迫切時，我們會對此一主題詳加討論。

監看投入感（第 42 項遊戲技巧）

監看投入感是一種讓人們對某樣事物產生更多擁有感的遊戲技巧，因此他們會不斷監看或注意這件物品。

當使用者監看某件事物的狀態時，會自然地希望狀態持續改進。如果你不斷查看某些數字的進展，會自然而然地更關切這些數字的成功增加。這正是為何我對自己的電子雞如此關心的動力。經由成為監護人，監看效應的效果會隨時間增加，確保這隻小恐龍溫飽、健康與安全，成為我的唯一責任。

與一家你喜愛的本地咖啡廳之間的長期關係，也有異曲同工之妙。你與咖啡廳員工變得熟識、記得整本菜單、在固定時間出現時會得到「喜愛的座位」。你與咖啡廳建立熟悉度，因此身為投入的社群成員與顧客，你覺得這個地方「部分」歸你所有。

著名心理學家羅伯・薩瓊（Robert Zajonc）在論文中，將這種喜歡我們熟悉事物的傾向形容為「純屬接觸造成的態度效應」[29]。因為我們的潛意識不善於在安全、舒適、期待、真實、容易、或者熟悉的事物之間做出分辨，當某件事物讓我們產生熟悉感，大腦就會自動將之聯想為安全與期待的事物。對於我們決定關心與花時間執行的事情，認知放鬆度扮演了重要角色。

Google 分析器帶來遊戲化

以監看投入感為基礎，讓使用者投入的好辦法之一是，不斷顯示與他們關切事物有關的統計、圖表、以及圖像。我個人相信，部落格領域中最強大的驅動力不是任何部落格平台，而是 Google 分析器[30]。

一位部落客初出茅廬時，日子會過得既孤獨又挫折。你花費許多個小時投注心

血與觀察，覺得在向世界貢獻自己的獨特性與價值；但是你也知道幾乎沒有人閱讀你的貼文。你可能會在臉書上與朋友分享，有的人也許會按「讚」。然而，你也知道更省時的辦法，其實是把這些人一個接一個找來，讓他們聽取你的觀點。

在這樣的時期，非常容易讓人想要放棄，為自己的人生去做別的事情。然而，Google 分析器的報表經常驅使部落客保持前進，看著造訪人數是否從三人增加到四人。Google 分析器讓部落客看到有多少人造訪部落格、每個人停留時間、閱讀哪些貼文，以上全部免費。

由許這項工具易於使用，許多部落客每天會多次登入 Google 分析器，監看部落格上寥寥無幾的活動，以及注意任何可能的變化（結合第七項核心動力：不確定性與好奇心）。當某人花費許多時間，監看某件事情的結果時，很可能會想出改進結果的新方法，變成賦予創造力與回饋（第三項核心動力）之下更吸引人的活動。

部落客開始嘗試，提供許多貼文與其他網站的連結，能否增加一些訪客數；他們發現加上引人目光的爭議性標題，能夠吸引更多人點擊；他們還發現在一天某些時段發表貼文，能夠帶來更多訪客。儘管部落客距離「廣受歡迎」仍有一大段路要走，監看投入感仍為白帽動機開啟了一個全新世界。

如果你設計的體驗，能夠讓使用者不斷監看某件事物的產出進度（即使數字有時呈現下跌），就很有可能吸引使用者進入更深一層的所有權與投入。

艾佛烈效應（第 83 項遊戲技巧）

艾佛烈效應（Alfred Effect）意思是當使用者覺得一項產品或服務如此切合他們的需求時，他們不會再對其他服務感到興趣。

隨著我們進入充滿更方便、現成選擇的速食世界，人們開始渴望屬於自己的獨特深層體驗。這正是為什麼富豪願意花上十倍金錢，客製化符合他們風格與喜好的產品。

運用大數據，我們現在能夠根據智慧系統收集的使用者偏好與習慣，提供量身打造的選項，為使用者帶來個人化感受。

在遊戲之中，系統會不斷學習，根據使用者過去行為提供客製化體驗。一款遊戲會曉得：「這位玩家目前在第三級；他已經學會這四項技能，但是還不會這六項。他已經撿起這三項寶物、擊敗這些怪物、與這兩個角色對話，但還沒有與另外三個角色對話。因此這扇門不能打開。」

一款遊戲會記得關於玩家在遊戲內的幾乎所有資訊，並且據此修改體驗。玩家將這種個人化視為理所當然：如果在第三級，遊戲忘記玩家在第一級所作所為的細節，玩家經常會不爽地退出遊戲。

在真實世界中，無論你做了什麼，大部分網站只提供同樣的靜態體驗。有些更先進的網站，會根據地區或性別提供不同的體驗，但大部分仍只提供很淺薄的體驗。即使別的服務業者提供更佳的科技、功能或價格，如果使用者覺得某個系統為自己的需求做出全面調整，會強烈傾向留在這個對他們擁有獨特了解的系統。

目前部分主要網站已在體驗中引進艾佛烈效應，不過大部分仍未達理想境界。眾所周知像是亞馬遜這樣的網站，會根據過去活動了解你的喜好，向你推薦不同產品[31]，Google 搜尋則會根據你的搜尋與瀏覽歷程，顯示個人化搜尋結果[32]。臉書會顯示你和你的好友最可能關心的內容[33]，網飛（Netflix）能夠預測你比好友更能欣賞某部電影[34]。

除了自動化系統的客製化之外，有些人會花時間調整電腦的作業系統或瀏覽器，配合自己的需求與偏好。其他人則根據自己的工作流程，來調整 Dropbox 檔案夾系統，要將照片從現在的檔案平台，轉移至另一個完全不同的平台，我相信這是很花工夫的。甚至有些人的工作站也經常根據他們的需求與習慣調整，創造出更多投入與情感。

有個好例子是導航應用程式 Waze。除了所有的儲存地址與目的地歷史資料（對於艾佛烈效應厥功甚偉），如果你經常使用的話，系統會記得你在不同情境中的喜愛地點。如果你在下午六點打開 Waze，系統立刻曉得現在是回家時間，會詢問你是否想要回家；如果你在晚上八點打開 Waze，系統會記得星期三晚上八點是前往健身房時間，詢問你是否想要前往健身房。像是這樣的個人化與客製化體驗，

能夠創造對於體驗的強烈情感。

第四項核心動力：全面觀點

第四項核心動力：所有權與占有欲是一項強大的動機，可以吸引我們做出許多不理性行為，但也可以帶給我們強大的情感安撫與幸福感。這種動力的焦點經常與其他核心動力密不可分。

當這種動力與第六項核心動力：稀缺性與迫切聯手時，人們會不斷受到引誘。與第八項核心動力：損失與避免合作時，人們會盡其所能緊握已經得到的事物。與第七項核心動力：不確定性與好奇心搭配時，人們會變得非常重視結果，以及能否獲得寶物。當然，成功累積寶物會導引至第二項核心動力：發展與成就，當擁有感激起改進與創新的需求時，第三項核心動力：賦予創造力與回饋會發生作用。

在這裡，你可以看到八項核心動力如何以動態方式搭配、彼此支援、創造出一批更崇高的動機。然而，你必須提防會讓核心動機彼此遷就的設計。這是一種偏向顯性動機的核心動力，因此如果設計不當的話，會讓人們表現得更加自私、抑制好奇心、以及摧毀創意生成。在第十三章：左腦 vs. 右腦核心動力之中，我們將對此詳加討論。

馬上動手做

入門：請想出你個人收集或者別具擁有感的物品。從外行人觀點來看，你好像什麼正事都沒做，但是你會覺得將時間花在這種物品之上「有趣」嗎？

入門：請想出你的人生中帶來艾佛烈效應的事物。這種效應是如何執行，還有你何時體認到這種效應的存在？如何設計才能讓使用者更早感受到呢？

中級：請想出如何將全套收集品引進你正在執行的計畫，激勵使用者採取期望行動。全套收藏可以使用何種主題？你想要讓每件收藏品變成使用者執行期望行動時得到的獎勵，或是變成期望行動之後隨機發給的神秘禮物呢？

請將你的想法加上標籤 #OctalysisBook，在臉書、推特或你喜好的社群網路上分享，看看別人有何想法。

下海嘗試

　　相信你已經注意到，本書章節中提到的所有遊戲技巧都有個編號。編號的最初目的，是為我的部落格讀者提供全套收藏，收集我在部落格、影片、研討會、以及像是本書其他內容中所有遊戲技巧號碼。後來，已經收集大部分遊戲技巧編號的讀者開始製作指南表，研究更深入的內容。在遊戲技巧套餐的內容中，我們會找出哪些遊戲技巧是創造多種動機效果的最佳組合、它們的前後順序為何、以及其他讓人著迷的相關知識。

　　這是一項完全自願的學習課程，只提供給那些想要真正深入我的內容，能夠有朝一日運用八角框架力量的人。當然，即使你不打算如此深入，這樣一份遊戲技巧列表也可以作為有用的參考，讓你在設計計畫的時候從腦海中拿出來運用。

第五項核心動力：
社會影響力與同理心

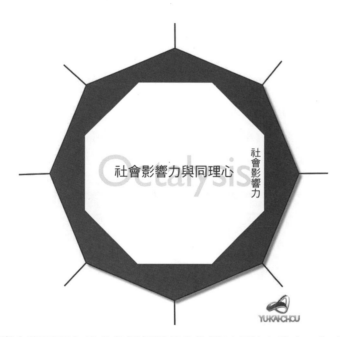

　　社會影響力與同理心是八角框架遊戲化的第五項核心動力，包含由其他人思想、行為或言語激發的活動。對於像是師徒關係、競爭、嫉妒、團體破關、社交寶藏、以及陪伴關係等主題，這項核心動力是背後的主要動力。

　　第五項核心動力：社會影響力與同理心是一種右腦核心動力，基礎是我們想要彼此關聯與比較的渴望。隨著新社群媒體工具與平台的普及，愈來愈多公司正在發

現與加入過程之中，優化第五項核心動力。

目前幾乎每種消費性應用程式都會在你加入服務的時候，督促你「邀請朋友加入」。然而，單是擁有能夠傳播訊息的社群平台，並不代表就有值得分享的引人內容。這裡面藏有許多陷阱，因為社會影響力與同理心是一把雙面刃，需要小心使用。

如果使用得當，這種核心動力可以變成最強大、效果最持久的動機，讓人們緊密連結、更加投入你的體驗。

偷走我人生的師傅

2012 年時，我正在研究一些缺乏優良圖像效果、但是從吸引力與金流觀點來看非常成功的遊戲（沒錯，在像是討論遊戲、前往世界各地、以及在拍攝影片時隨機想出評論等折騰人的工作之外，我的工作一部分是研究與玩遊戲）。

這段時間，有款名為《平行王國》（Parallel Kingdom）的遊戲出現在我的注意力範圍中❶。

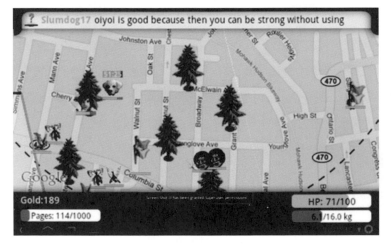

《平行王國》遊戲

　　《平行王國》是一款依據行動地圖定位的大型多人線上角色扮演遊戲（MMORPG），讓玩家進入構建於真實世界之上的虛擬世界並開始成長，基礎則是玩家的 GPS 地點。這款遊戲的圖像既不高明也不引人，但是創造出亮眼的金流，為小小的遊戲團隊賺進數百萬美元。

　　當我開始對這款遊戲進行初步研究時，只打算花不超過兩小時了解其遊戲機制，以及為何能夠如此吸引玩家投入。完成之後，我會回頭專注在其他工作之上。

　　最初的加入體驗沒有值得大書特書之處，僅有基本教學以及遊戲的背景故事說明。我發現這款遊戲相當有趣，因為玩家能夠在反映真實世界的虛擬地圖上，在自家周圍建立一個帝國（結合了第四項核心動力：所有權與占有欲，以及第七項核心動力：不確定性與好奇心）。其介面操作並沒有非常直覺化，許多次讓我覺得必須在缺乏足夠資訊之下做出決定。

　　如同大部分初次造訪網站的使用者，我在三十分鐘內已覺得對於遊戲擁有足夠認識，打算離開系統。我的工作進度已經落後了。

　　但是進入遊戲四十分鐘之後（或許足夠讓遊戲判定我是認真玩家），我接到以下這則訊息：「嘿，〔使用者 X〕已被指派為你的師傅。他下次登入時會與你聯絡。」這則訊息本身相當有意思。藉由表示師傅無法立即與我對話，讓人更相信他是真有其人的玩家，而非只是一具電腦或一名公司員工。

　　這種作法建立了相當的好奇心與期待（第七項核心動力：不確定性與好奇心，以及第六項核心動力：稀缺性與迫切）。我想要知道誰是這位玩家，以及他對遊戲會說些什麼。也許他是人工智慧機器人，或者人類管理員？如果他是一位真正玩家，或許我可以從他學到更多關於攀登與結束階段的資訊。

　　當我的「師傅」在二十分鐘後登入時，他要求在網路上移動到我所在的地點。我給了他許可。他一出現馬上開始分享一些提示，告訴我對於遊戲「生涯發展」應該如何規劃，哪些是有用的必學技能，應該追求哪些有用的交易與職業，以及最需要收集的寶物。

　　他還開始送給我裝備，他知道這些寶劍、盾牌、頭盔、靴子等物品能夠讓我變

得更為強大。遊戲送給每位玩家的寶劍只能給我 +2 傷害值，但是他送我的新寶劍（他已經不需要的舊裝備）擁有 +7 傷害值。這要比我自己能找到的任何東西威力更強大。擁有更強大的新裝備之後，我迫不及待地想要回到之前卡住的地牢（或者等級），讓那些怪物看看我的厲害。直到我展現新的力量，以及得到成就感之前，我才不打算離開遊戲。

這個時候，我心裡閃過一個念頭。這位師傅給了這麼多光憑我自己不可能得到的強大物品；至少在遊戲過程的頭數個小時，我不可能做到。如果我拿了他的物品，然後退出遊戲，我會浪費了所有這些「寶物」，他很可能對此非常失望。無論就道德或責任而言，我都不能退出遊戲……至少要到一段時間之後才可以。

這個時候，師傅要我跟隨他進入一些低層地牢。我聽到時想道，噢。那些地牢內的怪物都很強，即使我帶了新裝備也沒用！我盡可能地拿出所有本領對抗，仍然數次差點丟掉性命。接著我的師傅開始攻擊這些怪物，每使出一擊都可以消滅一批怪物。看來他做得不費吹灰之力。這時候，我的潛意識中出現這個感受。

「我希望有天能像他一樣。」

這是一個有趣的念頭，因為當時我並不真正在乎這款遊戲。但是當我看到，有人可以這樣輕鬆地完成某件難事的時候，我們的大腦會自動產生羨慕感。每個人因應這種羨慕的方式各有不同。有的人會受到「有為者亦若是！」的想法激勵，其他人則會進入自我否定狀態。「我永遠達不到這個地步，反正這整件事蠢斃了。」顯然這款遊戲的聰明設計是為前者打造。

當你設計一個人們傾向羨慕他人的環境時，你要確保他們擁有合理的途徑，邁向讓他們羨慕的境界。不然的話，你只會讓使用者產生自我否定與退出。在第十章討論第六項核心動力：稀缺性與迫切時，我們會深入討論此一問題。

花了數小時追隨我的師傅征服幾個地牢之後，我產生另一個念頭：「老兄……這傢伙是位高階玩家。他應該在高階地牢裡戰鬥。他在這裡一無所獲，只是浪費時間而已。他在對我投資！我當然不能現在退出。不然我會讓人失望到極點！」

因此我不但沒有退出遊戲，反而加入他的王國，在他的團隊成為一位努力打拚

的成員，幫助他的王國收集木材、水果、石頭、以及裝備等資源。本來我只打算玩上兩小時，最後我玩了兩個月才迫使自己退出，開始研究其他遊戲。遺憾的是，王國有位成員對我的退出非常受傷，因為他花了很多時間幫助我的角色成長，希望我在王國內成為一股重要勢力。當時，我對自己讓人深感失望相當難過。

這正是師徒關係的力量。這是我們在本章討論的第五項核心動力：社會影響力與同理心之下的遊戲技巧之一。

過去你曾多少次試圖離開一個志工團體、團隊、教會、甚至關係，但是得經歷一段非常難受的時期，因為你不想讓其他人難過？

部分最讓我們歡喜的體驗，來自與朋友以及家人相處的時光，但是當這些關係不順利的時候，會讓我們經歷壓力與焦慮。我們是緊密的社會動物，具有與生俱來的同理心。我們受到其他人對我們的感受與想法的影響。

社會影響力與同理心這項核心動力，是每位優秀的八角框架遊戲化執行者應該熟悉的。

每個人心中都有個小木偶

美化美國組織（Keep America Beautiful Organization）在 1972 年推出一則廣告活動，主題是「人類是污染之源。人類可以終止污染」。這被公認是史上最感人、最有效的公益宣言之一。這次廣告活動主題是一位美國原住民眼見環境廣遭破壞，流下一滴充滿力量的眼淚。

「一起加入。污染讓我們所有人受害。」[2]

多年之後，該組織想要再度運用同樣主題，所以推出一次全新的對抗污染活動，海報主題同樣是美國原住民流下一滴充滿力量的眼淚，口號則變成「汙染因忽視而回歸」。

不幸的是，這次的廣告活動不但沒有帶來效果，甚至可能造成反效果，讓更多人污染環境❸。你知道為什麼嗎？

讓我使用另一個例子，看看你是否能找出這些活動問題何在。多年以來，亞利桑那州的石化森林國家公園（Petrified Forest National Park）由於破壞與偷竊石化樹木，蒙受慘重損失。該國家公園希望創造一則訊息，減少這些偷竊行為。

因此，他們豎立一面招牌，上面寫著：「**每年被竊的石化樹木高達十四噸，你的遺產每天正在一點又一點地被破壞。**」

這則訊息似乎說得沒錯，因為這告訴人們這些小小的違法行為有多麼嚴重，目的是訴諸第一項核心動力：重大使命與呼召，以及部分第四項核心動力：所有權與占有欲。

然而，這則招牌豎立之後，偷竊與破壞行為反而增加。**為什麼？**

在這裡，我們學到當有人想要訴諸各種核心動力，不代表一定能以高雅與有效的方式執行（這是為何我們研究遊戲，學習它們如何成功執行的原因）。更重要的，這則訊息創造出反核心動力，亦即**不採取**期望行動的動機。兩則訊息都暗示：「人們污染、偷竊與破壞是種惡劣**行為**。請不要像他們一樣。」

世界上有些人會竭盡所能追求與眾不同、獨樹一格、或者古怪（我可能有點類似這樣），但是大部分人都以其他人的行為作為標準。「美化美國」活動的新口號「汙染因忽視而回歸」告訴人們：「嘿，污染是一種普遍行為。」雖然他們的訊息是你不應該這樣做，卻會鼓勵人們更貼近這樣的行為。

不相信我嗎？一組行為心理學家做了進一步研究，證明此一概念❹。研究者決定在這座國家公園豎立兩個不同招牌，進行決策測試以及控制組測試，看看三個不同訊息如何影響行為變化。他們還在沿路上擺放許多「容易偷」的石化樹木，以便得知會有多少被偷。招牌內容是：

招牌一──有社會標準：「過去許多訪客從公園帶走石化樹木，摧毀石化森林的自然環境。」（旁邊有一張公園訪客帶走木材的圖片。）

招牌二──無社會標準：「為了保護石化森林的自然環境，請勿從公園帶走石化樹木。」（招牌上有張訪客帶走木材的圖片，上有全球通用的「禁止」標誌：一個紅色圓圈與一條斜線。）

最後的狀況是完全沒有設立招牌，作為研究的控制組。

讓人震驚的是，他們發現無招牌的偷竊率是 3%，招牌一（有社會標準）偷竊率是 7.9%。這代表與全無招牌相比，有社會標準招牌讓偷竊率增加了 160%！「人人偷竊與傷害環境」的招牌不但沒有阻止偷竊，反而**促進**偷竊行為。

另一方面，招牌二（無社會標準）效果如同預期，將偷竊率降至 1.67%。

這裡我們看到什麼？我們認定的**社會規範**大大影響了我們的決定與行為，其影響力經常大於個人利益甚至道德標準。在最極端狀況中，這種「社會規範優先」能夠解釋納粹軍人犯下的許多惡行，如果當時他們生活在另一個國家，本來可能是善良的人❺；或者解釋「人民聖殿農業計畫」（Peoples Temple Agricultural Project）的集體自殺行為❻。

著名的童話故事小木偶皮諾丘（Pinocchio）有個夢想──成為和其他人一樣的正常男孩。或許在內心之中，我們都有些和皮諾丘雷同的地方。

平常人要比平常高明

關於「社會規範化」如何影響我們的行為，學界已有諸多研究。看到其他人如何表現的時候，我們經常與他們立下的規範比較，據此調整自己的行為。無論我們是否認為其他人認同我們的地位，事實上我們在同儕之間的社會地位，經常成為一項強烈動機。

有趣的是，當學者研究相對於其他人，人們如何認知自己的時候，發現大部分人對於幾乎任何問題，都認定自己「高於平均」。就統計而言，這當然是不可能的事。

　　對內布拉斯加大學教師進行的一項調查發現，68% 教師認為自己的教學能力屬於前 25% 之列[7]。相似的是，對史丹佛大學 MBA 學生進行的調查發現，87% 相信他們的學業表現高於平均[8]。甚至在中學生之間，一項隨 1976 年學術能力測驗（SAT）進行的調查顯示，85% 學生相信自己的社交技巧優於平均，另有 70% 相信自己的領導能力高於平均。事實上，25% 學生將自己的社交技巧歸於前 1% [9]。當你向這些「高於平均」的人說明，他們其實並沒有明顯高於平均之後，他們經常決定改變自己的行為。

　　關於社會認同力量，有份重要研究是以旅館浴室內的訊息為主題，這些訊息敦促貴賓為保護環境重複使用浴巾[10]。在各種訊息版本中，有則強調社會認同的浴室訊息是「加入其他貴賓幫助保護環境的行列」，並且提到 75% 貴賓已參加重複使用浴巾計畫。

　　結果，看到 75% 貴賓（據此建立一套「社會規範」）重複使用浴巾的人，重複使用浴巾的比率會增加 25%。有趣的是，研究使用了另一則針對特定房間的訊息，表示「**本**房間近 75% 貴賓重複使用浴巾」。這種訊息帶來更佳結果，因為「同理心」原則指出你與一個團體關係愈密切，你就愈可能符合其社會規範。

　　這種行為代表了第一項核心動力：重大使命與呼召，以及第五項核心動力：社會影響力與同理心的有趣結合。

　　第五項核心動力非常明顯。當你相信重複使用浴巾是種社會規範時，你會有更強的傾向這樣做，尤其是在有高度**同理心**的時候。然而，這裡也動用了有點突兀的重大使命與呼召感受。無論你是否重複使用浴巾，其實都不會有人注意，所以為什麼社會影響力會影響到你呢？這點回到的精英主義的作用。因為你覺得自己是團體的一部分，需要表現得像團體其他人一樣。即使團體永遠不會發現你的所作所為，這樣做的目的仍然遠比你個人重要。這樣的行動（或者不採取行動）讓你的品德受到質疑。

　　當然，如果旅館告訴你說你的照片與重複使用浴巾行為，將會讓過去每個住進此房間、並且重複使用浴巾的貴賓知道（假定沒有隱私權顧慮），突然之間你會有

更高的社會影響力與同理心動力，驅使你採取期望行動（大部分是以黑帽方式驅動，我們會在第十四章討論這點）。

為了進一步說明此一概念，讓我提出另一份關於社會從眾的研究，主題是加州聖馬可市（San Marcos）數百個家庭門把上懸掛的公共服務訊息。這些訊息鼓勵住戶使用電扇而非空調，但是運用不同理由與動機進行說服。

有則訊息告訴住戶，這樣做每月可以省下 54 美元電費。第二則訊息說明，這樣做每月可以減少 262 磅的溫室氣體排放。第三則訊息告訴住戶，轉用電扇是他們保護環境的社會責任。第四則訊息通知住戶，77% 鄰居已從空調轉用電扇，還有這是「本社區廣受歡迎的選擇！」讀到這裡，你應該可以猜到贏家是哪種訊息。與另外三種少許運用第四項核心動力以及第一項核心動力的訊息相比，強大的第五項核心動力訊息傳達「像你的每個人都這樣做」，結果大幅領先。與控制組相比，接收此一訊息的住戶用電量減少了一成，其他各組的耗電量則減少不到 3% ❶ 。如同研究結果顯示，讓使用者知道其他「精英」使用者的行為，是一種驅使他們採取期望行動的簡單有力方式。

團隊內的社會影響力 vs. 重大使命

第一項核心動力：重大使命與呼召，以及第五項核心動力：社會影響力與同理心之間，存在一種有趣的動能，能夠在團隊關係與領導力的執行中進一步顯現。

在團體之內，領導人的動機經常來自重大使命與呼召。他們通常是團體內具備長遠願景的人，了解願景對團隊每個成員發生的作用。為了實現此一願景，他們經常願意犧牲自己的福祉，以求達成讓他們充滿熱情的崇高意義。

然而，團隊成員的動機經常來自社會影響力與同理心。他們執行任務的原因是團隊領導人要他們這樣做，以及不想被認為是懶惰蟲（這是損失與避免的一部分）。他們對於更崇高意義以及願景的相信，不見得高到能夠驅動他們的行為。但是如果領導人充滿驅動力或個人魅力，他們會為此一願景採取期望行動。

　　一般而言，領導人的目標是激勵每位成員感受到重大使命與呼召的驅動。如果每個人都對計畫的崇高意義，或是企業使命感到熱情，而且願意作出個人犧牲，推動大家的工作順利前進，領導人就算成功達成任務。

　　另一方面，如果領導人失去重大使命與呼召，動力只剩下社會影響力與同理心，團隊就會從內部開始分崩離析。這時候，領導人已不再受到團體的崇高願景驅使，只是為了讓成員高興而工作。他們現在成為缺乏安全感的領導人。缺乏安全感的領導人就是沒有效率的領導人。

　　當你領導團隊的時候，永遠不要忘記這份重大使命與呼召。當然，你會不斷密切注意每位成員的感受與動機，以及激勵他們的核心動機。然而，如果你每天念茲在茲的要務只是讓他們感覺良好，你會擁有一個快樂的團體，但是什麼事都做不成，最後以失敗收場。完全相反的作法也一樣：忽視團隊的福祉，你會有個不愉快的團體，為了達成任務精疲力竭，不停掙扎。

矛盾的企業競爭

　　伴隨領導能力而來的議題，是職場中的競爭概念。當潛在客戶找上門來，向我尋求內部遊戲化的支援時，大都會向我問到職場競爭的問題，以及如何執行才能提升生產力與辦公室的動能。

　　幾乎和我談過的每家公司都認定，競爭一定會帶來趣味，而且對建構健全的辦公室文化至關重要。不幸的是，雖然職場競爭可以在不同情境中發揮用處，卻也經常帶來反效果，長期下來會傷及團隊士氣。

　　職場競賽的問題是評量暫時性的活動增加相當容易。尤其是驅動評量分數上升的前 10% 員工。然而，察覺其他 90％ 員工動機逐漸減弱，以及競賽在職場中帶來的反合作壓力，卻沒有那樣容易。

　　許多競爭性職場會創造不健康環境，使得員工將自我利益置於公司利益、甚至客戶利益之上。個人不但不會為公司與客戶的成功努力，反而只將重心放在贏得內

部競爭，以及超越同事之上。

即使一般而言，競爭會創造腎上腺素興奮感，以及帶來迫切感，大部分人類都不喜歡一直處於競爭狀態之中。當我們的祖先努力在野外求生時，腎上腺素興奮感只是為了生存短暫使用，而非一種長期狀況。

我的同事馬利歐‧赫格（Mario Herger）是職場競爭遊戲化的頂尖專家之一。他指出競爭經常違反企業的基本意義。企業的組成是把人們聚集起來，以合作方式集合他們的不同長處[12]。一家有效率企業的基本設計是運用其綜合才能，建立比個人更強大的力量。

如果在一場重要比賽之中，一支籃球隊隊員彼此競爭，而非對抗對手，他們會打得更加自私、不願傳球、以及試著讓自己成為明星球員。在職業與大學籃球之中，除了像二分球投籃、三分球投籃、失誤、以及其他個人表現等標準數據之外，另一項重要數據就是**助攻**。助攻代表傳球給隊友立即得分的次數。

研究顯示，最成功的進攻隊伍得分受助於助攻的比率更高。這是因為助攻帶來更高品質的投籃，造就更高的命中率，以及球場上更大的成功。事實上，72% 的 NBA 球賽是由擁有較高助攻數字的隊伍贏得[13]。在各方面成績都會進步的前提之下，即使球員仍是受到想要成功的個人利益驅使，強調**助攻**仍會提升彼此團結與團隊合作。

在職場中引進競爭的時候，我們需要對風險與益處進行仔細分析，找出這樣做是否會對員工帶來顯著的長期傷害，最後傷及企業。

在員工面對的日常挑戰之外加入競爭帶來的壓力，經常會增加不堪負荷與表現脫軌的可能性。員工可能產生更強的動機想讓其他人失敗，甚至在其他地方尋求新的機會。在我的經驗中，當周圍的人不斷討論辭職的時候，常見的原因都是與上司或同事之間的互動關係不良，而非他們的任務變得太過困難。

關於失效的職場競爭，最廣為人知的例子之一是奇異公司的「評分汰除」（Rank-and-Yank）系統，定期將單位內考績最低的一成員工開除。另一個例子是微軟的「比較評分」（Stack Racking）系統，員工的升遷期望需視他們在同儕之間

的排名而定。

　　我有位多年以前在奇異任職的朋友說道：「評分汰除系統使得每個人都僱用比自己差勁的人，這樣他們絕不會有被汰除的風險。面試到優秀候選人的時候，我們會確保他們永遠不會被錄取，否則會讓我們自陷險境，或者領到較少的分紅。」

　　由庫特・艾肯華德（Kurt Eichenwald）在《浮華世界》（*Vanity Fair*）發表的一篇文章指出：「我訪問過的每位——真的是每一位——現任與前任微軟員工都表示，比較評分是微軟內部破壞力最強大的措施。」[14]《富比世》（*Forbes*）的彼得・柯漢（Peter Cohan）寫道：「〔比較評分〕使得〔微軟員工〕阻止同事獲得優秀考績，同時向決定排名的每位管理委員會成員大肆吹噓自己的成就。」[15]

　　如同各位所見，職場競爭能夠對公司士氣帶來強大破壞，尤其是在經濟不景氣與充滿不確定，員工最擔心被資遣的時候。另一方面，新創公司之中的團隊合作動能會更為一致，因為員工經常能夠獲得配股。這樣的話，只有在公司面對行動遲緩、內部鬥爭的業界巨擘時，卻仍能保有競爭力的狀況之下，員工才算得到「勝利」。相對於個人化的排行榜，這是一種合作的團體破關，讓達成公司願景成為員工的動機，為他們的持股創造更高價值。

如何正確落實競爭？

　　對於設計職場中的競爭，馬利歐・赫格提出以下考量[16]：

競爭會在以下狀況中順利進行：

- 在玩家以精通任務為目標的狀況中
- 在獲益導向的情境與心態中，玩家重心放在成為贏家
- 當參賽者達到個人最佳表現區間（Individual Zone of Optimal Functioning）時，這代表他們的渴望與激勵層級達到更高的注意力狀態[17]
- 當玩家關心團隊福祉的時候
- 當玩家摩拳擦掌準備克服障礙，而非準備達成目標後要做的事

- 面對衝突帶著合理的憤怒
- 當面對公平戰鬥，玩家覺得有機會取勝的時候
- 當玩家關心競爭對手的時候（對手是朋友，而非世界中的每位陌生人）

競爭會在以下狀況中遭遇不順利：

- 在以學習為重心的環境中
- 在以防堵為導向的狀況與態度之中，這時玩家重點是不要成為輸家
- 當團隊氣氛過於和諧，競爭變得尷尬的時候
- 需要創造力的時候
- 當競爭被認定不公，沒有成功機會的時候

　　雖然遊戲化機制與元素能夠被用來激勵員工，以及提倡公司想要看到的行為，每項競爭計畫都應該經過仔細考量，並且小心翼翼地設計流程。隨意使用競爭模式的遊戲元素會有助短期的銷售活動，但長期而言可能帶來破壞與反生產力的效果。

　　與其採取零和策略激勵表現最佳的成員，我們應該考量能夠集結眾人之力，帶來有效合作的策略。長期來看，這套作法通常會比個人化的職場激勵更為有效。

　　合作性遊戲能夠幫助保持與改進正面的企業文化，以及支持與鼓勵才能與技能的發展。在此同時，這會在真正重要的地方——在外面的市場之中——增強競爭力。

社會影響力與同理心之下的遊戲技巧

　　你已對第五項核心動力：社會影響力與同理心的動機與心理本質學到更多知識。為了讓這些知識成為行動的基礎，以下我列舉一些大量運用這種核心動力吸引使用者的遊戲技巧。

師徒關係（第 61 項遊戲技巧）

本章之初，我分享了在《平行王國》這樣的遊戲之中，強大的師徒關係力量。而在每種需要持續動機的活動媒介之中，此一關係也是一種持續有效的工具。

美國大學最有名的特色之一是學生社群團體，這些社團是由非常活躍的兄弟會或姐妹會組成。對於新會員，許多兄弟會都設有需要漫長投入的入會儀式。在入會的嚴格程序之中，兄弟會使用一套「大哥／小弟」系統，讓組織的資深會員與新的候選會員配對，展開長達一學期的訓練過程，這又稱為「立誓期」。

大哥的任務是擔任師傅，不但要提供指引，更要提供情感支持，讓曠日廢時的立誓期變得容易一些。這種作法已超過一世紀，足以證明能夠改進入會會員的加入體驗。

設立師傅可以幫助員工與職場文化以及環境產生更佳連結。這樣做還能有效提升工作滿意度，降低員工流動率。

不幸的是，大部分組織都要求個人主動自行尋找師傅，使得找到良好對象成為一件難事。這正是為何創造一套系統化師徒制度，根據能力讓員工配對，能夠對企業帶來諸多好處的原因。我推薦師徒制應該在面試階段開始，面試官不應只是考驗面試者，更應幫助他們改進表現。

無論面試者錄取與否，說出像是「如果你獲得錄取，我會擔任你的師傅，幫助你開發潛能」這樣的話，會讓你的公司更加吸引求職者。更有甚者，對於收到錄取信的求職者，這樣做會增加報到率，因為他們覺得貴公司從一開始就會照顧他們。這會大幅加快他們融入辦公室文化與環境的速度。

師徒關係的另一項好處，是在結束階段幫助老手玩家繼續投入遊戲。在玩家旅程的四個體驗階段之中，我們知道結束是最受忽視、同時也是最難優化的階段。結束階段的優秀師徒關係設計，能夠讓資深員工覺得他們的努力已證明自己的地位，能夠經由師徒關係向新員工展現他們的技巧（之後，我們將詳加討論結束的設計）。

在組織之內運用師徒關係的好處非常明顯，但是如何運用這樣的關係激勵組織

之外的人呢？

客戶支援的師徒關係設計

對於直接面對消費者的網站，師徒關係可以帶來效果強大的提振作用，對象包括電子商務市場與相關的網路社群。

在為電子商務公司擔任顧問的經驗中，我的觀察之一是大部分網路社群的來電都不是討論技術問題或程式錯誤，他們最常提出的問題是「這要怎麼做？」。正常狀況下，客戶支援代表會帶領客戶走完非常簡單的訓練流程，藉以回答他們的問題。流程之初可能是「現在按下右上方的『設定』。很好！現在拉下選單，找到『隱私設定』」。

這種方式的效率不高，原因是：

1. 使用者對於和「客服」人員談話不會充滿興奮，因為他們相信這些人員不會真正同情他們的問題，或是了解他們的需求。當客服人員來自另一個國家時，這種狀況更加明顯（缺乏**同理心**）。
2. 客戶服務的成本可能非常高昂，尤其是當大部分成本都花在解決這些「如何做到」的介面問題。
3. 網站的新手使用者對於平台或使用者社群都沒有投入感。與社群的中堅分子相比，他們並無同樣的行為動機。
4. 對於達到較高地位，網站的資深使用者並沒有滿足感，可能會開始覺得疏離。

解決方案？讓資深使用者支援新手！如果資深使用者每次登入網站，就彈出一個小小的視窗，讓他們滑動上面的開關到「我能夠擔任師傅」的位置，經由網站的聊天介面，回答新手使用者的問題。

在這種狀況中，無論電子商務市場的新賣家何時碰到問題，都可以選擇與一位

資深賣家連線。後者已經「見識過一切」，能夠指導新手賣家達成讓人振奮的銷售目標。資深師傅能夠提供有用資訊，像是「為了調整隱私設定，你要到設定頁面的最底端。噢，還有，無論你何時要賣東西，都要上傳至少四張圖片。這樣通常賣得最好。發現這種現象之後，讓我得到的買家評分提高近一倍」。

當然，如果資深專家無法回答問題，新手可以馬上按下「與客服代表談話」的按鈕。但是一般而言，人們都喜歡與經驗豐富的師傅對話，因為後者不但能解決他們的介面問題，更能作為想要成為的偉大榜樣。

用不著說，這正是電子商務公司喜歡的作法，因為這讓每位跳過無聊介紹的新賣家，都能以引人投入的方式學習成為優秀的賣家。

每個月底，電子商務網站會計算資深使用者累積的「師傅時數」，換算為手續費折扣或扣抵快遞費。由於成功的資深使用者通常都有大額銷售量，這些優惠將成為有力的刺激。如同第七章提到，你向使用者提供「加速器」作為幫助提升核心活動的獎勵，正是最理想的狀況。加速器功用如同幫助攝影的白色反光板，或者直接從賣家家中出貨的快遞服務一樣，能夠增強使用者的投入程度，驅使他們採取期望行動。

對於電子商務網站，這是相當經濟有效的作法，因為與營運支援團隊的昂貴成本相比，手續費折扣或免費快遞的費用其實微不足道。這樣一來，資深使用者得到他們的狀態獎勵與分紅，新手使用者的問題得到回答，而且覺得自己成為廣大社群的一分子，網站則省下龐大的支援成本，同時在平台上擁有投入程度更高的專業賣家。這是多棒的三贏局面。

自誇按鈕（第 57 項遊戲技巧）與獎盃架（第 64 項遊戲技巧）

自誇是一個人明確與大聲地表達自己的成果與成就，獎盃架則讓人不必真正開口，就能清楚展現他們的成果。

直覺上而言，鼓勵使用者到處自誇，以及展現他們的成果，是吸引新玩家以及留住老手玩家的好方法，但是這兩種技巧分別有其適用情境。

　　關於宣傳自己對於成果的感受，自誇按鈕是一種使用者能夠利用的期望行動，驅動力是第二項核心動力：發展與成就。換言之，自誇按鈕是一種小小的行動工具與機制，讓使用者宣傳自己有多棒。以《神廟逃亡》（Temple Run）遊戲為例。每回合遊戲結束時，使用者可以迅速輕易地按下一個按鍵，在臉書、Instagram、以及推特上分享高分的截圖。

《神廟逃亡》截圖

　　隨著遊戲愈來愈受歡迎，人們會與那些已經累積數百萬分的玩家競爭，高分的使用者會自豪地貼出分數，向所有人公告周知。

　　時至今日，許多遊戲與網站都鼓勵使用者利用每個介面，與好友進行更多分享。大部分的自誇按鈕都被玩家忽視，因為他們缺乏強烈的第二項核心動力動機（各種核心動力之間的互動與關係，以及它們如何彼此推動，將在更高階的八角框架之中討論）。當使用者對於剛剛完成的成就感到很爽的時候，你會希望利用自誇按鈕作為主要的破關狀態。

　　另一方面，獎盃架是讓使用者清楚展示成就的方式。換言之，使用者只要立起獎盃架，再做些宣傳。接著每個路過的人都會看到與承認這些偉大的成就。

　　你走進別人辦公室時，會看到牆上掛著各種獎狀、證書、以及證明，這也是獎盃架的一種。這些專業人士不見得想要隨時都吹噓他們如何從史丹佛大學高分畢

業，以及擁有第四級八角分析證書，但是掛在牆上可以讓他們默默展現這些成就。

　　同樣的道理，在自傳的名字後面加上博士頭銜，通常也被認為是一種獎盃架。然而，一旦開口介紹自己是「某某博士」，他們就已按下自誇按鈕。

　　在遊戲領域中，獎盃架最常見於皇冠、徽章、或是角色。在許多遊戲之中，玩家必須達成困難或特定的里程碑，才能獲得某些角色裝備或物品，這些里程碑包括擊敗特定怪物、邀請一百位朋友加入遊戲、或者只是從遊戲推出以來玩到現在。無需煩人的不斷吹噓，這已讓大家清楚看到這位玩家達成的諸多成就。

　　請記住一點，當某人自誇或展示某些東西的時候，需要有某些程度的同理心。當大家都了解到達到某一級需要多少困難付出的時候，人們更傾向自誇或展現自己的分數，因為他們知道其他人曉得獲得這些分數有多麼困難。

　　對於運用自誇按鈕機制吸引新玩家，《神廟逃亡》表現得非常成功。這種作法幫助該遊戲成為史上最成功的行動遊戲之一，至今總下載次數已超過十億次[18]。對於一款只是讓角色不斷向前跑的單調遊戲，這倒是不差的表現。

　　不幸的是，《神廟逃亡二》介面中，自誇按鈕的設計變暗淡了，根據第六章討論的醒目選擇和沙漠綠洲遊戲技巧，我相信玩家分享分數的頻率會降低。

團體破關（第 22 項遊戲技巧）

　　另一種運用第五項核心動力：社會影響力與同理心的遊戲技巧是團體破關。對於合作遊戲以及病毒行銷，團體破關是種非常有效的作法，因為這需要團隊的參與，個人才能達到破關狀態。

　　《魔獸世界》是一款成功使用這種技巧的遊戲，這是暴雪娛樂推出的另一款大獲成功、讓人上癮的遊戲[19]。在《魔獸世界》之中，許多任務的挑戰程度之高，必須有 40 名最高階玩家組成的團隊一起合作，每位玩家根據專長負起責任，才有機會完成任務。該遊戲設計得當，這 40 名玩家的需求不是由程式規定，而是使用者發現如果只有 39 名玩家，就會功虧一簣。

　　這點鼓勵許多玩家組成部落與公會，定期協調攻擊行動。人們會有固定登入的

動機，因為社交壓力讓他們不願脫隊。

　　星佳遊戲的《農場鄉村》是另一個運用團體破關的遊戲。這些任務要求使用者邀請農夫好友組隊，在二十四小時內產出一定數量的收成。這款遊戲迫使你不但要邀請朋友加入，更需要他們與你合作，這要比「我剛開始這個遊戲。點選此一連結！」的垃圾訊息有效許多。

　　在遊戲領域中，團體破關已存在數十年之久，但是最近才被商業領域採納。在2008 年底，剛成立的新創公司酷朋（Groupon）發現，如果能夠運用團體破關，讓足夠人數的消費者加入一項折扣，藉以獲得大幅折扣的話，其業務與消費者都會得到強烈動機[20]。

　　該公司開始宣傳如果「超過兩百人購買」，就會提供四折優惠。基本上，只有團體內有足夠人數採取期望行動邁向破關狀態，每個成員才能夠獲得折扣。想當然耳，想要得到大幅折扣的人開始邀請朋友「一起參加這筆好康」，使得當年的該公司大獲成功。

　　雖然由於營運問題，酷朋未能實現日後投資人希望發揮的全部潛力，但是該公司單單使用團體破關遊戲技巧，仍在 2013 年創下 25.7 億美元營收，以及 14.8 億美元獲利[21]。像是 Kickstarter 與 Indiegogo 等公司也運用類似的團體破關模式，成為廣受歡迎的群眾募資服務，支援無法從投資機構取得資金的創新計畫發展。

　　遊戲之中充滿如此之多讓人著迷的概念，現在我們才剛將它們運用在現實世界。如果我們了解這些技巧，並且有效地將它們運用在有意義的計畫之上，或許能夠創造出下一家十億美元公司。

社交寶藏（第 63 項遊戲技巧）

　　社交寶藏是只有朋友或其他玩家能夠給你的禮物或獎勵。

　　回到《農場鄉村》最受歡迎的時候，遊戲中有些無法經由正常管道獲得的虛擬物品，這些正常管道包括以真正金錢購買。唯一獲得這些物品的辦法，是由好友按下「送給好友」按鈕傳送給你，你的好友在整個過程中全無損失。由於這種設計，

當人們想要這些特別的社交寶藏物品時，只需要彼此贈與就能確保結果是雙贏。

　　當然，這會讓人們邀請朋友加入遊戲，以便獲得更多得到**社交寶藏**的機會。

　　很快人們會不斷在臉書上向好友要求物品，糾纏好友送給他們各種物品。雖然這變得很煩人，甚至對許多臉書使用者造成困擾，卻很有效地吸引更多玩家參與遊戲，在數百萬個網頁上為遊戲做出大篇幅廣告。

　　記得在 2007 年左右，人們不斷在我的臉書頁面上貼文，要求我送給他們《農場鄉村》的山羊。收到數次這樣的訊息之後，我覺得很困擾，乾脆回覆：「我不玩《農場鄉村》。」以為這樣不會有人再來問我。不幸的是，我收到以下的回答：「嘿，沒關係，你只要建立一個《農場鄉村》帳號，我也可以給你一隻山羊！」這讓我想到，他們真的以為我對山羊如此重視，甚至會有建立一個《農場鄉村》帳號的動機。

　　時至今日，社交寶藏還出現在《糖果大爆險》之內，可讓玩家得到更多條命，或者當你在《憤怒鳥英雄傳》（Angry Birds Epic）使用吃角子老虎／骰子獎勵機器時，可以獲得更多「重擲骰子」機會。

　　在真實世界中，最常見的社交寶藏是**選票**。在選舉或投票時，就算你想要，也能夠花錢這樣做，除了自己的一票之外，你不能（根據法律規定）為自己投下更多票。唯一讓你取得更多票數的方法，是讓其他人投票給你。

　　許多運用社會影響力的公司會舉辦「人氣競賽」，讓大家為自己的作品爭取最多票數。為了從社群網路得到更多票數，參賽者的朋友會收到作品連結的轟炸，順便向數千人宣傳這家公司。

社交刺激（第 62 項遊戲技巧）

　　另一項經常在第五項核心動力之下出現的遊戲技巧是社交刺激。社交刺激是一種以最小出力創造社會互動的措施，經常簡單到像是按下按鈕。最好例子包括臉書按戳（Poke）／讚，以及 Google 的 +1。

　　臉書剛推出時有個小小的「戳」按鈕，唯一功能是通知使用者有人在「戳」他

們。起先，這似乎很沒意義。我剛被人戳了一下？這是什麼意思？社交刺激的好處是使用者不需要花時間想出詼諧的回答，或是在只想進行快速、基本的互動時，會說出聽來很愚蠢的話。

被戳一下的時候，你不會知道其意義，但是也不會為此操心。現在雙方都覺得無需再大費周章，你們已經進行社交互動。

另一個較不明顯的社交刺激例子是領英的「肯定」。專業人士的社交網路通常擅長於左腦核心動力（外在傾向），像是第四項核心動力：所有權與占有欲——因為你的個人檔案代表你的人生／職涯，以及第二項核心動力：發展與成就——因為這些是你達成的真正成就。

然而多年以來，領英一直無法成功執行許多右腦（內在傾向）核心動力，讓使用者持續投入領英。大部分人在領英建立個人檔案之後，就放著不管數個月之久。有的人會參加封閉式社群或專業人士論壇。但是一般而言，只有相當少數的領英使用者會運用這些服務。

這正是為何過去數年間，領英一直致力運用第五項核心動力：社會影響力與同理心，讓你知道你與某些人、推薦、以及背書之間有多少共通之處。

領英的推薦其實應歸類為社交寶藏，因為它們是只有其他人能夠贈與你的寶物。不幸的是，這些推薦要花許多時間與力氣執行，所以這些年來推薦的成長率一直不高。

另一方面，背書是一種社交刺激，其設計目的並無太大意義，但是很容易執行。推出之初，領英甚至設計了按鈕，可以一次為四個人背書，讓你不需要多加思考，就可以迅速為數十人提供肯定。

領英的肯定按鈕

　　然而，大部分人其實都不清楚，這位仁兄是否真的擅長所有列出的項目。如果你只想為其中一項你確認的技能背書，你無法單單選擇此項技能。你必須點選「×」符號，慢慢消除其他列出的技能，才能為你知道的那項背書。大部分人都不會這樣麻煩，乾脆點選「背書全部技能」按鈕。

　　這顯示**就設計而言**，領英並不希望背書成為有意義的舉動。其設計目的是簡單、不須多想、以及充裕。

　　於是，使用者開始到處為彼此背書。這導致領英每天對使用者發出多封電子郵件，通知他們剛被朋友背書。這些郵件刺激他們做出回報，於是前往領英為朋友背書。

　　雖然從職涯發展的觀點來看，這些背書意義不大，但是藉由讓使用者漫無目的地彼此背書，在領英上面終於有件**可做的事**。

順從之錨（第 58 項遊戲技巧）

　　我們之前已看到社會規範化的威力。另一項我稱為「順從之錨」的遊戲技巧，則將此一效應運用在產品或體驗之中，經由回饋機制展現使用者與社會規範多麼接近。

　　軟體即服務（SaaS）業者 Opower 是一個運用順從之錨的很好例子，該公司業務是向公用事業公司提供服務。Opower 的使命是減少我們的整體能源消耗。該公司的商業模式是受到本書已提到數次的羅伯特・席爾迪尼啟發，他是第四與第五項核心動力，以及我們即將討論的第六項核心動力：稀缺性與迫切方面的專家。

　　Opower 發現，激勵家庭減少耗電的最佳方式，是製表讓他們看到與鄰居的比較。

你家與鄰居的耗電量比較

　　運用這項介面，Opower 據稱在 2007 年至 2013 年間，讓全球一千六百萬個家庭減少 2.6 兆瓦小時耗電，相當於省下三億美元[22]。該公司的成就得到歐巴馬總統讚揚，獲得聲望崇高的世界經濟論壇列為科技先驅，並且列入 CNBC 的五十大破壞性科技業者名單[23]。

　　當 Opower 在水電帳單中運用順從之錨的時候，出現一個始料未及的現象。省下最多電力的家庭開始耗用更多電力，因為他們覺得現在可以放鬆腳步，更貼近社會常態。

　　有鑑於此，該公司開始對那些表現優於平均的家庭使用笑臉符號，至於表現最優秀的家庭會得到兩個笑臉符號，藉以強化第二項核心動力：發展與成就。據稱這樣可以有效降低負面社會規範化的效應，阻止頂尖的使用者決定向平均值靠攏。當然，Opower 還可以採取其他措施，在流程之中加入其他核心動力，刺激使用者的行為。但是到目前為止，笑臉符號似乎相當有效：）。

飲水機（第 55 項遊戲技巧）

　　另一個在系統中強化社會影響力與順從之錨的方式，是建立飲水機。在美國企

業辦公室文化中，飲水機是大家在工作中短暫休息，閒聊各種與工作無關主題的地方。大部分談話主題都是辦公室八卦或抱怨，扮演積極凝聚員工的角色。

飲水機的例子之一是在網站上引進論壇。對於團結社群以及彼此分享想法，論壇是非常有效的辦法。為了此一目的，論壇還提供一個宣揚**社會規範**的環境，同時可以連結老手與新手使用者，提供建立師徒關係的機會。

剛剛加入《吉魔》遊戲時，我對於花錢購買虛擬物品猶豫不決。如果不花錢的話，我最多只能捕捉十隻怪物。在這之後，當我想要捕捉更多怪物的時候，我必須「蒸發」一隻已有的怪物。這種稀缺性設計（第六項核心動力）吸引我花費更多金錢，但是我一直堅持立場，在沒有投入金錢的狀況下痛苦地繼續玩下去。

然而，當我拜訪該遊戲的論壇時，發現許多人在討論如何花費買來的金幣，好像這是再尋常不過的事。在這之後，我被論壇建立的社會規範影響，對於花費幾美元解鎖幾個空位捕捉更多怪物，完全沒有心理負擔。

讓人驚異的是，遊戲停止營運兩年之後，我發現《吉魔》論壇依然存在，一些忠實玩家仍在彼此分享從前愉快的時光。

《可愛怪獸戰鬥營》（Battle Camp）[24]是另一款訓練怪獸，然後與其他玩家組隊打怪的行動遊戲。在遊戲中花錢的玩家被稱為「造幣人」，許多團隊貼出這樣的訊息：「我們只接受造幣人。」玩家則在回覆中請求：「我不是造幣人，但是我不睡覺的每個小時都在玩遊戲。請讓我加入你們的團隊！」一般造幣人每週在《可愛怪獸戰鬥營》花掉 50 至 100 美元，算是稀鬆平常。

值得注意的是，當你在系統內引進一個像是飲水機的論壇時，很容易會出現長期缺乏活動的問題。一般而言，論壇不太能夠創造社群，而是擅長讓已經成立的社群有個交流場所。如果使用者拜訪一個新論壇，看到裡面一片空蕩蕩，就會強化負面的社交證明。如同我們在本章中看到，這項過錯只會打消使用者採取期望行動的動機。

重要的是首先創造一個交流頻繁的強大社群，然後引進飲水機釋放社交能量。不然的話，你會擁有一間設有飲水機的辦公室，但是裡面沒有員工。

第五項核心動力：全面觀點

在遊戲化領域，社會影響力與同理心是受到最多研究與運用的右腦核心動力，發展與成就則是研究最詳盡的左腦核心動力。

大部分人都體認到，花時間與朋友相處是一項本質上有趣的活動。相對於第三項核心動力：賦予創造力與回饋，以及第七項核心動力：不確定性與好奇心，社會影響力與同理心帶來更多樂趣。這項核心動力也使得第一項核心動力：重大使命與呼召更有意義，也給第二項核心動力：發展與成就帶來更大成就感。此外，對於第四項核心動力：所有權與占有欲，社會影響力與同理心讓人們能夠自我評量成果，以及讓別人對於沒有的東西產生羨慕感（第六項核心動力：稀缺性與迫切）。

然而，還有一種叫作過猶不及的東西存在：當許多平台過分運用這套機制，散布大量好友垃圾信的時候，樂趣與合作等原本的社交目的就會消失。如果你的朋友覺得你做的一切都是為了左腦的自我利益目的，你會開始失去他們的信任，被當成只想利用朋友牟利的網路行銷人。

馬上動手做

入門：請想出你擁有師傅的時期。你是否因為師傅改變自己的行為呢？如果你從未擁有師傅，請構想得到一位師傅的計畫。

入門：請想出一份你收到的社交寶藏，或者你被要求給予的社交寶藏。其設計目的是鼓勵要求者散布品牌或計畫的名字嗎？

中級：請想出另一個重度仰賴順從之錨改變行為的例子。順從之錨如何被利用，還有可以如何改進？

高級：請想出如何在目前執行的計畫中加入團體破關，激勵使用者採取期望行動。這項團體破關有個主題嗎？能否運用全套收集品與加速器，讓此一挑戰變得更引人投入？

請將你的想法加上標籤 #OctalysisBook，在臉書、推特或你喜好的社群網路上分享，看看別人有何想法。

加入運動

　　讀到這裡，你已經成為加入八角框架迷臉書社團「八角框架探索者」（Octalysis Explorers）㉕的絕佳候選人。請到臉書上搜尋社團，然後要求參加的邀請，看看其他像你一樣的學習者如何運用八角框架。感謝麥克・芬尼（Mike Finney）創辦與指導社團。

第 10 章

第六項核心動力：
稀缺性與迫切

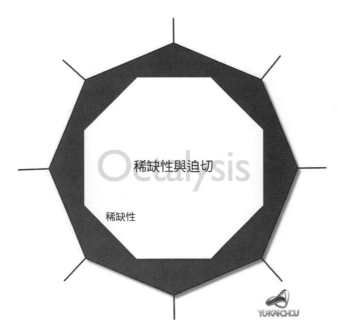

稀缺性與迫切是八角框架架構的第六項核心動力。這項核心動力帶來的激勵，完全出於我們無法馬上得到某樣東西，或者因為非常難以得到這樣東西。

想要得到我們無法擁有的事物，是一項人類天性。如果桌上放著一碗葡萄，你也許不會在意；但是如果這碗葡萄放在你無法碰到的架子上，你可能會想道：「它甜嗎？我可以拿來嗎？什麼時候可以呢？」

　　就我個人而言，第六項核心動力是我學到的最後一項、也是最讓我產生好奇核心動力之一，尤其這項核心動力帶來完全不直覺、不理性、以及情感上難以運用的感覺。

　　本章之中，我們將探討這項黑帽／左腦核心動力、了解其力量、以及帶來行為改變的相關遊戲技巧。

誘惑變得不重要

　　《南方四賤客》（*South Park*）是由特瑞・帕克（Trey Parker）與麥特・史東（Matt Stone）共同創作的美國動畫情境喜劇，自推出以來廣受歡迎。這部動畫為我們帶來許多關於人類行為的教訓（當你看穿滿嘴髒話與血腥場景之後）。

　　在《阿ㄆㄧㄚˇ遊樂場》（*Cartmanland*）❶這集，充滿爭議的主角阿ㄆㄧㄚˇ從往生的祖母繼承了一百萬美元。他決定運用這筆錢的一大部分，買下一家營運不佳的主題樂園供自己玩樂，從此不必排隊。

　　阿ㄆㄧㄚˇ沒有把錢花在改善營運，而是買下全長38秒的電視廣告，炫耀「阿ㄆㄧㄚˇ遊樂場」是多麼有趣，以及強調只有他自己能享受。引人注目的廣告標題是：「阿ㄆㄧㄚˇ遊樂場超好玩，但是你進不來！」

　　曉得他需要更多錢僱用一名保全，阻擋朋友進來之後，阿ㄆㄧㄚˇ開始每天接受兩位顧客，以便支付保全開銷。他很快發現還要支付維修、水電、以及其他營運服務，所以他開始讓遊樂場接受每天三位、四位、數十位、接著是數百位顧客。

　　由於大家都曉得，阿ㄆㄧㄚˇ遊樂場不對外開放，當他們得知遊樂場開放給更多人進入的時候，大家蜂擁而至。

　　最後，人人都想要前往阿ㄆㄧㄚˇ遊樂場，使得這家接近破產的主題樂園變成該地區最受歡迎的樂園之一。該集中出現的專家，甚至將「你進不來」稱為天才百萬富翁阿ㄆㄧㄚˇ的神來之筆行銷妙計。

　　不幸的是，隨著更多人進入他的珍貴樂園，阿ㄆㄧㄚˇ變得非常可憐，最後將

樂園售回原所有人。接著，他又因為稅務問題處理不當失去所有錢，阿ㄆㄧㄚˇ每次都這樣。

　　你在這裡看到的是經由專屬性實現稀缺性的經典例子。雖然這是個誇張的例子，但是你在本章中將看到對於專屬性事物，我們的大腦生來喜歡追求。

　　在大眾媒體的另一端，電影《型男飛行日誌》（*Up in the Air*）❷的主角，由喬治克隆尼飾演的萊恩・賓漢（Ryan Bingham）是一位企業「資遣專家」，飛到各地協助企業資遣員工。在與年輕但充滿雄心的現狀破壞者，由安娜・坎卓克（Anna Kendrick）飾演的納塔莉・金納（Natalie Keener）的一場對話中，賓漢給我們上了一堂關於稀缺性、狀態、獎勵、以及排外性價值的課。對於自己為何迷上累積航空公司哩程，他這樣解釋：

賓漢：除非對我的哩程帳戶有益，不然我一毛都不花。

金納：所以，你累積下來做什麼？夏威夷？南法？

賓漢：不是這樣。哩程本身就是目標。

金納：就這樣？你累積只是為了累積？

賓漢：我們這樣說好了，我心裡有個數字，但是還沒有達到。

金納：這有點抽象。你的目標是多少？

賓漢：我不想說……

金納：這是一個秘密目標嗎？

賓漢：一千萬哩。

金納：好，一千萬不就只是個數字嗎？

賓漢：圓周率也只是個數字。

金納：嗯，我們都需要有個嗜好。不對，我……我……我不是瞧不起你的收集。我懂了。這聽來很酷。

賓漢：我會成為第七個做到的人。曾經走在月球上的人比這還多。

金納：他們會為你辦場遊行嗎？

賓漢：你會得到終身主管資格。你會見到總機師梅納・芬奇。

金納：噢。

賓漢：他們會把你的名字漆在飛機外面。

金納：拿自己的名字為東西命名會讓男人勃起。你們這些傢伙就是長不大。這
　　　就像小狗需要對每樣東西撒尿一樣。

　　除了收集、資格、以及成就（第四、五、二項核心動力）之外，對賓漢非常重
要的東西是「我會成為第七個做到的人。曾經走在月球上的人比這還多」。這點顯
示，由於這是此刻他（以及其他數十億人）無法得到的事物，在他心目中獲得的價
值更高。更吸引人的原因只是其高度專屬性。

稀有怪獸的價值

　　在之前提到的《吉魔》遊戲之中，玩家要捕捉怪獸，與別的玩家戰鬥。這款遊
戲與《寶可夢》頗為相似，但是會受到玩家手機定位地點的環境影響，例如在河邊
或沙漠中。

《吉魔》中的謀西

　　《吉魔》之中的某些怪獸只出現在非常有限或者特別的情境之中。由於這些怪
獸非常稀有，玩家願意花錢取得它們。

　　其中一個例子是「謀西」（Mozzy），這是一隻由火燄構成的火狐。

　　謀西只能在炎熱日子，或是在謀智（Mozilla，謀智火狐瀏覽器的開發者）營運的辦公室附近捉到。在這款玩家遍及世界各地的遊戲之中，這代表有的玩家根本無法捉到謀西。在論壇之中，玩家有時會說：「今年夏天，我爸媽會帶我去舊金山。我會租車開去山景市（Mountain View）。也許我會捉到謀西。真興奮！」

　　這項動力的另一個例子是《吉魔》玩家在遊戲過程中的聊天室即時對話。在以下我在玩遊戲時隨機選出的截圖中，請注意玩家多麼迫切想要獲得謀西。而且使用大寫強調：「為了謀西，我什麼都肯做。」

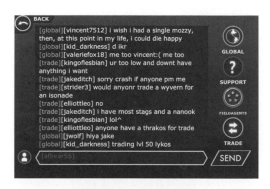

《吉魔》遊戲聊天室

　　以上的懇求看來有點偏激，但是以下的對話更進一步：

《吉魔》遊戲聊天室

在這裡，各位看到「vincent 7512」宣稱：「我希望有一隻謀西就好。這樣的話，人生走到這裡，我可以開心地去死。」

有人這樣說的時候，你以為其他人會回應：「別這樣……振作起來！這只是遊戲而已！」但是沒有。往下三行，你看到「valeriefox18」呼應同樣的感受：「我也是，文森 ＾＾ 我也是。」

這裡有個玩家社群，對於獲得謀西感到如此迫切，因此沒有把時間花在遊戲上，而是混在聊天板上發牢騷，覺得彼此「心有靈犀」。這實在相當極端，對吧？

《吉魔》的另一個例子是美麗的金色鳳凰勞瑞麗斯（Laurelix）。

《吉魔》中的勞瑞麗斯

為了捉到一隻勞瑞麗斯，你必須在溫度超高的地點，可以熱到華氏 110 度，差不多攝氏 40 度以上。這樣設計的結果是，一度全球只有三位玩家擁有勞瑞麗斯。如同各位可以想見，每個人都想要一隻勞瑞麗斯。遊戲公司甚至接到某位玩家母親來電，說道：「我兒子已經病了整整兩星期，他說只有得到一隻勞瑞麗斯，才能讓他振作起來。我不知道這是什麼，但是他說你們有這東西。我願意花 20 美元買隻勞瑞麗斯。你們可以給我兒子一隻嗎？」

有趣的是，謀西與勞瑞麗斯都不是遊戲中力量最強大的怪獸。遊戲中多的是更厲害的吉魔。但是由於這兩種怪獸非常難以獲得，使得它們在玩家心目中的價值暴增，幫助該公司從遊戲賺到更多營收。

讓人驚異的是，當某件事物如此稀缺的時候，會對使用者產生非常高的黏著

度。身為該公司顧問，我曾玩過這款遊戲一段時間（好啦，其實不只一段時間），幫助建立網上社群，以及協助該公司對全套技能樹與作戰系統進行重新設計與調整。完成之後，我成為一位被動顧問、退出遊戲、轉往「其他工作」。

整整七個月之中，我沒有碰過、甚至完全沒有想到這款遊戲（除了與執行長會面，對該公司的管理與營收策略提供顧問）。但是有天因公出差時，我人在一個酷熱的地方，熱到直接曝曬在陽光下時，我會覺得自己好像燒了起來。

就在這一刻，我沒有尖叫或抱怨，第一件浮上心頭、讓我脫口而出的事情反而是：「我在想能否在這裡捉到一隻勞瑞麗斯……」當時我的客戶正在帶我參觀，可想而知這句話讓他大惑不解。

即使我已經不想再玩這個遊戲，而且已經這樣超過半年，但勞瑞麗斯是如此稀有，我當然會這麼想：「嗯，當我**能夠**捉到一隻的時候，我也許**應該**捉一隻！」

不全是剩菜的剩菜

大部分人都以為，我們做出的購買決定是基於價格與貨品品質。購買被認為是理性地以金錢交換一件我們期望的物品。如果價格高於「實用性」或者我們能從這件有價品得到的幸福，我們就不會購買。

然而，心理學研究一再顯示，以上只有部分正確而已。我們購買東西不是基於它們的真正價值，而是基於它們**被認定**的價值，這代表許多的購買決定並不非常理性。

渥謝（Stephen Worchel）、李（Jerry Lee）、以及艾德渥（Akanbi Adewole）在1975 年共同進行一項實驗，測驗人們對不同餅乾罐內的餅乾渴望程度❸。這項實驗內容是兩個餅乾罐，一個裡面裝有十片餅乾，另一個裡面裝有兩片餅乾。雖然兩個罐子的餅乾完全一樣，這項實驗發現當罐內只有兩片餅乾時，人們會給予餅乾更高價值。這是因為兩個原因：（1）社會認同──出於某些原因，其他每個人似乎都偏好這些餅乾。（2）稀缺性──人們覺得這些餅乾快被吃完。

在這個團隊進行的第二項實驗中，一組參與者看著「十片餅乾」罐內的餅乾減少為兩片，另一組參與者則看著「兩片餅乾」罐內的餅乾裝滿至十片。在這種狀況中，人們會給予前者更高價值，後者的價值則出現下降。當人們看到原本只有兩片餅乾的第一個罐子裝滿餅乾時，他們給予餅乾的價值會低於第一個實驗中，一開始就裝有十片餅乾的罐子。

在這裡我們看到，當**認知充裕**存在的時候，動機就會開始減少。奇特的是，我們的認知經常受到相對變化，而非絕對價值的影響。相對於一年前擁有十億美元的人，一年前只擁有一百萬美元，現在卻擁有一千萬美元的人，對於手上財富的認知會有不同（感覺也不同）。

讓人心服的麻煩

如同以上例子顯示，我們的大腦會直覺地尋求稀缺性、不可得、或者正在減少中的事物。

奧倫・克拉夫（Oren Klaff）是一位專業銷售師與募款人，自稱運用一套他所**謂神經經濟學**（neuroeconomics）的系統化方法實現交易，這門學問結合了神經科學與經濟學。藉由深入我們的心理層面，以及吸引他所稱的人類「鱷魚」大腦，這套方法運用了多種核心動力，例如社會影響力與同理心、稀缺性與迫切、還有即將談到的第七項核心動力：不確定性與好奇心，以及第八項核心動力：損失與避免❹。

在《重新定義推銷》（*Pitch Anything*）❺一書中，克拉夫解釋了**大獎**的概念，以及這如何與他所稱人類「鱷魚」大腦的三項基本行為連結起來：

1. 我們追求正在遠離的事物
2. 我們想要無法擁有的事物
3. 我們只會對於難以獲得的事物賦予價值

他的研究顯示，銷售人員應該運用「一直要退出」（Always Be Leaving），而非「一直要賣」（Always Be Selling）的策略。如果你一直擺出想要退出討論的樣子，這就代表你並不急迫、被眾人追逐、以及不仰賴這筆交易。你就是「大獎」。如果正確執行的話，克拉夫宣稱錢會不停地流入你的口袋內。

經由以上方法，克拉夫已募到超過四億五千萬美元，而且宣稱此一數字繼續以每週兩百萬美元的速度增加。

奇怪但確實的是，當我們對某項事物設下限制的時候，在我們心目中的價值就會變得更高。在《就是要說服你：50 種讓顧客乖乖聽話的科學方法》（Yes! 50 Scientifically Proven Ways to Be Persuasive）一書中，作者分享了柯琳‧史佐特（Colleen Szot）如何對資訊型廣告做出革命性改變，其步驟只是將「要求行動」的說法從「客服人員正在等待，請現在來電」改成「如果客服人員忙線中，請稍後再來電」[6]。

這樣的原因為何？在第一個例子中，觀眾想見客服人員坐著等待接聽來電，接受可能出現的產品訂單。在第二個例子中，觀眾認為客服人員正在忙著接聽大量來電，以便跟上訂單需求。即使這則訊息顯示購買產品有些不便，光是認知的稀缺性就足以激勵人們快點去電，以免產品可能售罄。

我父親是台灣的外交官，有時他會和一位外派到東歐前共產國家的同事聊天。有次我聽到這位同事說道：「如果你看到街上有人排隊，不要浪費時間找出他們為什麼排隊。加入隊伍就是了。這一定是肥皂或廁紙之類的必需品。你有沒有錢都沒關係。如果這一帶沒有廁紙，你的錢一點用處都沒有。」在這裡，由稀缺性與社會認同驅動的**純粹不便**，可以讓一個相當富有的人排隊等待數小時。

在《重新定義推銷》一書中，克拉夫提出的另一個例子是 BMW 推出 M3 特仕版時，要求顧客簽約保證保持車輛清潔，悉心照料特別的車漆。如果沒有簽字保證，BMW 甚至不讓你購買這輛車！在這個例子中，BMW 提升了車子的價值，讓顧客相信駕駛這輛車是特別與獨有的特權。也許這正是為何在約會文化之中，難以得手的策略如此常見。經由第六項核心動力：稀缺性與迫切，你可以讓追求者全神貫注。

違反經濟學的曲線

當我在加州大學洛杉磯分校攻讀經濟學時，教授們經常談到的一門基本知識是供需曲線。基本上，此一曲線說明如果一項物品的價格下降，需求就會增加。如果這項物品完全免費，曲線就會顯示取得物品的買家最大數目。

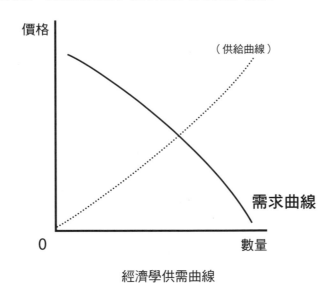

經濟學供需曲線

然而，如果你研究行為心理學、遊戲化、或者人本設計的話，就會發現供需的另一面。研究顯示，稀缺性是消費者行為的另一個推動力量。在經濟學理論中，稀缺性是一項廣為周知的因素，但是涵蓋範圍只限於客觀限制相對於消費者從購買得出的**實用性**。

這與本章討論的稀缺性並不一樣。我們討論的是**認知稀缺性**，而非客觀稀缺性。有的時候，客觀稀缺性會在一個人毫無感覺、甚至渾然不知的狀況下出現。其它時候，即使是在沒有真正限制之下，人還是會感到認知稀缺性。

這裡的不同點，是新古典經濟學派理論是以三項關鍵假定作為出發點❼：

1. 消費者採取理性行為

2. 消費者擁有完整的相關資訊

3. 消費者試圖達成最大實用性（或者從經濟上的消耗品獲得幸福）

　　但是在現實世界中，頭兩項假定幾乎從未成真。人們經常不理性，而且從未擁有完美資訊。有時候，他們會對價格採取另一種更出人意料的反應：某件事物價格愈高，他們認定的價值（實用性）就愈高。這會帶來需求的增加。因此，銷售量可能也會隨著價格上漲出現增加。

　　正常狀況下，如果一件物品免費（需求曲線的最右端），每個想要這項物品的人都可以免費取得。舉例來說，假定有一百個人想要免費獲得這項物品。但是在某些情境中，如果產品不尋常地昂貴，之前毫不關心的人可能突然充滿渴望。使得銷售量超過一百五十件。由於這項稀缺性效應，某些產品的修正需求曲線可能變成 C 狀曲線，而非一條朝向右下方的直線。

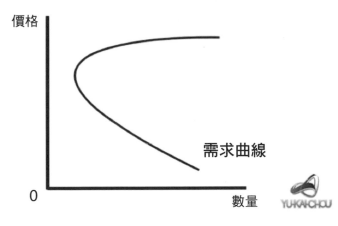

稀缺性行為下的經濟學需求曲線

　　稀缺性之所以能夠奏效，是因為人們相信如果某件物品更為昂貴或者更難取得，其價值就更高。由於缺乏「完美資訊」，他們通常不完全了解某件物品的實用

性。因此，他們仰賴提示——例如這件物品多麼昂貴或有限——來決定其價值。如果人人都想要的話，一定是件好東西！這與前一章的第五項核心動力：社會影響力與同理心相輔相成。

當然，隨著這件物品變得昂貴到無人能夠負擔，C 曲線到了某一點會向左（數量為零）折回，在圖上造成一道反 S 曲線。相對於認知稀缺，客觀稀缺（金錢）最後仍會大獲全勝。

「這傢伙還不夠貴」

我曾經直接或間接看過多次例子，提高價格真的能夠賣出更多數量。

在 2013 年，我的一位客戶想要在兩位公關從業人之間做出選擇，一位每月收費八千美元，另一位每月收費一萬美元。我告訴客戶，我認為那位每月收費八千美元的公關從業人提供較佳服務。然而，客戶的心中仍然存疑，覺得每月收費一萬美元的公關從業人必定更有能力，才敢收取這樣的費用。我告訴他，因為一位公關從業人大膽（我使用更加粗俗的字眼）收取更高費用，並不代表就比較優秀。但是我的客戶仍然無法做出決定。

最後，客戶決定試用雙方三個月時間。雖然這是昂貴之舉，對我個人卻是很棒的事情，因為這能讓我對兩人的表現收集寶貴資料以及做出比較。到期之後，顯然每月八千美元的那位表現優異，每月一萬美元的那位則非常讓人失望。自此之後，我的客戶開除了那個每月一萬美元的傢伙，留用那位每月八千美元的。

奇怪的是，如果那位較差的公關從業人曉得他比較不適合此一計畫，只收費六千美元而非一萬美元，他或許不會得到機會。他的積極訂價策略為他創造一個新機會，以及多賺三萬美元！當然，這裡的最終教訓應該是將重點放在為客戶創造可靠的價值，這樣你才不會在三個月之後丟掉工作。

另一個場合，我有位客戶需要執行「每次點擊成本」（Cost Per Click）計畫稽核。我聯絡了一位來自東歐的朋友，他是這一行的佼佼者。由於過去我曾幫過他的

忙，這次我說服他免費為客戶進行稽核，通常他對這樣的工作收費數千美元。

雖然我的客戶對這項安排非常開心，心中還是有所保留、裹足不前。我對他施壓時，他說道：「讓我擔心的是不收費……他真的有你說的那樣棒嗎？」在他的心目中，我朋友的服務並不是非常寶貴，原因是免費提供。因此更好的作法，是對這項稽核收取少許費用，像是五百美元就好，而非好心免費提供。

「在購買之後仍然口袋滿滿，讓我覺得不爽」

這種狀況並不只發生在昂貴的服務而已。在《影響力》一書中，羅伯特‧席爾迪尼敘述了另一個故事，他有位朋友在亞利桑那州經營印第安人珠寶店，想要在觀光旺季賣一些高級綠松石[8]。

儘管賣力進行促銷、跨業銷售、以及向來店訪客大力推銷，但似乎沒有人對它們有太大興趣。最後，在出城進行購貨之旅的前一晚，店主決定必須降價，讓這些珠寶對顧客產生更大吸引力。因此，她給銷售主任留了一張條子，指示將價格「×1/2」。

然而，這位銷售員看錯了這張條子，誤將價格加倍。數天後回來時，店主大吃一驚地開心得知，所有珠寶都已經售出。將每件珠寶售價加倍增加了認知價值，讓她賣得更好。

由於除了向其他人（或自己）展示珠寶之外，你其實什麼都沒**做**，珠寶的價值通常是以認知，而非功能為基礎。對於架上一件醜陋、破裂的陶器，你會很快認定毫無價值，直到某人告訴你這是一千兩百年前為一件歷史大事製作。就功能與美學觀點而言，這件陶器本身並未變得更有價值，但是其**認知價值**立即因為稀缺原則而上升。

到此時為止，你或許已觀察到第六項核心動力下的高價原則，非常適用於珠寶這樣缺乏實用功能的奢侈品，或是提供基礎專業的昂貴服務。讓人驚異的是，此一原則對日常用品也同樣奏效。

上週，我發現膝蓋疼痛愈來愈嚴重，於是決定前往一家運動用品店。我想要購買護膝，作為健行或是在電話會議時步行上下樓梯使用。走進店裡，我看到兩種護膝，價格分別是 24.99 美元與 49.99 美元。

我在心中這樣想：「嗯，我的膝蓋非常重要。我最好不要為了省下幾塊錢，以後在路上膝蓋受傷。」一邊這樣想著，我一邊伸手拿了一對 49.99 美元的護膝，付錢買下它們。

直到為本章搜尋範例時，我才想到自己理所當然地以為較貴的護膝比便宜的更好。我甚至沒有詳閱產品說明。如果你問我，49.99 美元的護膝為何比 24.99 美元的護膝更好，我想回答可能是：「嗯，49.99 美元的護膝比較貴，我相信會對膝蓋提供更佳保護，或是讓膝蓋感覺更舒服。可能兩者都會。」

這種想法非常有力，因為我的腦袋中並沒有想到兩種護膝的真正不同。我想到的只有自己是否希望「省錢買到較低品質」，或是「不要太節儉，要為自己長遠健康投資高品質產品」。

《快思慢想》一書作者丹尼爾‧康納曼將大腦的新皮質稱為我們的「二號系統」，功能是廣泛地控制我們的有意識思想❾。由於大腦新皮質只具備有限的處理能力，我們經常在不自覺之中仰賴心理上的捷徑（又稱為啟發）。在此一狀況中，心理上的捷徑是「昂貴等於高品質」，雖然實情不見得是這樣。

另一條心理上的捷徑是「專家很有信心地這樣說──我不必深入探究，可以假定他的說法為真」。有的人容許明顯的錯誤或疏失發生，原因只是權威專家或科學家這樣說。他們讓自己的「二號系統」變得懶惰，只接受第五項核心動力：社會影響力與同理心帶來的刺激。

或許，我是唯一因為愚昧與對金錢缺乏責任感，只因價格較貴而買下這對護膝的人。但是在人生的某個階段，你也很有可能基於不見得永遠正確的假定，採取心理上的捷徑。也許你曾經以價格為考量，在缺乏其他資訊之下購買一瓶紅酒或一罐洗衣精，同時對某些產品一屑不顧，只因為廠商訂價較低。

稀缺性與迫切之下的遊戲技巧

你已對第六項核心動力：稀缺性與迫切的本質學到更多知識。為了讓這些知識成為行動的基礎，以下我列舉了一些大量運用這種核心動力吸引使用者的遊戲技巧。

垂涎三尺（第 44 項遊戲技巧）與醒目並列（第 69 項遊戲技巧）

許多社群與行動遊戲都會運用第六項核心動力：稀缺性與迫切的遊戲設計技巧，讓使用者付出大量金錢。遊戲中最常見的手法之一，是結合我所謂的醒目並列與垂涎三尺的遊戲技巧。

舉例來說，你剛加入《農場鄉村》時可能會想道：「這遊戲還算有趣，但我絕不會為這樣一個愚蠢的遊戲掏錢。」接著《農場鄉村》運用垂涎三尺技巧，定期展示你心中企盼、但是無法擁有的美麗農莊。頭幾次你會置之不理，因為你曉得買下農莊不是善用手上資源的方式。但是對於這個放在那裡讓人垂涎三尺的農莊，最後你會開始產生欲望。

在好奇心驅使下，你進行的初步研究顯示再玩上 20 小時，就能夠負擔這棟農莊的價格。喔，這是很長時間的耕作。但是接下來，你發現只要花費 5 美元，就可以立刻買下這棟農莊。「花 5 美元省下 20 小時的時間？這還用想嗎！」這下使用者已經不只是花費 5 美元購買螢幕上的一些圖案。他們花費 5 美元是為了節省時間，使其成為一筆絕佳交易。各位可以看出，遊戲設計如何藉由在時間與金錢之間轉換，影響人們的價值感嗎？

此一現象的幽默之處，是大部分這些遊戲都是免費的，但是人們仍然願意花錢，以便**減少**花在上面的時間。以此而論，要斷定遊戲本身應被認為「好玩」或「有趣」並不容易。與第三項核心動力：賦予創造力與回饋截然不同的是，這項黑帽左腦核心動力的重點在說服與著迷，但是使用者不見得享受其過程。

使用垂涎三尺技巧時，另一項必須考量的重要因素是取得獎勵的途徑。你必須

讓使用者曉得，獲得獎勵的過程充滿挑戰性，但絕非不可能辦到。如果獎勵被認定不可能取得，人們就會啟動第八項核心動力：損失與避免模式，進入自我否定當中。「反正這也許是給輸家的東西。」

舉例來說，你眼前一直出現一家不對外開放的俱樂部橫幅，但是你發現加入條件是具有皇室血統的王子或公主，你也許根本不會去找出這個組織在做什麼。相反的，你說不定會想：「誰在乎一群討人厭、被寵壞的屁孩。」因為你不可能具備入會資格，就會啟動第八項核心動力成為反核心動力，不去執行期望動作。

然而，如果橫幅寫道：「加入條件：具有皇室血統的王子或公主，或者曾經參加過馬拉松的人士。」現在你就有了動機，甚至考慮為此參加馬拉松。只要有能夠參與的可能**機會**，經由專屬性傳達的稀缺性就足以吸引你。有趣的是，這時你甚至還沒找出該組織到底在做什麼！由於缺乏關於其實際作用的資訊，以人為本的稀缺性動機足以驅使你去跑一場馬拉松。

這把我們導引至我稱為**醒目並列**的遊戲技巧。運用這項技巧，你將兩項選擇並列在一起：一項必須花錢，另一項需要花費大量力氣，完成有益系統的期望動作。

舉例來說，為了獲得某項獎勵，一個網站給你兩個選擇：（1）馬上支付 20 美元，或者（2）完成數量多到匪夷所思的期望動作。期望動作的方式可以是「邀請好友參加」、「上傳照片」、以及／或者「連續 30 天每天造訪本網站」。

在這個例子中，你會發現許多使用者會不理性地選擇完成期望動作。你會看到使用者花費數十個、甚至數百個小時，只為了在達到目標的過程中省下 20 美元。到了某個時刻，許多人會發現這需要投入大量時間與努力。這時 20 美元的投資會變得更加吸引人，他們最後還是會花錢購買。現在你的使用者同時做了兩件事：付錢給你，以及投入大量的期望動作。

值得記住的是，獎勵可以是實體、感情、或者心智層面的事物。獎勵不需要是金錢，也無須以徽章的形式為之──人們不會為它們付錢。事實上，根據第三項核心動力：賦予創造力與回饋的原則，最有效的獎勵經常是加速器，容許使用者回到生態系統中，以更有效率的方式玩遊戲，在過程中創造出順暢的活動循環。

　　運用醒目並列，你**必須**對使用者提供兩個選項。如果你只是對獎勵設下定價，然後宣布：「現在付錢，不然走開」，許多使用者會回到第八項核心動力的拒絕模式，想道：「我永遠不會讓這些貪心的混蛋賺走任何一毛錢！」然後離開。相反地，如果你在網站上宣布：「嘿，請執行這些期望行動，例如邀請好友與完成個人檔案！」使用者不會受到激勵採取行動，因為他們清楚曉得這只對系統有益，而不會對他們有益。

　　只有當你把這兩個選項放在一起，造成醒目並列時，人們才會對兩個選項抱持開放心態，在接下來的時間中接連採取這兩項行動。但是在遊戲之外，這種辦法會在現實世界中同樣奏效嗎？當然會。

　　Dropbox 是一家總部設於舊金山的檔案儲存服務業者，在市場上廣受歡迎與成功。當你首次登入時，Dropbox 告知你可以（1）付款取得大量儲存空間，或者（2）邀請好友加入，得到更多儲存空間。一開始，大部分人都會先邀請好友交入。

Refer friends to Dropbox Spread the love to your friends, family, and coworkers	16 GB 500 MB per friend
Get started with Dropbox Take a tour of the basics of Dropbox	250 MB
Connect your Facebook account Share folders with your friends and family in a snap	125 MB
Connect your Twitter account Invite your friends to Dropbox with a tweet	125 MB
Follow Dropbox on Twitter Stay up to date with the latest Dropbox tweets	125 MB
Tell us why you love Dropbox We'd love to hear your feedback	125 MB

Drop box 運用的醒目並列

　　最後，許多正在完成期望行動的使用者決定，邀請／騷擾朋友過於辛苦，但是又需要大量儲存空間，於是變成付款使用者（我就是這樣）。由於醒目並列效應，兩項期望行動都被使用者採用，而且他們為全套產品付款。

　　Dropbox 的病毒式設計，加上優秀的流暢產品設計，加快了該公司的成長。報導指出 Dropbox 一度募得三億美元，2013 年時，公司身價達一百億美元，營收超過兩億美元。對於一家成立僅七年的公司而言，這樣的成果並不算差。

磁性瓶蓋（第 68 項遊戲技巧）

對於某項期望行動，磁性瓶蓋是對於使用者能夠執行多少次行動的限制，效果是激勵他們對期望行動產生更多動機。

當我為客戶提供顧問服務時，我經常提醒盡量不要製造充足感。充足感不會激勵我們的大腦。另一方面，稀缺性會對我們的行為產生難以置信的激勵。即使使用者付出大量金錢，採取終極的期望行動，好的設計師仍然應該只提供短暫的充足感。經過數星期或數個月之後，稀缺性會慢慢再度出現，為使用者提供新目標——或許在他們用盡所有虛擬貨幣，需要再次購買的時候。

優秀的系統設計師應該不斷控制稀缺性的流程，確保系統內的每個人都在致力於難以達到、但是絕非不可能的目標。如果不能做到這點，將會造成這套滿足系統的崩壞，使用者將退出系統，轉往更佳去處。

這點完美地搭配米哈里・希克森米哈義（Mihaly Csikszentmihalyi）的心流理論（Flow Theory）[10]，亦即挑戰的困難度必須根據使用者的技能組合增加。過多挑戰會帶來焦慮，過少挑戰會帶來厭倦。

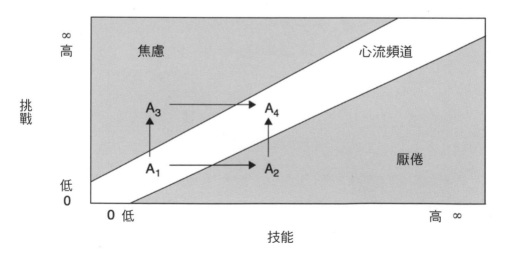

心流

引自希克森米哈義的《心流》（1990）

　　許多有趣的研究顯示，藉由對某件事物設下限制，人們的興趣會隨之升高。如果你引進的功能能夠被人們廣泛利用，經常只有少數人會真的使用。但是一旦你為這項功能設下限制，你經常會發現人們熱中地利用此一機會。

　　在《瞎吃：為什麼我們吃下比自以為更多的食物》（*Mindless Eating: Why We Eat More Than We Think*）一書中，作者布萊恩・萬辛克（Brian Wansink）說明當雜貨店貼出「每人無限購買」的促銷告示時，顧客經常只會購買少數促銷品❶。然而，如果告示變成「每人限購 12 件」，人們會開始買得更多。事實上，會多出 30% 至 105%，數字視其他變數而定。這是稀缺性的另一項奇怪特性：藉由設下限制，我們會受到吸引，**朝向**限制移動。

　　這代表如果你想要增加某項行為，就應該對這項活動設下限制。當然，你不見得希望磁性瓶蓋限制過嚴，使得失去比得到更多。設下限制的最佳方式，是首先找出期望標準目前的「曲線最高點」，然後將之設為上限，創造出**認知**的稀缺性，但是不見得要對行為設限。行為設計師能夠推估：「雖然我們希望使用者選擇無限數量的嗜好，九成使用者只會在我們的網站上選擇少於五項嗜好。」在這個例子中，適當作法是將嗜好上限設定為五或六項，而非全無限制。

　　各位會問，至於超過六項嗜好的一成「強大使用者」應該怎麼辦呢？他們不重要嗎？是的，他們相當重要（如果你問了這個問題，代表你考慮到使用者動機與體驗階段，這樣很棒）。這時候你要讓強大使用者解鎖更多能力，並且隨著他們證明投入程度而拉高上限，以下的使用介面演進將會討論這一點。再次說明，你想要讓這些強大使用者面對頂端的磁性瓶蓋，產生稀缺性，但是不要真正對他們的活動設限。

動態約定（第 21 項遊戲技巧）

　　另一個強化此一核心動力的方式，是控制**時間的稀缺性**。關於這種方式，最廣為人知的遊戲技巧是動態約定。動態約定是由賽斯・普瑞巴希（Seth Priebatsch）在波士頓發表的 TEDx 演說《世界之上的遊戲層》❷而聞名，這種技巧運用已經宣

布或是重複的時間表，使用者必須據此採取期望行動，才能有效達到破關狀態。

最常見的例子是快樂時光，藉由在正確時間出現達到破關狀態，人們可以享受開胃菜與啤酒半價的獎勵。人們會對其時間表產生期待，據此規劃行程。

動態約定是一項強大的技巧，因為它們根據時間建立一項啟動機制。大部分產品都不會被重複運用，因為缺乏提醒顧客再度造訪的啟動機制。《鉤癮效應》（*Hooked*）一書作者尼爾‧艾歐（Nir Eyal）[13] 指出，外部啟動機制通常來自電子郵件提醒、跳出式訊息、或者別人告訴你要做某件事。

另一方面，內部啟動機制內建於你的自然反應系統之中，提供某些體驗。舉例來說，當你看到某件美麗的事物時，會啟動打開 Instagram 的欲望。臉書的啟動機制則是無聊。

有位朋友曾告訴我，有天他使用臉書的時候，突然感到無聊。讓人吃驚的是，他直覺地在瀏覽器打開一個新頁面，然後打入「Facebook.com」。網站頁面出現之後，他整個被嚇到。「噢，天啊。我本來已經在臉書上了，幹嘛再打開臉書？」這再次顯示內部啟動機制是與無聊這般常見的感覺連結。舉例來說，你排隊等待的時候在做什麼？

關於約定動力，其啟動機制是時間。我家這邊的垃圾車每星期二上午前來，所以星期一晚上我心裡的鬧鐘會提醒自己把垃圾拿出去。如果垃圾車每天都來，我也許會拖延到垃圾滿出來才搬出去。

關於企業運用約定動力，有個極為創新的例子（我很少使用「創新」稱呼某件事物）——來自韓國大型購物中心易買得（eMart）。該公司曉得，店面的來客數與銷售額在一天大部分時候都很不錯，但是到了午餐時間卻會顯著下跌。為了激勵顧客在午餐時間光臨（期望行為），該公司動用了第六項核心動力：稀缺性與迫切的原則，以及一點點第七項核心動力：不確定性與好奇心。易買得最後推出一項名為「陽光促銷」的活動，在店門外立起一個造型奇特的雕塑品。

易買得的陽光促銷活動

就本身而言，這件雕塑品看來相當抽象，與任何東西都不像。然而到了正午時分，神奇的事情開始發生。當太陽在中午爬到頭頂時，雕塑品的影子突然變成完美的 QR Code，人們能夠以行動電話掃瞄，看到特別的內容。

這不是很酷嗎？由於 QR Code 只能在中午十二點到下午一點之間的有限時間內掃瞄，於是人們趕忙想要及時抵達。老實說，到了這一步，QR Code 的內容為何已不重要，稀缺性與好奇（源自第七項核心動力：不確定性與好奇心）已足以讓人們出現。在易買得的例子中，QR Code 會連結到一份折價券，消費者在網路下載之後能夠立即使用。

這項辦法據稱讓易買得的午間銷售增加了 25％。考量到易買得已是業界龍頭，這是個相當不錯的成果。

酷刑休息（第 66 項遊戲技巧）

現在你也許已注意到，第六項核心動力：稀缺性與迫切能夠利用的另一種遊戲技巧是「缺乏耐心」，這代表不讓人們**馬上**去做某件事。從前的大部分遊戲機遊戲都試圖盡量讓玩家久待。如果玩家「黏在螢幕前」五小時，對於遊戲就是重大勝利。現在，社群行動遊戲的作法完全不同。

　　大部分社群行動遊戲都不讓你玩很久的時間。遊戲會讓你玩上三十分鐘，然後告訴你：「停！你不能再玩下去。八小時之後才能回來，因為你必須等待穀物生長／你必須等待能源充滿／你必須康復。」

　　對於不了解第六項核心動力的玩家而言，這項設計讓他們非常不爽。「太好了！這些遊戲設計師很負責，讓我兒子玩遊戲的時間受到限制！」但是事實上，他們不曉得的是遊戲正在執行我所稱的**休息酷刑**，驅動著迷的行為。

　　休息酷刑來得突然，經常在邁向期望行為的過程中啟動暫停。動態約定的基礎則是人們期待的絕對時間（像是垃圾車會在每星期一早上出現；你在 7 月 4 日打開應用程式會得到豐厚獎勵），休息酷刑常在使用者邁向期望行為時，突然踩上煞車。休息酷刑還會根據發生時機，附帶時間條件，例如「請在五小時後返回」。

　　我對這兩項遊戲技巧的區別，或許與普瑞巴希的定義略有不同。雖然它們經常攜手合作（有時休息酷刑啟動後，動態約定隨之出現），記住兩者之間的不同非常重要，這樣你才能準確地規劃遊戲化系統。

　　以社群行為遊戲為例，因為玩家被迫暫停遊戲，他們可能會一整天都掛念著遊戲。玩家常在三小時、五小時、或者六小時後再度登入，看看是否能夠再度開始——即使他們的大腦知道，規定的八小時還沒有結束。

　　如果玩家能夠隨心所欲決定自己玩上多久——例如三小時——他們可能會變得心滿意足、停止遊戲、然後一兩天都不會想到遊戲。因此，思慮周密的遊戲設計師可能會讓他們玩上兩小時五十九分鐘，然後啟動休息酷刑。這個時候，玩家會著迷地試著找出玩上最後一分鐘的方法。有的時候，遊戲甚至會提供另一個選項——「付一美元立即解除休息酷刑！」

　　從許多標準而論，《糖果大爆險》都是全球最成功的遊戲之一，每天賺入約三百萬美元[14]。這款遊戲非常精心地整合了休息酷刑。損失一條生命之後，遊戲會暫停，迫使你等上二十五分鐘，然後你才能開始另一條生命，前往下一級遊戲。

《糖果大爆險》的休息酷刑

　　這種作法讓玩家的心思全都放在緩慢過去的二十五分鐘暫停之上，難以分心計畫其他活動。

　　當然，這款遊戲也給你兩個選項：要求好友給你一條生命（社交寶藏），或是立即付款（醒目並列）。看到這些遊戲技巧如何搭配，變成驅使玩家採取期望行動的全面化動機系統了嗎？

意外失敗有時是件好事

　　另一個很好的休息酷刑例子是推特早期的「當機鯨魚」。推特網站在 2007 年經常當機。雖然這點讓許多使用者感到挫折，但同時也讓他們一邊急切地等待服務重新開始，一邊在臉書上討論這件事。

　　當網站當機的時候，使用者會看到「404 錯誤網頁」顯示當機鯨魚的圖案——一頭巨大鯨魚被許多鳥兒硬拉出水面。

推特的當機鯨魚畫面

推特結合了許多限制，像是每則訊息不可超過 140 個字母、每天發文不能超過某一數量、六成時間不能連上網站，迫使許多人在推特上花費無窮無盡的時間，即使推特早期能讓使用者做的事情相當有限。

在其他例子中，我見到玩家計畫退出遊戲時，正好碰到大規模的伺服器問題，結果不但沒有退出，反而每天檢查應用程式，看看能否繼續遊戲。即使已經打算退出，仍然需要根據他們的意願退出。當他們因為「不行」而無法玩遊戲的時候，玩遊戲的欲望會因而上升。

讓情況變糟的是，當玩家可以玩遊戲的時候，有時卻可能經歷另一次當機。如果當機時間過長的話，人們會失去興趣。但是藉由「有時正常運作」，遊戲能夠提供讓人上癮的吸引力。請記住，要讓第六項核心動力奏效，使用者認知目標必須在可達範圍之內，不然就會落入第八項核心動力：損失與避免驅動的自我否定模式之中。

以上與一些我見過的兩性關係例子有些相似。某人希望與對方分手，已經規劃數月之久，這時突然被對方甩掉。即使這人本來就希望分手，當他們被甩掉時，卻會變得沉迷於想要與對方復合的想法之中。他們希望根據自己的意願分手。但是被分手的時候，就會變成休息酷刑，讓他們期望和解之道。

這種行為就像人們拉下吃角子老虎機器的把手，希望但不見得期待有好的結

果。同樣的效應也發生在推特上，使用者著迷地每分鐘重看該網站是否已重啟服務，然後在回到網站時變得非常開心。

演進性使用者介面（第 37 項遊戲技巧）

演進性使用者介面是一項我經常向客戶推薦，但是遭到抗拒的遊戲技巧。大部分使用者介面的問題是在加入階段過分複雜，但是結束階段又過分簡單。

在廣受歡迎的《魔獸世界》遊戲之中，如果你觀察頂尖玩家的玩法，他們的介面真夠讓你眼花撩亂。他們會打開近一打的小小視窗，上面全是不同的數據、選項、以及頭像。視窗顯示大量關於隊友表現如何、怪獸表現如何、以及其他人和自己的資源何在的資訊。資訊多到你難以看到自己角色戰鬥的動畫！這的確是目前最複雜的使用者介面之一。

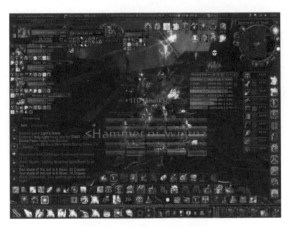

《魔獸世界》的使用者介面❶⑤

然而，《魔獸世界》以及許多其他設計得好的遊戲，開始的時候都沒有這樣複雜。遊戲開始之初，都只提供少數選項、按鈕、以及頭像。但是隨著你達到更多破關狀態，遊戲會解鎖更多選項、技能與能力。在高效率的加入步驟教材、敘述、以及發光選擇幫助之下，新手對於開始後的下一步絕不會感到迷惑。

根據決策麻痺的概念，如果你從一開始就給予使用者二十個讓人驚異的特點，

他們會變得慌張起來，一個都不會使用。但是如果你給他們其中二或三項特點（不要只給一項，因為我們的第三項核心動力喜歡選擇），然後讓他們慢慢解鎖更多選項，他們會開始享受這些特點，喜歡這樣的複雜性。

　　然而對一家公司來說，在情感層面執行演進性使用者介面概念非常不容易，因為不讓使用者享受到遊戲的最佳特點與功能很奇怪。不過對設計師而言，重要的是體認不提供更多選項，反而能夠驅動更多朝向期望行動的行為。讓使用者**感覺**不舒服，並不代表對你或者對使用者是件壞事。

　　已將演進的使用者介面付諸執行的公司之一是索尼（Sony），該公司將之稱為**演進版使用者介面**[16]（事實上，我配合索尼的名稱更改了此一遊戲技巧的名字，以免對業界造成語義上的混淆）。

　　雖然 Google 開發的安卓智慧手機系統功能非常強大，索尼曉得此系統的學習曲線過高，可能讓初學者感到緊張。為了解決這個問題，該公司推出演進版使用者介面，在加入階段只提供數量很少的核心功能選項。

索尼的演進版使用者介面

　　一旦使用者證明自己已經懂得基本的使用者介面，例如開啟五種應用程式，系統就會解鎖一項成就，帶出新的功能。運用這種方法，根據之前提到希克森米哈義

的心流理論，使用者體驗的困難度永遠不會超過使用者的技巧組合。

如果打從一開始，使用者介面就過於複雜，會產生什麼後果？ Google+ 就是一例。之前提到，即使擁有許多功能與特色，Google+ 仍未造成顯著的使用者黏著度，原因出在其需要的學習成本。大部分主流使用者因使用 YouTube 或 Gmail 而意外進入 Google+ 的時候，都會覺得迷惑，因此他們很快離開此一平台。

另一方面，Gmail 運用了縮小版的演進性使用者介面，出現的型態是 **Gmail 實驗室**。Gmail 使用者都可以獲得一套基本功能與特色。但是在 Gmail 設定的「實驗室」標籤之下，可以解鎖許多很酷的功能，一旦使用者覺得已經準備好，就可以打開這些複雜但是助益甚多的功能。

真棒！接下來呢？

當然，了解稀缺性與迫切，並不代表新創公司應該故意將伺服器關機，或者在系統中建立虛假與老套的限制。有的使用者也許會因此迷上你的網站，但是你也可能嚇走許多使用者，讓他們進入否定模式，再也不回頭。

對於新創公司而言，根據第六項核心動力原則的最明顯應用，是推出一套信心定價方案。與其免費給予每樣東西，或者讓它們易於取得，運用更昂貴的收費模式，或者精心構建的專屬設計，能夠增加使用者／顧客的信心，帶來更高的轉換率。

當然，如果你讓一件物品的訂價高出目標市場的負擔能力，顯然會收到反效果。但是更常發生的狀況是，當顧客不購買你的產品時，原因不是他們無力負擔，而是他們對產品的認知價值低於必須付出的價格。有時候，訂價格的依據是時間、投入力量、或者聲望。

除了訂價之外，你還會想在發現與加入階段的每個步驟創造專屬感。這套設計的服務要讓他們覺得是為自己特別訂作，以及他們是唯一有權使用的人，這正是臉書推出之初的行銷策略。

　　一路上的每個步驟，你都必須向使用者展示他們企求、但是無法擁有的事物——至少現在不能擁有。只有當人們曉得獎勵真正存在時，稀缺性才能成為動機，**因此如果你有任何懷疑，請採取垂涎三尺策略**（但是請別在法庭上說是在本書學到的）。對於帶來獎勵與投資的行動，請考慮採取限制性選項。對於一個人能夠採取多少次行動（或者投資數額）設下限制，將使得他們更渴望這樣的行動。

　　藉由增加認知價值，顧客與使用者更可能保持投入，對你的事業展現更強烈的興趣。這可以幫助確保你不需將努力得來的成果拱手讓人。

第六項核心動力：全面觀點

　　稀缺性與迫切被認為是一項黑帽核心動力，但是如果正確運用的話，能夠成為推動動機的強有力工具。對於在系統中產生第三項核心動力：賦予創造力與回饋，第六項核心動力經常扮演起頭角色。克服稀缺性能夠帶來更高的第二項核心動力：發展與成就感受。

　　當與第七項核心動力：不確定性與好奇心混用時，第六項核心動力變成推動網路消費者行動的強大引擎。最後，與第八項核心動力：損失與避免共同使用時，稀缺性與迫切變成一股強大力量，不但能夠推動行動，更能帶來極強的迫切性。

馬上動手做

入門：請想出當你希望某件事物時，大部分原因是其專屬性，或者因為你覺得自己特別地符合資格。試著從稀缺性與迫切感受觀點描述其本質。

中級：請想出一家公司試圖以陳舊的方式執行稀缺性，結果卻收到反效果，因為作法引起人們的否定。這家公司應該如何正確地執行稀缺性原則？

高級：請想出如何在你的計畫之中，結合垂涎三尺、休息酷刑、演進性使用者介
　　　　面、以及醒目並列。這樣會增加其他核心動力造成的渴望嗎？還是會造成妨
　　　　礙？這會推動長期投入，還是短期迷戀？

請將你的想法加上標籤 #OctalysisBook，在臉書、推特或你喜好的社群網路上分
享，看看別人有何想法。

分享你的知識

　　除了分享我自己的研究與興趣，我經常邀請部落客來賓在我的部落格
YukaiChou.com，發表他們對遊戲化、動機心理學、行為設計、以及其他領域的研
究[17]。如果你有得自個人經驗與研究，適於分享的有趣知識，請考慮經由該網站與
我聯絡，投稿宣揚自己的成果。我的一切努力目的是讓你能夠從我身上學到一些東
西。我會很高興有機會從你身上學到東西！

第 11 章

第七項核心動力：
不確定性與好奇心

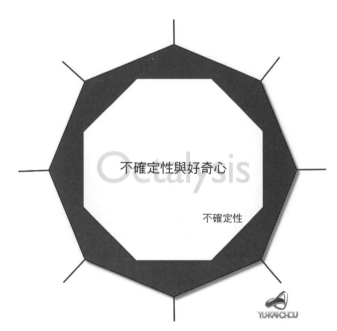

在八角框架架構之內，不確定性與好奇心是第七項核心動力。我們對不確定與機會性經驗的著迷，是動力主要的來源。如同之前章節所述，我們的心智意識生性懶散，如果手上的任務不需要立即注意，大腦新皮質就會將之放入潛意識之中。根據諾貝爾獎得主、心理學家丹尼爾・康納曼的說法，這就是放入「一號系統」❶。

只有在絕對必要的時候，心智意識才願意被打擾，例如當威脅出現、或者大腦遭遇過去未曾處理過的新資訊時。

的確，《重新定義推銷》一書作者奧倫・克拉夫指出，只有在尚未將你放入過去認得的模式之前，人們才會注意你在會議上說的話❷。一旦將你放入認得的模式之中，他們馬上變得漫不經心。因此，推銷時必須持續提供出人意料、無法預測的資訊，才能讓對方保持專注。

這點搭配我們天生想要探索的好奇心。探索未知雖然充滿危險，但是幫助人類祖先適應環境變化，發現求生與繁衍的新資源。遊戲設計師也是《遊戲設計的藝術：各種觀點》的作者傑西・希爾，甚至將「樂趣」一詞定義為「充滿驚奇的樂趣」❸。為什麼「**驚奇**」元素在**樂趣**之中如此重要？

本章之中，我們將探討這項不確定性與好奇心的核心動力，如何激勵我們的行為，以及系統設計師如何將之與我們的體驗有效整合。

現在有趣的來了

如果我要你玩個遊戲，內容是不斷按下按鈕，每按 10 次就要給我 5 美元，你會想玩嗎？理性的讀者不但會拒絕，對於我想要愚弄他們加入遊戲，還會覺得受到嚴重冒犯。如果現在改變規則，我告訴你在 100 個遊戲參加者之中，只有兩人能贏回 10 美元。你也許會思考一下，但仍然會拒絕。這次的條件不像之前侮辱人，只是不划算而已。

但是如果我告訴你，你不斷按下按鈕，就會一再獲得返還的金錢，而且有個非常微小的機會贏得 10,000 美元呢？

在這個狀況中，我無法預測非常聰明又理性的各位讀者會怎麼做，但是我知道日復一日，全世界有數百萬人在玩上述我提到的遊戲。這個遊戲最廣為人知的名字是吃角子老虎，玩家每次拉下把手或按下按鈕就會輸錢，但是他們依然保持投入、甚至上癮，為的是無法預測的贏得大獎機會。運用**正確**的風險／報酬誘因，這個遊

戲突然變得如此有趣！

　　研究顯示，相較於提供確知機率的體驗，我們會更加投入提供獲勝可能性的體驗❹。如果我們**知道**一定會收到獎勵，我們的興奮只會反映出獎勵本身的情感價值。

　　然而，如果只有獲得獎勵的機會時，我們的大腦將更加投入到底會不會贏到的刺激之中。

史金納箱內的核心動力

　　關於未知與不可預測性如何引起我們心智的好奇與投入，已有諸多研究。關於此一現象的探索，最值得一提的動機設計案例研究是史金納箱❺。

史金納箱❻

　　史金納箱是一項由科學家史金納（B. F. Skinner）進行的實驗。他將老鼠與鴿子放入內有把手的箱子內。在第一個階段中，每當動物按下把手（**期望行動**），就會得到一些食物。只要動物不斷按下把手，食物就會不斷出現。

　　結果是當動物不再感到飢餓時，就不會再按下把手。這很有道理，動物已經不再飢餓，所以不再需要食物。

　　然而在第二個階段中，測試機制加入了不可預測性。當動物按下把手時，食物

不見得像以前一樣出現。有時食物會出現，有時什麼都沒有，有時卻出現兩份食物。

　　史金納觀察到，這些機制出現之後，動物無論是否感到飢餓，都會不斷按下把手。這套系統完全「混亂」了大腦：「**食物會出現嗎？食物會出現嗎？食物會出現嗎？**」

　　在這裡，我們見到為了滿足強烈的好奇心，對於我們原始大腦帶來的內在激勵，強度有時高於外在的食物獎勵。你是否曾經見過賭博嚴重上癮，因而忘記疲憊、飢餓、甚至口渴的人？

　　我經常聽到有人批評，遊戲化的點數、徽章與排行榜如何將世界變成一個大型的史金納箱，操控人們毫無自覺地進行無意義的任務。我覺得史金納箱帶來的更深刻教訓，不是分數與徽章會激勵人們，而是來自第七項核心動力的不可預測結果會推動著迷式行為。

競賽與抽獎

　　在第五章關於重大使命與呼召的討論中，我提及自己如何因為在加州大學洛杉磯分校烤肉會上的一次小型抽獎，踏上首次創業之路。抽獎相當受到大家歡迎，因為可以為活動加入「樂趣」元素，讓人們受到贏得獎品的可能性吸引。大部分時候，抽獎的「期望行動」是讓人們停留到活動結束，因此抽獎結果會在活動最後宣布。這些活動主要是受第七項核心動力推動，但同時也運用了第四項核心動力：所有權與占有欲（贏得獎品的渴望），以及少許第八項核心動力：損失與避免（如果我太早離開，就會失去贏得獎品的機會……）。

　　你記得當我首次敘述這個故事時，提過我從帽子內抽出自己的名字那一刻，突然感受到強烈的**呼召**感（來自第一項核心動力），覺得自己命中註定要創業。在創業歷程中面臨黑暗日子與困難挑戰時，我的認知**召喚**驅使我繼續前進。許多次走到失敗邊緣時，我都想要放棄。但是因為相信自己註定要走這條路，我仍然堅持下

去，相信自己能夠在新創公司的世界中，不屈不撓地成為一位年輕創業家。如同各位所見，在機率情境中得到「好運」能夠帶來崇高的使命與目的感。同樣的道理也適用於新手的運氣（第 23 項遊戲技巧），第一次做作某件事就得到好運的人，會覺得他們天生註定要做這件事。

各位都知道，抽獎的動力要比任何單獨獎勵的價值更高。除了獎品本身之外（本質是外在性，來自第四項核心動力），「我會走運嗎？」此一想法背後的內在動機，對於確保人們繼續投入扮演了重要角色。

引伸到更廣泛的應用，許多運用社群媒體行銷的企業都使用抽獎技巧，保持使用者對品牌與訊息的投入。這些企業經常提出挑戰，讓採取期望行動的使用者擁有贏得促銷獎品的機會。抽獎的方式各有不同。期望行動可以簡單到像是在臉書上對該公司按「讚」。這類活動的例子之一是梅西百貨（Macy's）的行銷活動，在臉書上按「讚」的網友有機會贏得價值 500 美元至 1,000 美元的禮券[7]。

期望行動也可以更為複雜，例如家樂氏（Kelloggs） 舉辦的「Eggo 鬆餅大挑戰」，讓投稿最佳鬆餅食譜的參賽者有機會贏得 5,000 美元[8]。該公司還運用了第五項核心動力：社會影響力與同理心，在抽獎之中結合社群寶藏遊戲技巧。參賽者贏得競賽的機會是由社群投票決定，或者至少受到部分影響。這種作法非常適用於「Eggo 鬆餅大挑戰」，因為使用者將帶有內疚快感的鬆餅圖片寄給朋友，要求他們幫忙投票。養眼畫面總是帶來魔術般效果。

有的競賽是以主題為主，結合部分第四項核心動力：所有權與占有欲，甚至第一項核心動力：重大使命與呼召。多芬（Dovc）運用了吸引使用者目光的主題式競賽。在「真正的美麗應被分享」競賽中，多芬邀請粉絲分享為何他們的好友「代表真正的美麗」[9]。贏家得到的不是現金，而是在龐大的加拿大連鎖商店啟康藥房（Shoppers Drug Mart）店面成為「多芬代言人」。

多芬「真正的美麗應被分享」競賽

　　這是很棒的設計，因為活動運用美麗、充滿自信的女性面孔吸引目光。這項活動讓參賽者的朋友一起加入支持他們，獎品更能夠提升他們的地位，同時讓使用者獲得更高的所有權感受。

　　另一個效果沒那樣好的主題式競賽是 Tire Plus 推出的「父親節倒數計時大放送」，這項簡單的競賽邀請參賽者寫下短文，說明誰是最好的父親。接著參與者會對心目中最喜歡的父親進行投票，決定誰可以獲得米其林寶寶時鐘❿。這項競賽設計的優點是主題切合 Tire Plus 的目標對象——喜歡車子的男性。

　　不過就執行而言，期望行動需要大量付出是小小的設計缺失。隨然 Tire Plus 使用與多芬一樣的遊戲化技巧，撰寫與閱讀短文卻是一項需要許多時間，與車子無關的期望行動，目的只是為了一項簡單的外在獎勵。第八項核心動力：損失與避免讓

許多人不願參與。在我的架構之中，這種現象名為反核心動力，我們會在第十六章詳加探討。

有的品牌決定加倍運用第七項核心動力：不確定性與好奇心，讓競賽的一切變得無法預測。可口可樂就是這樣做的品牌之一，因此一直率先構思出充滿創意的產品行銷活動。

你經常看到，可口可樂的廣告試圖將飲用碳酸糖水的單純行為，轉變為第一項核心動力：重大使命與呼召的體驗，方法包括魔法王國、提升幸福感、以及友善的北極熊。

該公司在香港推出一項特別引人的競賽，目標是青少年族群。使用者可以免費下載名為「甩帥」（Chok）的應用程式。每天晚上，可口可樂會播出一則電視廣告，要求粉絲打開應用程式搖一搖手機，捕捉虛擬瓶蓋，獲得行動遊戲、折扣、以及參加競賽資格⓫。

這項活動讓使用者熱中於在電視螢幕前搖動手機，希望獲得沒人曉得會不會出現的獎品。由於活動時間是在晚上，沒人曉得自己是否會贏得任何東西，以及贏家得到什麼獎品，此一活動在使用者之間創造出強烈的興奮感。

在活動之初的發現階段（使用者決定試用產品或體驗，與行銷手法以及所謂的**成長駭客**〔growth hacking〕一起運用），如果你和一群人一起觀看電視，突然看到每個人都在一則廣告播出時一起搖手機，一定會引起你的好奇心，甚至驅使你加入。

可口可樂的此一活動與其品牌策略創造策略連結，「甩帥」推出後一個月之內在香港被下載 380,000 次。這家飲料巨擘宣稱，這項活動是 35 年來在香港推出最成功的行銷活動。

帶著幸運符的幸運日

不受保密條款限制的時候，我一向喜歡宣傳我的客戶，以及他們做出的成績。

有的客戶是在行銷領域，急著運用優秀的遊戲化設計，想要大幅改善各項業務的主要行銷指標。其中一個例子是設於紐約的幸運日公司（LuckyDiem）。

藉由同時運用不確定性與好奇心和其他核心動力，幸運日公司將品牌行銷往上提升至另一個層級。使用像是吃角子老虎、淺顯問題、以及命運之輪等遊戲裝置，幸運日公司的網路平台可以讓任何品牌吸引住顧客，將目標受眾轉為忠誠顧客。聽來像是老掉牙的行銷空談？以下數字告訴我們一則引人入勝的故事。

幸運日公司的專案客戶之一是拉金塔旅館及套房酒店（La Quinta Inns and Suites），這家國際連鎖酒店在全球擁有超過七百家直營與加盟酒店。此一計畫的目的是運用一項名為「玩樂加住宿」的遊戲化活動，提振其客戶忠誠度。拉金塔酒店向收信名單上的 83,600 位潛在顧客發出電子郵件，宣傳「玩樂與住宿」遊戲。所有收信人之中，共有 2,000 人加入幸運日公司的促銷計畫，這些電子郵件的轉換率為 2.4%。對於電子郵件行銷而言，這是相當尋常的數字。之後該公司沒有再進行其他宣傳活動。

讓人驚異的是，接下來三個月之內，這 2,000 位使用者介紹了 10,700 位加入者，讓 K 係數⑫達到 5.3K（或者相當於 530% 的病毒傳播係數）。其中 34% 使用者每天登入，平均在遊戲上花掉 3.75 分鐘，一共向 23,000 位不同使用者發出邀請，為拉金塔新增 10,000 個臉書的「讚」，以及 4,500 名新的推特追隨者。更重要的是，這些使用者轉為顧客。14.1% 的使用者轉為付款顧客，幸運日公司平台為拉金塔酒店帶來 1,784 份新訂房，與對照組相比的銷售量提升達 712%。對於任何一家本來就非常成功的連鎖商店或企業而言，這都是了不起的成就。

幸運日公司如何辦到？

幸運日公司首先推出大部分人都很熟悉的一般性吃角子老虎。使用者按下大大的轉動按鈕，就有機會贏得點數或收集品（根據第二項核心動力原則，這個按鈕被稱為「沙漠綠洲」。這是一項重要的破關狀態行動，視覺效果足以吸引使用者與之互動）。

拉金塔「玩樂加住宿」遊戲

　　想要參加的使用者需要虛擬代幣，這是一種善用第六項核心動力：稀缺性與急躁的作法。使用者會定期得到新代幣，最初發給的代幣用完時，使用者可以從命運之輪遊戲得到更多代幣。

「玩樂加住宿」遊戲的命運之輪

　　此外，命運之輪每次轉動還提供「即刻大獎」，最大獎包括「免費住宿十晚」。贏得最大獎的機會非常小，但這並沒有減少大家參加的意願，因為贏得大獎的希望已足以讓此一體驗變得有趣與上癮。由於獎品如此誘人，人們有強烈動機想要繼續玩下去，同時曉得他們的拉金塔點數在玩遊戲的同時會繼續累積。這種作法結合了第二項與第四項核心動力。這些技巧被稱為「抽獎與滾動獎勵」，我們會在本章稍後討論。

「玩樂加住宿」遊戲的獎勵

最後，獎勵放在玩家眼前讓他們垂涎三尺，包括一個獎勵的圖案，以及大大的兌換獎勵行動按鈕。

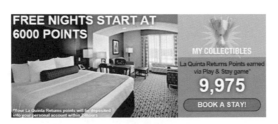

「玩樂加住宿」遊戲的獎勵圖案及行動按鈕

如果你曾研究我的作品，就曉得以上大部分手法只是遊戲的「皮毛」而已。雖然這是一則絕佳的成功故事，但如果你僅僅將其遊戲裝置與機制複製到計畫之上，可能無法體驗同樣的成功。這項計畫的深度在於長達數月的規劃、努力收集研究成果、以及許多小時的介面設計與平衡調整。

最後，經過深思熟慮的設計與執行，創造出美好與吸引人的使用者體驗，為拉金塔酒店帶來豐碩成果。關於拉金塔酒店的「玩樂加住宿」遊戲，FrugalTravelGuy.com 作家亞莉安納・艾甘迪瓦（Ariana Arghandewal）在一篇文章中寫道：

「警告：這款遊戲非常容易上癮。你可能贏到〔拉金塔〕點數、再次轉動輪盤機會、能夠增加轉動輪盤次數的代幣、免費住宿等等。剛開始我沒有太重視這款遊

戲，因為接下來我沒有打算去住拉金塔酒店，但是遊戲很快讓我上癮，過去兩天我已經從遊戲獲得 3,000 點。」**⑬**

如同各位所見，有些人本來覺得不太關心獎品，卻受到人本設計的激勵加入遊戲，而且投入時間超過當初預期。從以上的數字，我們看到許多像她一樣的使用者，最後變成付款的顧客。

大部分客戶都希望我為他們執行的工作保密。所以當我得到機會，能夠運用內有確實數字以及絕佳評量指標的客戶證言時，我馬上掌握機會（記得「自誇按鈕」遊戲技巧嗎？）：

「郁凱的洞見幫助幸運日公司，將客戶拉金塔酒店的每位使用者訂房率增加 206%。相較於控制組，每位使用者邊際收益增加了 157 美元（增加 132%）。達成 530% 的病毒傳播係數之後，我推薦所有公司與郁凱合作，學習他的八角框架架構。」──幸運日公司創辦人兼執行長安德魯．藍迪斯（Andrew Landis）

幸運日公司在 2015 年決定，運用這些強大的遊戲設計技巧幫助實體商家吸引與留住顧客。我們很快就會看到，該公司是否正確地將已經驗證的模式帶入新市場。

果汁機內的懸疑與神秘

許多公司也運用第七項核心動力宣傳它們的品牌，作法是在行銷活動之中加入懸疑與神秘元素。其中一個經典案例是 Blendtec 的「這可以攪拌嗎？」活動。Blendtec 製造強力的果汁機，售價高達 300 至 400 美元，相當於一具 iPad Mini 的價格。這樣的售價並不便宜，但是由於其帶來價值有助於家人長期健康與感情，顧客仍然願意花錢購買，前提是要讓他們相信 Blendtec 的產品遠優於其他果汁機。

Blendtec 創辦人湯姆．狄克森（Tom Dickson）運用一些非常具創意的行銷手法，在 YouTube 推出一系列名為「這可以攪拌嗎？」影片。在這一系列影片中，執行長穿上實驗室白袍化身為科學家，將小說、高爾夫球、掃帚柄、以及像是最新

iPhone 或 iPad 等高價產品扔入果汁機。開動之前，狄克森會說出這道著名問題：
「這可以攪拌嗎？」

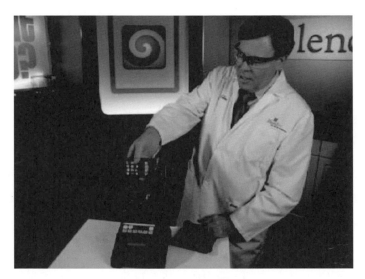

Blendtec 果汁機「這可以攪拌嗎？」影片

　　不用說，這種作法產生大量的懸疑感與好奇心，大家都想看看他是否會摧毀一
支全新的 iPhone。經過一段有趣與嘈雜的示範，這支 iPhone 果然變成一堆黑色沙
土。這些影片充滿娛樂性與吸引力，觀看次數達數百萬次。

　　贏得許多觀眾當然是件好事，但是問題仍然存在：這會帶來足夠的投資報酬
（ROI）嗎？數百萬名觀眾為了娛樂看過影片，當他們終於想要購買果汁機時，首
先想到的名字會是 Blendtec。「嗯，Blendtec 果汁機能把高爾夫球切成塵土。我相
信我家的蔬菜更不是問題。」

　　另一個額外的好處是，當朋友與家人提到需要買新果汁機時，該公司會是觀眾
最自然想到的推薦廠牌。根據此一活動數年後公布的案例研究指出，Blendtec 的營
收大幅增加達七倍之多⓮。

　　到 2014 年時，Blendtec 的 YouTube 頻道影片已有超過二億四千二百萬名觀眾，
相當於美國的人口數。這對果汁機而言是個不壞的成果。

一路造假的散播力

　　另一個運用第七項核心動力進行行銷的絕佳例子是 Adobe 的「是真是假」活動。在 2008 年時，Adobe 希望消費者了解其 Adobe Photoshop 與 Illustrator 產品的能力。當時新推出的臉書平台，被視為能夠觸及大學生的潛在行銷工具，因此 Adobe 在其學生臉書網頁上推出一項名為「是真是假」的活動。Adobe 每星期會貼出五張怪異的影像，邀請大學生判斷影像真假。

Adobe「是真是假」活動

　　這些照片到底是真的，還是被「Photoshop 動過手腳」的神秘問題，為參與者帶來強烈動機。參與動機還受到第三項核心動力：賦予創造力與回饋的強力推動。「這不可能是真的。一定是假的。但是這看起來很像真的……甚至影子與構造都很完美。我必須找出答案。」

　　因此，這驅動學生再度造訪網頁，定期參加這場挑戰。這項設計的優點是即使學生答錯，也會展現出 Adobe 的 Photoshop 與 Illustrator 程式多麼強大。

　　為期一個月的活動結束時，大部分使用者都對 Adobe 產品的能力留下深刻印象。Adobe 資深行銷經理艾莉莎·海德（Elisa Haidt）指出，這項遊戲被玩過 14,000 次（請記得當時臉書仍是個年輕的平台，涵蓋社群不能與今日相提並論），

22% 使用者點選了產品教學，6% 與朋友分享，6% 點選「現在購買」按鈕[15]。

　　請想像一下，如果這次活動拿掉懸疑與神秘元素，Adobe 只表示：「請看看我們使用 Adobe 產品創造的驚人照片！」我很確信 Adobe 得到的成果，會與遊戲化行銷的成果天差地別。

引人好奇的第二個 Google 按鈕

　　另一個運用懸疑元素的有趣例子是 Google 的「好手氣」按鈕。一般而言，Google.com 的搜尋會將使用者帶往結果頁面，看到 Google 認為最合於使用者鍵入關鍵字的結果——以及一些讓 Google 賺走不少錢的廣告。使用者通常看完三到十則置頂搜尋結果，就會找到一則似乎最適合的。

　　然而，Google 首頁上有個按鈕，原本的設計是直接跳過以上一切內容。這個按鈕名為「好手氣」，直接把使用者帶到搜尋結果第一名的網站。

「好手氣」按鈕

　　這點非常有趣，因為 Google 非常、非常謹慎地保護其首頁設計。如同《翻動世界的 Google》[16]一書所述：早在創業之初，Google 就決定不要像雅虎一樣讓首頁變得一片雜亂。該公司堅持不讓廣告在首頁出現，儘管這樣做會帶來豐富的額外收入。過去這些年以來，Google 一直堅守此一決定，保持首頁的整潔，只放上 Google 商標、一個文字欄、以及搜尋功能。在網路問世之初，當透過撥接連線的網站上傳速度非常緩慢時，這種簡單的網頁策略大獲成功。

　　但是，「好手氣」按鈕的特點在於：雖然 Google 保證首頁絕不會出現廣告，

在搜尋結果頁面中刊載的廣告，卻讓 Google 賺進大把鈔票。「好手氣」功能跳過搜尋結果頁面，後者是 Google 廣告營收的大宗來源。早在 2007 年初，廣告分析業者 Rapt 公司的湯姆・查維茲（Tom Chavez）估計，「好手氣」按鈕讓 Google 每年損失一億一千萬美元❼。

　　既然這樣，Google 為什麼會在網頁放上這樣一個愚蠢的功能，讓自己損失大筆營收呢？

　　原因有好幾個：一方面，如果你相信 Google 搜尋引擎的智慧，就會經常使用這個按鈕，知道這會讓你更快抵達目的地。另一方面，這個按鈕提供一項絕佳的內部回饋機制，刺激 Google 持續優化其搜尋引擎的演算法，讓更多人選擇使用此一按鈕。話說回來，Google 之前的搜尋引擎即使也能每頁顯示 30 個結果，表現還是相當差強人意。Google 想要提升為使用者找到**最**正確搜尋結果的能力。

　　從使用者動機的觀點來看，按鈕創造了有趣與無法預測的體驗，驅動使用者更加投入 Google。請注意按鈕名字是「好手氣」，而非「按一下搜尋」。後者會建立不正確期待，如果沒有完美地找到搜尋結果，會導致使用者認為這項科技相當差勁。

　　Google 定期改變商標的作法，已成為展現該公司玩樂文化的著名方式。重要假期、歷史紀念日、或者重要時事，都會出現在商標塗鴉之上，這在使用者之間激發出大量的第七項核心動力。第一個塗鴉出現在 1998 年，慶祝該公司首次員工旅行，參加為期一週的火人節（Burning Man festival）。

Google 定期改變商標

　　商標塗鴉與「好手氣」按鈕已在 2010 年代初期進化成「更符合企業文化」的東西，不過仍然完整保留在 Google 的公司文化之中。

　　不久之前，Google 對「好手氣」按鈕做出改變。運用第七項核心動力的原則，當使用者將游標移至按鈕上面時，會出現一個吃角子老虎機制，提供不同搜尋選項。選擇「我覺得很棒」，會把你帶往 Google 的世界之美計畫（World Wonders Project），看到全球重要文化遺產景色。「我覺得時髦」選項會帶到熱門搜尋網頁，向你顯示 Google 上的最新流行。「我覺得光彩奪目」會顯示出獵戶座大星雲的照片。這項功能讓粉絲探索 Google 的宇宙以及其他功能，滿足他們的好奇心。網路新聞部落格馬沙布（Mashable）的新聞記者山姆・賴德（Sam Laird）寫道：

　　「先警告你一聲——你可能會上癮，而且會誘使你慢下步伐。但是商標塗鴉消遣不只讓人上癮而已，其實非常聰明。請這樣想想：還有什麼更好的方式，能夠讓 Google 向網路使用者提供多種服務、工具、以及純粹隨機性，讓他們變得更加酷炫？舉例來說，我對世界之美計畫並非十分熟悉，但日後也許會再度造訪，得到一些增長智慧的娛樂。」⑱

　　運用八角框架架構，我們可以看出儘管在第五項核心動力：社會影響力與同理心方面，Google 旗下產品的表現都不強，該公司仍然對於在使用者經驗中引出第七項核心動力：不確定性與好奇心，展現出強烈的興趣。

Woot! 創造午夜灰姑娘

　　之前的章節中，我們談過 eBay 與亞馬遜都是遊戲化電子商務網站的優良範例。另一個大量整合遊戲化設計，但是較不為人知的網站是 Woot.com。Woot! 有趣地結合了第六項核心動力：稀缺性與迫切，以及第七項核心動力：不確定性與好奇心，為使用者創造出充滿吸引力的體驗。

　　在日用品網站變得普及之前，Woot! 每天會在網站上推出一項有趣產品的促銷，讓顧客購買。Woot! 的吸引本質是你無法事先知道促銷產品為何，以及得以購買的人數一定有上限。新產品在每天午夜上線，前一天的促銷同時被移除。由於這種策略，Woot! 的使用者會對下一項很酷的促銷品一直保持好奇，每天都會查看網

站，看看新的促銷品為何。

　　如同各位所見，這項機制大幅仰賴第六項核心動力：稀缺性與迫切的效果。當你在下午四點登入時，促銷品常常已經售罄，這種情況在 Woot! 創業之初尤其經常發生。接著你提早到上午十一點登入，新產品仍然已經售罄；上午八點還是經常落空。隨著獲得下一項商品的渴望變得更加迫切，使用者會不斷再度造訪網站。最後，網站的預設機制間接訓練使用者每天在晚上 11 點 59 分登入（期望行動）與更新頁面，直到下一件促銷商品出現為止。以公告促銷價買到新商品，成為在該網站達成破關狀態的**獎勵**。

　　Woot! 採取了與本章主題一致的作法，該網站最讓人垂涎的商品是所謂的「廢物袋」。這是一袋郵寄給使用者的隨機商品。袋內通常裝著品相不合格的展示品，以及其他有趣商品。網路上有部落格文章討論贏得廢物袋的最佳策略，因為這是頗難取得的東西。以下這段重要提示，來自部落客「生醫女郎」撰寫的文章，目的是幫助你獲得廢物袋[19]：

設立一個 Woot.com 帳號，永遠在預期的廢物袋出現**之前**登入。在網頁出現之後才登入，只會浪費你的寶貴時間而已。相似的情況，確認你的帳號資訊在登入時全都正確無誤。這些資訊包括送貨與帳單寄送地址，以及信用卡資訊。另一個不錯的作法，是記得信用卡上的安全碼，或是先複製到剪貼簿，以便需要時能夠立刻貼上。**積極運用 F5（重新整理）策略**。對於贏得你想要的袋子，這是最常見的方法，因為這樣做完全不用花錢。根據以上方法，你可以猜出想要的廢物袋何時會出現，接著打開你的視窗連往 Woot! 網站，然後一再重新整理頁面，直到廢物袋出現為止。當頁面似乎拒絕傳送的時候，你可以看出這個袋子是否開放搶購。在這一刻，我通常會打開數個分頁／視窗，看著它們直到其中一個出現頁面。一旦你看到「我想買」的按鍵出現，立刻點選，等待下一頁出現。你必須確認帳號資訊（你應該已經完成這件事），以及鍵入安全碼，然後按下「以上資訊正確」，然後在最後一頁按下「購買」，希望一切都沒問題。

如同各位所見，此一遊戲中甚至出現許多的第三項核心動力：賦予創造力與回饋。當狀況變得有趣與難以預測的時候，連一袋廢物都會變得非常有價值。

不確定性與好奇心之下的遊戲技巧

你已對第七項核心動力：不確定性與好奇心的動機與心理本質學到更多知識。為了讓這些知識成為行動的基礎，以下我列舉了一些大量運用這種核心動力吸引使用者的遊戲技巧。

醒目選擇（第 28 項遊戲技巧）

第六章之中，我們曾簡短談及醒目選擇遊戲技巧，如何在加入階段讓使用者覺得聰明與能幹。當然，醒目選擇遊戲技巧還會吸引使用者的好奇心，將他們帶往正確方向。

大部分使用者都不喜歡在遊戲開始之前閱讀大本手冊，或是長時間觀看影片。使用者寧願立刻開始遊戲，試看看一切如何進行。這正是醒目選擇發揮作用之處。在許多角色扮演遊戲之中，使用者被扔進一個龐大的虛擬世界，有許多事情可做，許多地方可以探索。然而，使用者從不會對應該要做什麼感到迷惑，因為特定電腦角色經常有個醒目的驚嘆號，促使玩家與他們互動。

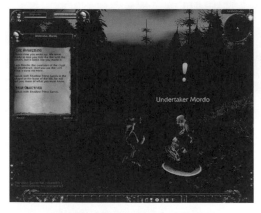

《魔獸世界》的醒目選擇截圖

開始互動之後，這個角色會透露下一個關卡，或者接下來的線索，幫助玩家在遊戲中前進。玩家現在曉得了下一個期望行動，絕不會感到失去方向。

與第六章提到的沙漠綠洲遊戲技巧對照，設計師運用沙漠綠洲時會清空周圍每樣東西，凸顯出期望行動；醒目選擇則是放置一項明顯的物品，在複雜的環境中像明亮的星星一樣閃耀。你可以在應用程式中使用這種技巧，在使用者需要導引時凸顯某項重要功能，代表使用者的期望行動。許多應用程式作法是在重要功能上方放置一個問號，或者一個箭頭，指向他們希望潛在顧客注意的地方。我總是告訴客戶：**「永遠不要讓使用者意外踏進某個惡劣體驗。」**如果使用者無法在四秒內想出該怎麼做，就會想要離開。如果使用者按下任何按鍵或分頁，卻發現走進死巷之內，等於為了採取期望行動而受到懲罰。

成就優良設計的關鍵，是確保使用者不需對採取期望行動多加思索。更好的方式是，如果使用者不想這樣做，他們必須詳加思考，才能**決定**不採取期望行動。如果有個醒目的大箭頭，指示你應該點選應用程式內的某個按鍵，使用者還是可以選擇不這樣做，但他們的大腦必須努力運轉，才能避開採取此一行動。一旦你的顧客點選了問號或箭頭，問號就應該消失。接著玩家能夠點選下一個醒目功能，找出其功能，以及對他們有什麼幫助。

神秘盒子／隨機獎勵（第 72 項遊戲技巧）

最常見運用第七項核心動力：不確定性與好奇心的方式之一是獎勵架構。與其給予使用者固定行動獎勵，並確知取得獎勵的步驟──例如第四項核心動力：所有權與占有欲的「贏得午餐」遊戲技巧──你還不如在體驗之中建立不可預測性，方法是根據獎勵本質的變化，改變給予獎勵的情境。

遊戲之中常見「奪寶」或「掉寶」，這些是在玩家達成破關狀態之後出現的隨機獎勵，這些破關舉動包括打開藏寶箱或擊敗敵人。這種不可預測的流程，經常在結束階段扮演驅動玩家的角色。我將這項技巧稱為神秘盒子（更遊戲化的說法）或隨機獎勵（更技術化的說法）。

運用隨機獎勵，參加者完成一項規定行動之後，會獲得未知的獎勵。這種技巧重新創造出孩子在聖誕夜的興奮感。他們看到聖誕樹下的禮物，知道要過了某個時間之後，才能知道禮物到底是什麼。雖然他們不曉得盒內的禮物為何，但是這種獲得禮物的期待感，正是此一體驗如此刺激的原因。

此一技巧的例子之一，是假日派對的「白象」禮物交換[20]。這個遊戲又名為「交換禮物」，提供一個在參加者之間分配便宜或沒人喜歡的禮物（經常來自前一次年終假期）的額外機制。

交換開始的時候，每位參加者都要在禮物堆內放入一盒包好的禮物，然後抽出（本身帶有不確定性）一個數字，決定自己選擇禮物的順序。接下來，第一個人從禮物堆中做好選擇，打開一盒禮物。

下一位參加者可以從禮物堆中選擇尚未打開的禮物，或者從第一位參加者手上「偷走」已經打開的禮物，後者可以從禮物堆中再選擇一項禮物。

接下來的參加者會重複此流程，大家都可以從禮物堆中選擇禮物，或者從前一個人手上「偷走」禮物。這一直進行到最後一位參加者選擇最後一份禮物，或者從別人手上偷走禮物為止，禮物被偷走的人則打開最後一份禮物。在這個例子中，大家都曉得一旦完成遊戲，就會獲得獎勵，但是要到最後才曉得獎勵為何。白象禮物交換其實是個很有趣的遊戲，我個人非常喜歡。這個遊戲整合了八角框架的幾乎每個核心動力。有機會的時候，你也應該和家人朋友玩一玩。

隨機獎勵的第二個例子來自名副其實的神秘箱店（Mystery Box Shop）[21]。顧客需付月費才能加入該公司服務。與 Woot 的「廢物袋」相似，每月 1 日該公司會寄出一箱內有五至十項「絕佳好奇品」的包裹。內容物根據該月主題而定。最近的主題包括「永遠長不大」、「萬聖讚」、「另一個世界」、以及「老派作風」。該公司保證每個神秘箱都很酷、引起好奇、獨特、甚至古怪，因此每個箱子都提供了好奇心元素。箱內物品包括衣服、玩具、小玩意、零食、電子產品、以及天知道還有什麼東西，每次箱子送到都像是打開生日禮物一樣。這種作法讓顧客一再光顧。

復活節彩蛋／意外獎勵（第 30 項遊戲技巧）

復活節彩蛋（或稱意外獎勵）的作法與神秘箱子不同，這是在使用者事先毫不知情之下給予的意外驚奇。換言之，神秘箱子是根據**預期中**啟動機制給予的意外獎勵，復活節彩蛋則是根據**預期之外**觸發機制給予的獎勵。

我們的大腦會受到意外元素的吸引，由於這些獎勵如此突如其來，興奮與好運的額外感受會讓這個體驗非常刺激。突然的獎勵會激勵顧客再度光臨，希望他們能夠再度意外感到同樣的喜悅。在這個狀況中，對獎勵一無所知**確實**會帶來喜悅。

復活節彩蛋以兩種方式發揮作用：大量的口耳相傳，因為每個人都喜歡分享碰到刺激與意外的事情。向朋友敘述自己的好運時，朋友也會感受到這個體驗的刺激。

復活節彩蛋還會讓人猜想觸發機制到底為何。如果復活節彩蛋是隨機而來，參加者會想像應該如何重複體驗，才能「玩贏」系統。他們開始建立如何贏得獎勵的理論，而且一再採取自認的期望行動，以求證明或否定這些理論。

復活節彩蛋的最佳例子之一是「大通幫你付帳」（*Chase Picks Up The Tab*）活動[22]。大通銀行希望顧客更常使用簽帳卡，因為簽帳卡為該公司帶來的利潤高於信用卡。因此在「大通幫你付帳」活動之下，顧客每次刷大通簽帳卡（期望行動）的時候，都有非常微小的機會從大通收到簡訊，內容是說：「大通剛幫您付帳了！您已付的五美元會歸還到帳戶中。祝您有個美好的一天。」雖然獎勵的金額不高，卻能驅使消費者更常使用大通卡，而非其他卡片，因為他們想看看能否重複之前的成功，再度「贏得」獎勵。使用者經常將他們的成功轉述給朋友，這可能驅使朋友加入此一「遊戲」，看看自己是否也能成為贏家。

另一個復活節彩蛋的最佳例子，是由 Foursquare（這是遊戲化領域的應用程式先驅，但最近已轉往其他領域）[23]原本的版本執行。Foursquare（現名為 Swarm）讓使用者在不同的拜訪地點「簽到」，與好友分享自己人在何方，並且對建立讓人欽佩的簽到模式的使用者給予徽章。在一個地點簽到次數最多的使用者會贏得「市長」地位，除了可以用來炫耀之外，甚至可能獲得限當地使用的獎勵，例如免費飲

料或點心（程式內有一些設計缺失，但這已超出本章範圍）。

　　數年前，《企業遊戲化》（*Enterprise Gamification*）一書作者馬利歐・赫格對 Foursquare 的復活節彩蛋有過這樣一次有趣體驗。在 2011 年秋天，他還只是一個中度的 Foursquare 使用者。史帝夫・賈伯斯過世那天，許多人湧至帕羅奧圖市（Palo Alto）的蘋果商店，放置鮮花以及在牆上留下紀念訊息。赫格人在這家蘋果商店，決定在 Foursquare 上簽到。完全出乎意料，他解鎖了一個標題為「賈伯斯」的新徽章，副標是「向瘋狂的人致敬。#ThankYouSteve」。

Foursquare 的簽到徽章：賈伯斯

　　就我們所知，這是個只能在非常短的時間內，在少數地方獲得的徽章。你可以想見，這對赫格是一大驚喜（但無損於賈伯斯過世活動的沉重），激勵他在更多地方連上 Foursquare 簽到，以及經常與他人談及此次經驗，這讓我想到應在本書中與各位分享這則故事。

摸彩／連續獎勵（第 74 項遊戲技巧）

　　另一種受到第七項核心動力：不確定性與好奇心推動的獎勵方式是連續獎勵，有時又稱為「摸彩」。連續獎勵的關鍵規則是每次都要有人贏得獎勵。因此，只要

使用者「留在遊戲之內」，贏得獎勵的機會就會直線成長。

在較小的社群中，連續獎勵設計的形式可能是「本週最佳員工」，這讓員工保持努力工作，希望自己有天會是贏得此一頭銜與表彰的人（註：赫格在《企業遊戲化》一書中提出，本週最佳員工的作法不適用於不贊同表彰個人的國家與文化❷）。

另一種連續獎勵的形式是當雇主或大客戶說：「在這個計畫之後，你們中的一個將獲得茂宜島的免費兩週假期！」事實上，在大多數職場，未來能升官的想法本身就是個連續獎勵——有個人將會升為新任副總裁，希望那個人會是我。

在參與者數目眾多的環境中，連續獎勵計畫的進入門檻很低，獎勵非常豐碩（請想到各州或各國的樂透彩券），但是無論你在「遊戲」中花了多久時間，贏得獎勵的機會都很渺茫。沒錯，個人能夠藉由進行更多的期望行動，例如購買更多入場券、或是收集更多入場次數，提高贏得獎勵的機率。但是計畫規模愈大，機率就愈讓人望之卻步。

抽獎如此有效的原因，是我們的大腦對於辨識微小機率的能力差到難以置信。在概念層面，我們無法了解「千萬分之一」與「億分之一」的不同。我們只知道這兩個機率都是「非常渺茫的機會」，無法真正了解在贏到「億分之一」的獎品之前，你可能贏得十次「千萬分之一」的獎品。

加拿大雷斯布里治大學（University of Lethbridge）教授羅伯·威廉斯（Robert Williams）專門研究抽獎，他指出：「人類演化史上，沒有任何東西，沒有任何智力架構，能讓我們學到或準備好嘗試與掌握這些機率的渺茫程度。」❷因此只要一有機會，人們就願意投入少量金錢，以求獲得鉅額獎金。

連續獎勵可在不同層級發揮作用。對於入門者而言，由於連續獎勵的入門門檻很低，能夠輕易吸引到大量參加者。更有甚者，如果一位參加者真的贏得抽獎，很容易就變成終生粉絲。這是因為在第一項核心動力：重大使命與呼召的力量下，他們覺得命中註定會贏。

台灣的遊戲化報稅

台灣是我的故鄉。隨著我對遊戲化知識愈來愈淵博，台灣社會與文化中的遊戲化執行層級就讓我愈加印象深刻，不過這些創新都沒有冠上遊戲化的名字。中小企業與大眾運輸隨處可見收集點數與發給小型獎品的制度。除此之外，最讓我印象深刻的作法之一是台灣政府如何運用遊戲化（尤其是連續獎勵），確保小企業誠實報稅。

在許多國家，逃漏稅是常見行為，企業偏好收取現金而非信用卡，才能短報營收數字。大部分國家都使用懲罰性的第八項核心動力：損失與避免，嚴厲處罰被抓到逃漏稅的公司。然而，除了缺乏完整的執行能力之外，想要調查所有被懷疑有逃漏稅嫌疑的企業，耗資實在太高。

早在 1951 年，台灣政府就開始採取兩項行動，解決這項問題。首先，台灣政府將所有收據與發票平台整合在一套中央系統之下，所有開出發票的公司都會自動將發票號碼與金額送交政府，作為報稅之用（事實上，大部分台灣人都不需聘請會計師處理稅務問題。政府可以直接告知你應該繳稅與退稅的金額）。

但是第二步驟是真正創新之處。台灣政府將每張發票號碼變成全民參與的抽獎獎號。每隔兩個月，民眾可以看到發票號碼是否中獎，最大獎約值 62,000 美元，相當於大學畢業生五年的薪水，二獎為 6,200 美元，其他獎則一路遞減到六獎的 7 美元。

由於這套「統一發票抽獎」系統，消費者要求企業一定要開立發票，防止企業在檯面下以現金交易（或者以比特幣購物）避稅。此外，消費者更願意花錢，因為每次購買都有可能讓他們成為贏家，同時可以促進經濟發展。

過去二十年中，我阿嬤單是在日常生活中購買雜貨與日用品，已經多次獲得 7 美元與 31 美元的小獎。

與 1950 年相比，統一發票抽獎讓財政部的 1951 年稅收增加 75％。這是很棒的投資報酬率，尤其是對政府而言[26]。此一計畫的成功讓政府在 2011 年將頭獎增

加至超過 330,000 美元，希望讓更多消費者索取發票。

　　在 2016 年，台灣政府開始將統一發票轉為電子發票，減少二億五千萬美元的處理成本，每年減少砍伐 80,000 棵樹木❷❼。

　　我們的政府應該採行更多激勵與吸引選民的創新方案，而非只是針對犯法行為採取更嚴厲的打擊與懲罰。

第七項核心動力：全面觀點

　　第七項核心動力：不確定性與好奇心是一項強大的黑帽核心動力，帶來內心的興奮感。對於任何想要吸引使用者的設計，倘若能夠自問：「有任何辦法在流程中加入一些隨機與機率嗎？」將會帶來豐碩成果。藉由使用為不確定性與好奇心設計的技巧，企業能夠驅使顧客投入它們的產品，而且留住顧客更長的時間，直到結束階段為止。

　　與其他白帽核心動力並用，第七項核心動力是一項強大的黑帽核心動力，可能激起重大使命與呼召，激發欲創造力與回饋、以及提升所有權與占有欲的價值。與其他黑帽核心動力並用，不確定性與好奇心會創造著迷與上癮的行為。若是與第八項核心動力：損失與避免並用，將會放大恐懼與擔憂的負面情感。

馬上動手做

入門：請想出你最喜歡、讓你不停觀賞的電視影集（如果有的話）。完整看過一遍之後，你還會回頭再看一遍嗎？當不確定性降低的時候，你的動機有什麼改變？

中級：不確定性放大我們對獲益（第四項核心動力）與損失（第八項核心動力）的感情。相較於獲益機率固定的狀況，請想出一個不確定性與獲益搭配，使得

體驗更有玩樂與刺激感覺的情境。接下來，相較於損失機率固定的狀況，請想出一個不確定性與損失連結的情境，以及這種作法如何進一步癱瘓所有活動。你能看出不確定性如何運用黑帽隱性方式，使得一件事情更吸引人們的感情投入嗎？

高級：關於你的計畫，請試著設計一項團體破關與神秘箱的結合，如果一個團體採取多種期望行動，每個成員都會獲得一項驚喜獎勵。與發給固定的團體行動獎勵，亦即人人都知道採取期望行動會獲得什麼獎勵（賺到的午餐）相比，請評估前種作法的優點與缺點。

請將你的想法加上標籤 #OctalysisBook，在臉書、推特或你喜好的社群網路上分享，看看別人有何想法。

以好玩方式探索八角框架內容

我在網路上創作的內容之一，是一系列名為《遊戲化初學者指南》（*Beginner's Guide to Gamification*）的教學影片。基本上，這些影片結合了你在本書讀到的八角框架與遊戲化知識、我在全球各地旅行（美國、印度、中國大陸、丹麥、巴林、英國、德國、夏威夷、以及其他地方）的紀錄片、以及一大堆我做的傻事，目的是避免觀眾太早離開這些影片。我在影片中所做的事情有些相當過分，拿出來示人仍然讓我不好意思。這是一種讓你觀看內容的有趣方式，並且讓你以更具娛樂性的方式從本書學習。這一系列影片可在我的網站上觀看，網址為：http://www.yukaichou.com/video-guide [28]。

第 12 章

第八項核心動力：
損失與避免

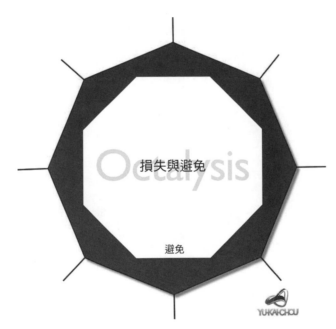

　　八角框架架構之中損失與避免是第八項，也是最後一項核心動力。其激勵方式來自對於損失某件事物或者發生討厭事件的恐懼。

　　許多廣受歡迎遊戲的概念是保持活命，以便晉級下一回合。根據遊戲的設計不同，你的角色死亡或受傷代表被迫重新開始遊戲，或是損失重要事物——可能是金幣、金錢、擁有的生命數、或者使得破關狀態更難達到的挫敗。

　　這種避免損失的心態並不只限於遊戲而已。對於失去我們投資的時間、努力、金錢、或是其他資源的恐懼，成為我們在真實世界許多狀況中的行動根據。為了保護自尊心與自我意識，第八項核心動力：損失與避免體現的方式，有時會是我們拒絕放棄，不願承認至今所做的一切已經毫無用處。

　　甚至被視為正在消失的機會，也是某種損失與避免。如果不把握稍縱即逝的機會採取行動，人們將覺得永遠失去行動的機會。

　　郵寄優待券是一個常見的例子。讓我們想像，你從一家很受歡迎、但是完全沒興趣光顧的連鎖店收到九折優待券，有效期限為 2 月 12 日。

　　你的大腦很清楚知道，如果你讓這張優待券過期，下個月還是會收到完全一樣的優待券，有效期限為 3 月 12 日。但是你也許會有種困擾的感覺，如果沒有在有效期限前用掉這張優待券，會覺得失去某樣東西。理性上而言，這件事應該沒有關係，但是你被迫對這項優待多加思考。因此，你前往這家店享受本來不在乎折扣的機率將略為增加。

收成你的損失

　　許多社群遊戲都很有效地運用第八項核心動力：損失與避免，激勵使用者採取期望行動。在各位都很熟悉的《農場鄉村》遊戲初期的加入階段，就會看到系統內已整合避免設計，吸引玩家每天多次「登入」。

　　加入《農場鄉村》的頭幾分鐘內，一切看來都非常正面，玩家花時間創建他們的角色，運用遊戲給予的免費農場現金開始工作。然而，《農場鄉村》很快要求每位玩家進入固定工作模式，維護他們的穀物與牲畜，最重要的工作是返回遊戲點選穀物與牲畜，以便收成農產品。

　　視穀物種類不同，如果你不在規定小時內回來收成（你可以自選想要種植的穀物，這裡應用了第三項核心動力：賦予創造力與回饋），會失去已經投入的心血，見到穀物枯萎與死去的傷心畫面。這種讓人有些灰心的事件會讓玩家難過，驅使他

們經常回到遊戲，保持穀物欣欣向榮。玩家會變得積極投入，避免負面結果。

《農場鄉村》的農作物枯萎畫面

　　玩家失去穀物不但會損失農場現金，還要花費更多時間，因為他們必須重新種植與維護新的穀物。每次看到讓人灰心的農作物枯萎畫面，對你就是三重打擊，因為你失去了時間、心血與資源。

　　多年之前，這種設計的效力曾讓我深感震驚，因為對於科技一竅不通的我媽突然迷上《農場鄉村》。當年的我媽視科技為萬惡之源，會污染社會以及破壞真誠的人際關係。現在她還是很少使用電子郵件。

　　但是在 2009 年，在好友的熱心推薦之下，她加入臉書，開始玩起《農場鄉村》，這是第五項核心動力：社會影響力與同理心的不錯例子。加入階段之初，一切都很順利、有趣，她使用遊戲放鬆身心，還與朋友保持聯繫。

　　然而數個月之後，我媽有時會在上午五點醒來，只是為了收成穀物，以免它們枯萎。情況糟糕到當我媽有事需要出城時，會打電話給我的表親，問他能否登入她的臉書帳號，幫忙管理她的農場。她需要確定穀物不會枯死（她也曾找我做這件事，不過我這個兒子缺乏第五章討論的「孝道」，最後我推掉了這個責任，以便專心在「其他」的重要工作）。

　　當時這件事讓我非常震驚。本來我以為，大部分人玩遊戲的原因是在真實世界

中有太多責任，需要讓自己埋首於幻想世界，逃避這些責任。然而在每日生活的壓力與焦慮之外，現在又多出一套全新的虛擬責任。這實在說不通。

當然，現在的我已了解黑帽動機的本質與力量。有段時間，《農場鄉村》運用這種損失與避免設計，成功地增加每日活躍使用者指標，降低短期的玩家變動，直到玩家到達「黑帽反彈」，至此他們終於無法承受，找到勇氣追尋《農場鄉村》之外的自由。

被愛綁架

我在 2014 年初受邀前往中國深圳，為華為公司主持數場遊戲化研討會。這次旅程中，有位導遊帶我前往美麗的茶溪谷一日遊（在《遊戲化初學者指南》系列影片中，你可以看到這次旅行的許多畫面，包括騎駱駝與讓人咋舌的獅舞）。在這些行程中，此行的教育課程很快接近結束。

離開茶溪谷時，我見到有人在兜售鉛筆素描。當時我的導遊前往洗手間，所以我決定看看這些素描的品質如何，這是第七項核心動力：好奇心的力量。他們看到我走過來，問我是否想要一幅素描像，我婉拒了。

我正要離開時，看到一位畫家根據另一位顧客的 iPhone 照片作畫。我問道（當然是以中文）：「如果我給你手機照片，你也可以畫出來嗎？」他回答：「當然可以！你要一幅嗎？」

我決定這是為我太太帶回一樣東西的好主意，證明我在離開遠行時仍然想到她。與從機場貨架買下某件昂貴的東西相比，為她手繪一幅畫會是更親切與體貼的作法。這可以讓她曉得，我真的花時間找到一件為她特製的獨特物品。

我向畫家問道：「一幅要多少錢？」他告訴我價格相當 50 美元。我想道：「噢，就算是以美國的水準而言，也未免太貴了。」我這個人通常不喜歡講價，因為會耗掉太多情感精力。我決定使用第六項核心動力：稀缺性與迫切的走開戰術。

「抱歉，這對我太貴了。」當我走開的時候，他趕過來說道：「如果只要 35

美元呢？」我心裡對稀缺性戰術奏效感到欣喜，但是 35 美元仍然太貴，所以我說道：「不行，就像我說的，太貴了。」當然，我不是在唬他。這時我真的不打算買任何東西。

他接著說道：「好吧……25 美元可以。今天已經要收了，我還是幫你個忙，畫好這幅畫。」這個時候，雖然價格並沒有非常便宜（相較之下，在深圳按摩 90 分鐘只要 25 美元），但我覺得自己討價還價得還不錯，把他的要價砍掉了 50%——這是第二項核心動力的感覺。他剛剛還運用了第五項核心動力：社會影響力與同理心的戰術：「我喜歡你，所以幫你個忙。」因此我覺得最好答應。話說回來，我正在開心旅行的途中。

動手 20 分鐘之後，他已經快要完成這幅畫。他畫得還可以。不是很棒，但看得出來很像我太太（這是我的主要目標，我不希望她覺得我買畫的對象是另一位女士）。

包起這幅畫的時候，他問道：「你想在畫上包層透明膜嗎？這樣可以保護鉛筆的鉛不被擦掉。」我說道：「當然好。」他關切地看了我一眼，說道：「這要多花點錢。」我有點吃驚，問道：「要多少錢？」他滿不在乎地告訴我，這層保護膜要花掉我 15 美元。

我發現這是他的詭計，覺得相當不爽。我用很不高興的口氣回答：「那就算了。我不想為保護膜花掉 15 美元。」

接著，帶著關切與體貼的表情，他解釋：「如果不加層保護膜的話，鉛筆的鉛會在行李裡面被擦掉，破壞整幅畫。看看鉛筆的鉛多麼容易被擦掉。」他用拇指在畫作一角擦了一下，果然在拇指上沾了一層黑鉛。「好好一幅畫就這樣被破壞，太可惜了。」

在這樣的狀況中，你會怎麼辦？

如同各位可以想見，這是一種很不舒服的狀況。儘管如此，這種狀況還是非常發人深省。第八項核心動力：損失與避免接管了我的行為，最後我付給他 40 美元，換到一幅還過得去的畫作。各位都記得，剛剛我才拒絕了 35 美元的價格。

　　離開的時候，我一再提醒自己：「我不是為他的繪畫本領付出 40 美元。我是為了討太太歡心付出 40 美元。這樣完全值得。」

　　這次互動之中，可以學到說服式設計應該如何落實的課。

　　我對於採取期望行動充滿強烈動力。雖然我理性上了解他的價格並不划算，提供的方式也不誠實，對於藝術家 20 分鐘的工作，最後我還是花掉 40 美元，讓這位「藝術家」賺了一筆。此外，我在採取期望行動之後覺得非常不安。從此以後，我再也不想向中國的街頭攤販購買東西。

　　了解這點非常重要。如果想讓別人採取期望行動，運用這種黑帽核心動力能夠產生非凡的力量。但是長期而言，這樣做會讓使用者對體驗失去熱情，創造疲乏狀態，帶來高退出率。一旦採取期望行動之後，人們再也不會想讓自己陷於同樣的狀況之中。

　　在以上狀況中，這位畫家只是從路過一次的觀光客賺錢，雖然會傷及中國大陸其他街頭攤販，但還是相當值得。這樣的狀況可以持續數年，直到所有觀光客都知道避免向不老實的街頭攤販購物──不幸的是，包括誠實的攤販在內。然而，在你的體驗設計之中，我猜想你會希望使用者採取首次期望行動之後，隨著他們進入攀登與結束階段，還會採取更多次期望行動。

　　因此，當我們在體驗之中運用第八項核心動力：損失與避免的設計元素時，只能用在真的需要使用者採取期望行動的關頭。接下來，應該安排一系列白帽核心動力，鼓勵與平衡使用者的動機。在第十四章白帽相對黑帽動機的討論中，我們將深入探討。

　　這正是八角框架架構的美妙之處（從我的觀點來看）。我們不但能夠使用此一架構了解如何創造與設計動機，還能夠了解與優化動機的本質，確保同時滿足我們的短期與長期目標。

　　如果你一定要知道的話：回到加州時，我太太認出畫中的人是她自己，對於我的舉動非常窩心。我感到很有成就（第二項核心動力），因為她很開心，而且我的計畫完全奏效。

或許這 40 美元花得非常值得。

打撲克牌時「為什麼你不拿走我全部的錢？」

在撲克牌這類心理賭注遊戲之中，同類的第八項核心動力行為經常出現❶。請考量以下這種許多德州撲克玩家經常碰到的情況：

回合開始時，你也許拿著一手好牌。為了避免嚇跑其他牌友，你只會小額增加賭注，希望留住其他**抱著**希望在這回合拿到更好牌的玩家。隨著更多公用牌（每個人都可以使用與「分享」，改進手上這副牌的中央牌）翻出，你的牌仍然很強，每位牌友也繼續跟進，對底池小額下注。這代表其他牌友對自己的牌信心不足，但是又希望拿到更好的牌，不想要蓋牌（放棄），所以繼續以最低限度下注，留在這回合之中。

你一直覺得自己手上的牌不錯，尤其是與對手相比。最後的中央牌翻出之後，已經沒有可以等待或期望的牌，你覺得收穫勝利果實的時候已到。但是想到其他牌友對自己較弱的牌作何感想，你並不想嚇走一桌牌友，所以你決定把籌碼增加四成，看看是否有人以同樣金額挑戰你。你希望某位拿到半手好牌的牌友以為你在虛張聲勢，決定與你對賭。

面對這樣的實力展現，大部分人都會棄牌，因為他們曉得你真的有手好牌，他們則只有一手普普的牌。但是這一刻，有位牌友突然「全下」，賭下所有籌碼。

對於撲克牌玩家而言，這是一個困難的時刻。對於手上這副牌，你已經展現絕對的信心與實力。即使對方相信自己有手好牌，他只需要跟注就好，不需要抬高賭注。這種作法可以讓他控制賭注，以免你的手牌強過他的手牌。

但是「全下」之舉，讓這位牌友展現他對擊敗你手上強勢好牌的信心，以及他並不在乎你可能有什麼牌。在撲克牌中，玩家能夠拿到的爛牌不是牌桌上最差的手牌，而且第二大的手牌。當你**知道**自己只有小牌時，你會乾脆棄牌，輸掉少許籌碼。但是當你**以為**自己有牌桌上最大的手牌，最後卻不是的時候，你會冒著輸掉所

有籌碼的風險。

在這個情境中，你很快地在腦中計算，結論是還有三種手牌可以擊敗你，雖然可能性極低，但對方可能握有其中一種。也許他只是在虛張聲勢？你變得緊張起來，開始回想他在最後幾手如何出牌。你的理性頭腦完全相信這人不是在虛張聲勢，他的手牌強過你。**你輸了。**

如果你是一台電腦，你的計算會立刻顯示，輸掉四成的錢要比輸掉四成以上的錢更好。所以你可以棄牌，默默接受損失。

然而，人類心智的思考方式卻不是這樣。在這一刻，我們傾向將目光聚焦在桌上的賭資。對於失去四成的籌碼，我們開始感到痛苦，接著又想道：「如果他拿的是較小的手牌呢？如果他是在虛張聲勢呢？如果他拿的其實是較小的手牌，但是自以為較大呢？」

我們忘掉一件事，我們的理性大腦已經斷定對方不是在虛張聲勢，而且握有更強的手牌。但是現在思考的是我們的感性大腦。在別人面前充滿自信地抬高賭注之後，你不想面對首次挑戰就突然低頭退出，看來一副輸家的樣子（第五項核心動力）。**擁有自傲是件代價高昂的事情。**

最後，第七項核心動力：不確定性與好奇心發揮作用，凸顯損失與避免的另一面。如果在這時候蓋牌，你永遠不會知道對方是否握有更大的手牌（如果對方沒有跟進或提高賭注，撲克牌玩家不需要攤牌）。這輩子未來的日子中，你可能一直回想他是否真的有副較強的手牌，這樣活著真是可怕！

因此，最後你做出不理性的決定：賭下所有的金錢，原因只是你不想放棄已經賭下去的四成。這樣做讓你接受對方的挑戰，雙方攤牌一較高下。

最後，如同你在心裡已經預知，對方攤牌證明他的確有副比你更大的手牌。現在你輸掉的不是四成，而是全部的籌碼。

這正是為何在撲克牌中，「硬泥地」（Tough Muck）一詞指的是玩家賭下大筆金錢之後，將一手好牌蓋牌的狀況。任何玩家都能在真的擁有最強手牌的時候贏錢，但是只有真正的專業好手才能在必需的時候，知道如何執行「硬泥地」。

扔進無底洞

同樣的現象也出現在投資領域。舉例來說，你是位富豪，對一家名為 LOSR 的生技公司投資了十億美元。多年之後，該公司已經用盡現金，但是尚未找到任何決定性的發現。他們告訴你已經非常接近成功，只要再投入四億美元，就可以達成重大突破。

如果你剛了解這家公司，也許會根據你看到的進展，做出管理團隊徹底無能的結論，所以你連再投資二十美元都不肯。為什麼要把錢丟進排水溝呢？

如同之前的撲克牌例子一樣，我們缺乏應付沉沒成本的能力，促使我們做出不理性的行動，把好好的錢扔進無底洞。最後你不甘不願地再對 LOSR 投入四億美元，拯救已經扔下去的十億美元。

當然，該公司也許有個微薄的機會獲得重大突破。如果成功的話，全世界會認為你是個聰明、深富洞見的人。然而，你做出投資的原因不是出於智慧，只是出於恐懼與無法放下已經失去的事物。

財務上而言，這裡的合理決定是認賠退出，將四億美元投入其他前景更佳的機會（當然，除非你是出於非財務理由進行投資，像是防止瘋狂科學家因為缺乏資金，在自己身上實驗，因而變成摧毀文明的超級壞蛋的大悲劇發生）。

出於黑帽動機的本質，你強迫自己去採取期望行動，但並不見得對這樣的行為放心。

讓你苗條的殭屍

大量的黑帽動機會讓我們意志消沉，但是少量使用黑帽動機卻能夠為體驗帶來驚險與刺激。適量使用倒數計時、輕微處罰、或者甚至有趣的恐懼手法，能夠讓使用者更加投入此一體驗。

行動應用程式《殭屍大逃亡》是個「有趣的」損失與避免例子。這個應用程式

將使用者帶入幻想的大災難情境，在那裡殭屍已經接管全世界。使用者在一個名為「艾貝爾」（Abel）的小鎮中，擔任「五號跑者」角色。有時艾貝爾鎮會耗盡資源，「五號跑者」必須前往荒郊野外完成任務拯救全鎮。

使用者願意戴上一副耳機，聽取一系列故事，同時在真實世界跑步，動機是出於「不想被殭屍吃掉」。在跑步的策略性層面，「艾貝爾鎮廣播電台」會激勵使用者飛奔一段固定的時間，因為他們在想像的望遠鏡之中，見到快速移動的殭屍出現在使用者身後。

Nike+ 激勵使用者跑步的方式是帶來成就感（第二項核心動力），《殭屍大逃亡》則讓使用者為了不想被殭屍吃掉而跑。

當我主持每季一次的八角框架遊戲化網路研討會的時候，經常有人提出《殭屍大逃亡》是讓他們重新開始投入跑步的應用程式。對於這個應用程式如何驅動固定與重複性的運動，我個人印象非常深刻。

當然，為了創造讓人投入的體驗，《殭屍大逃亡》在損失與避免之外，運用了多種白帽與黑帽核心動力激勵使用者。這個遊戲的背景故事是要五號跑者出發執行任務，拯救面臨困境的社區不受殭屍侵襲，這個故事帶入了第一項核心動力：重大使命與呼召。每個任務成就都大量運用了第二項核心動力：發展與成就。跑者跑步時「收集」的資源可以用來重建角色的社區（回饋機制只是耳機中傳來的聲音，告知你剛撿起一具行動電源），這點運用了第四項核心動力：所有權與占有欲。

最後，第七項核心動力：不確定性與好奇心貫穿了整個故事。如果使用者想要找出，為什麼故事中另一位陪跑跑者突然無緣無故開始咳嗽，他們必須跑上更遠距離，才能知道陪跑跑者是否已被殭屍感染。

失去其他核心動力

出於一個有趣的原因，第八項核心動力：損失與避免能與其他核心動力相輔相成：這種核心動力經常是其他核心動力的負面效應。你不希望比你更重要的事物崩

壞（第一項核心動力），所以採取行動；或者你不想在朋友面前看來像個輸家（第五項核心動力），所以你買了下去。

有的人也許會主張，這並不構成單獨的核心動力。舉例來說，批評者會指出人們重回《農場鄉村》，原因是他們希望感受到成就或所有權，這兩種感覺的損失只是移除了這些核心動力而已。然而從設計觀點來看，將損失與避免視為單獨的核心動力相當重要。

這是因為從動機的觀點來看，獲得某樣事物與避免損失截然不同。研究❷❸❹一再指出：與獲利相比，我們更可能為了避免損失而改變行為。這迫使我們採取不同行動，以及運用不同的心理規則。事實上，諾貝爾獎得主丹尼爾·康納曼指出，一般而言，我們避免損失的動力強度是尋求獲利的兩倍❺。這代表只有相信當風險成真時，潛在獲利會是潛在損失的兩倍，我們才願意接受風險。

經由使用八角分析框架，這樣的分野可以找出機會，整合主動避免損失的機制，創造一套更微妙的動機驅力，藉以改進行為設計。

終極損失 vs. 可復原損失

第八項核心動力：損失與避免可能變成一項難以管理的核心動力。如果沒有適當執行，這項核心動力會減少使用者的熱情，導致他們想要退出。

必須記得的是，損失與避免是一種呈比例增減的動機。使用者對損失與避免的回應方式，通常與他們對體驗的投入成正比。

如果使用者已經玩了一款遊戲，或是使用一項產品達十小時，他們的損失感會比僅僅投入十分鐘更加強烈。玩家在一款遊戲投入數天達到 37 級的時候，輸掉從頭來過的衝擊必定大於剛開始遊戲、才達到 2 級的玩家。

這裡的關鍵策略是體驗設計師應該展示重大挫敗的威脅（終極損失），但僅僅執行（如果必須的話）小規模的邊際損失（可復原損失），在情感上訓練使用者更認真看待終極損失。可復原損失會強化避免的心態。

　　根據我個人經驗裡的一般規則，可復原損失絕不應超過使用者已投入時間以及／或者資源的 30%，理想狀況則是不超過 15%。一般而言， 2% 至 5% 的輕微損失已足以激勵使用者認真看待自己的活動。如果使用者的投入損失三成以上，他們感到意志消沉而退出的可能性會變得非常高。

　　由於讓使用者蒙受慘重損失對任何人都沒有好處，「終極損失」的最佳運用方式是管理期望，系統創造出讓使用者感激、但不會濫用的「寬限系統」。

　　舉例來說，職場中的經理可能會表明，某個水準以下的工作表現會帶來開除的後果。這種確實但有限的激勵方式，使得每個人都更加努力工作，以求避免可怕的損失。這種第八項核心動力的經理甚至會採取小規模的損失事件，包括發表激勵演說、把員工從重要職位上調走、以及公開斥責他們（提示：通常這是很糟的主意）。一切作為都是為了確保員工在情感上體認這種損失感，因而受到激勵努力工作。

　　然而，當一位員工未能達到表現目標，預期將遭開除的時候，經理或許會執行另一個選項。知道員工離職與再訓練新員工是沒人希望看到的結果，經理可以告訴這名員工說，組織有看到他的付出與努力，因此再給他一次機會達成目標。

　　如同各位所見，這裡的終極損失並未被真正執行，而是作為黑帽動機工具。這樣做之後，這位員工或許會感謝得到第二次機會，對於工作變得更有幹勁。這就變成第八項核心動力：損失與避免為第五項核心動力：社會影響力與同理心先行鋪路，讓員工因為對於經理產生新的感激之心，而更加努力工作。

　　個人的期待決定了他的快樂和動機。在一個貧窮國家中，一名飢腸轆轆的青少年很難了解，為什麼一位追求完美的開發中國家學生，只是因為在學校得到一個「B」，竟然會接連三個星期悶悶不樂。另一方面，本來預期會當掉這門課的學生，竟然會為了得到 B 慶祝一整個星期。

　　相似的是，一名億萬富翁會為了損失大筆財富，淪至百萬富翁而自殺❻，但市井小民卻會因為得到一百萬元而狂喜。根據我的個人觀察，我們的快樂幾乎完全是由期望與所處環境的對比決定。根據這點，達到快樂的最容易辦法是調整期望，對

我們所有的一切心存感激，而非對力有未逮之事覺得難過。更有甚者，許多婚姻會因為對彼此不切實際的期望而失敗，造成的傷痛會在未來多年中繼續折磨心靈。

談到與人們互動，從嚴變寬一向要比從寬變嚴來得好。第八項核心動力與第五項核心動力之間的互動，經常決定房東／房客、教師／學生、僱主／員工、以及政府／人民之間的關係。

當然，如果員工開始將第二次（或者第三次、第四次等等）機會視為理所當然，為了維持損失與避免系統的威信，將這名員工解職是非常關鍵的舉動。如果破壞規矩的人不須面對真正的後果，會讓認真盡責的員工意志消沉，整體動機將直線下滑。

話雖如此，要記得：如果經理運用更多白帽動機的話，這位表現不佳的員工也許會突飛猛進。相對於只有懲罰的系統，動機設計可以提供更多自主權、回饋、以及使命。然而，由於本章宗旨是探討使用第八項核心動力：損失與避免的本質與效果，我們只將重點放在此一核心動力的使用與效果。

警告：避免為避免而避免

運用第八項核心動力：損失與避免的警告之一，是使用者必須**確實**知道應該怎麼做，才能避免發生糟糕的狀況。如同第十章對稀缺性與迫切的討論提到，如果只提出一則關於損失的訊息，使用者無法直覺看出應該怎麼做才對，經常會造成反效果。第八項核心動力會變成反核心動力，使用者則進入否定模式。大腦會不理性地作出結論：「既然我不知道如何處理，也許這不是個很大的問題。」接著，本章稍後要討論的**現狀怠惰**會主宰動機，以防損失發生。

醫療研究者霍華・雷芬塔（Howard Leventhal）、羅伯・辛格（Robert Singer）、以及蘇珊・瓊斯（Susan Jones）進行了一項研究，請學生閱讀一份關於破傷風感染危險的小冊❼。參與實驗的學生分為三組：第一組收到警告的小冊，但是裡面沒有預防破傷風感染的清楚步驟。第二組收到警告小冊，以及安排注射破傷風疫苗的計

畫（採取期望行動的**觸發機制**）。第三組則收到安排注射破傷風疫苗的計畫，但是未收到讓人心生恐懼的警告小冊。

如同各位預期，只有收到讓人心生恐懼的警告小冊，**以及**解決之道計畫的那組，才對採取期望行動擁有高度動機。就像第二項核心動力：發展與成就提到，我們只有在事情讓我們自以為聰明時，才想採取行動。如果使用者對於此一潛在威脅思考反應時感到迷惑（因而覺得愚蠢），他們會不予理會，以免對這件事覺得無能。

諾亞・高斯坦（Noah Goldstein）、史帝夫・馬丁（Steve Martin）與羅伯特・席爾迪尼明智地將小羅斯福總統名言❽改成：「我們應該恐懼的事物是恐懼本身。」❾

損失與避免之下的遊戲技巧

你已對第八項核心動力：損失與避免的動機與心理本質學到更多知識。為了讓這些知識成為行動的基礎，以下列舉一些大量運用這種核心動力吸引使用者的遊戲技巧。

合理繼承（第 46 項遊戲技巧）

最常見運用第八項核心動力：損失與避免的遊戲技巧之一，是我所稱的**合理繼承**。這是當系統首次讓使用者相信，某件事物應歸他們所有（記得期望的重要性嗎？），然後讓他們覺得如果不採取期望行動，這件事物就會被拿走。

有的時候，合理繼承遊戲技巧的執行只需要改一個字就夠了。你是否曾經在網站上瀏覽時，突然碰到想將你轉為顧客的頁面（「加入」或「購買」），接著看到一些促銷字樣：「現在購買，當場八折！」或是「現在加入會員即可免費獲得3,000 點」？我們經常將這些促銷視為花招，差勁地想要吸引第四項核心動力：所有權與占有欲，所以完全不予理會。

　　然而，有的網站在體驗之內整合遊戲技巧，方法是駕馭我們躲避損失的心態。請想像瀏覽網站時，突然跳出一個小小的視窗，說道：「很好！你的行動讓你贏得 500 點！」隨著你點選更多頁面，網站繼續通知：「很好！你的行動讓你贏得 1,500 點！」最後，當你進入到達頁面時，通知會說：「現在你有 3,000 點。請加入會員儲存點數，以備未來使用！」

　　即使這和「現在加入會員即可免費獲得 3,000 點！」的結果一模一樣，體驗的設計卻為加入會員帶來更強烈驅動感。過去，加入會員的麻煩程度不值得 3,000 點，但現在你卻覺得是靠著「努力」在網站上到處瀏覽，才「賺到」這些點數，失去你有權得到的東西是不合理的。因此，你加入會員的機率會提高許多。

　　對於電子商務網站，請想像如果跳出一個小小的視窗，顯示「感謝您在上班時間造訪本網站。您已獲得 5% 的折價碼。請點選這裡領取折價碼」。接著是「感謝您查看我們超讚的使用者評論。您已獲得 15% 的折價碼。請點選這裡領取折價碼」。最後出現一則閃爍的訊息：「您已獲得最高的 20% 折價！請點選這裡領取折價碼。」

　　到了這裡，你也許會覺得瀏覽這個電子商務網站的「苦工」，讓你賺到折價碼。即使你並不想購買任何東西，仍然覺得有資格獲得折價碼。一旦你獲得 20% 的折價碼，另一次損失與避免的動力就會出現，如同之前提到的過期郵寄折價券一樣。現在你覺得，如果不在過期之前使用這張折價券，就會失去某件事物。因此，現在你更可能為了使用折價碼而購買東西。

　　在新創公司的世界中，公司經常利用認股選擇權，讓員工擁有足以安心的持股，但是這樣做有數項條件。第一是股權分配時程表，只有任職達一定時間的員工，才能領滿所有配股，時間通常是四年，期間每個月可領得四十八分之一配股。

　　另外一個條件是「一次授予」期（通常是一年），之後員工才能夠行使配股選擇權。如果一名員工在三個月後離職，將無法分得配股。在職一年後，他們會立刻獲得全部配股的四分之一，之後繼續以每月四十八分之一開始累積。一次授予的目的是確保不會出現大批擁有股份、但是對公司毫無貢獻的離職員工。

　　由於這種設計，我曾見到許多想要離職的員工留下更長時間，因為不想失去應得的累積配股月數。當然，如果這家公司無法加入像是目的、自主權、以及精通等白帽元素，改變他們的離職動機（提示：可能是因為壞老闆），員工待滿一次授予期後仍會馬上離職。

　　諷刺的是，大部分公司在受到第八項核心動力：損失與避免的激勵，亦即員工已經接受另一家公司的僱用**之前**，都不會給予員工應得的加薪或升遷。以合理的動機設計為基礎，公司在員工執行表現優異的期望行動時，應該給予他們獎勵。而不是在員工執行像是要求加薪或者找尋其他職缺等非期望行動時，才想要這樣做。如果你只在別人採取非期望行動時才獎勵他們，只會鼓勵他們（以及同事）採取更多這樣的行動❿。

　　對於激勵使用者採取行動，合理繼承的遊戲設計技巧在許多情境中都非常有效。這種情況就像一些後代為了大筆遺產彼此鉤心鬥角一樣——其實他們並沒有值得繼承的行為。當人們覺得應該合理繼承一筆遺產時，經常會努力爭奪⓫。

逐漸消逝的機會（第 86 項遊戲技巧）與倒數計時（第 65 項遊戲技巧）

　　逐漸消逝的機會是一種如果使用者不立即採取期望行動，就會消失的機會。在《暗黑破壞神三》遊戲之中，引起最大轟動的角色之一是名為寶藏哥布林（Treasure Goblin）的小怪獸。寶藏哥布林是隨機出現的敵對生物，在遭受攻擊時會跑走，不會攻擊玩家。運用大量生命值（Hit Points，代表健康或生命），玩家能夠在寶藏哥布林逃走時衝上前攻擊。有的時候（但不經常發生），擊敗寶藏哥布林會帶來豐富寶物。然而，如果沒有在一定時間內擊敗寶藏哥布林，它會跳入傳送門消失不見。

　　發現寶藏哥布林的時候，玩家經常忽略其他正在攻擊他們的怪獸，為了贏得寶物專注於追逐哥布林。有的 YouTube 實況主以說出這樣的話出名：「等一下我要讓各位看看如何擊敗這個頭目，所以現在先不管這些怪獸，盡快幹掉這個頭目……噢，大家看看，有一隻寶藏哥布林！過來，不要跑！噢，這些怪獸擋在我的路上。

不，不要往那邊跑！噢！我被幹掉了……要怪都要怪這些怪獸。」即使在現場轉播中，逐漸消逝的機會仍是注目焦點。

在現實世界中，每個迫使你決定要買下這項產品，否則永遠失去機會的限時搶購，都在使用這種遊戲技巧。二手車業代喜歡這樣跟你說：「聽好，我剛才跟老闆吵了半天，跟他說如果讓你今天用這個價格買下這輛車，你會開心到一輩子都是忠實顧客。這樣總算說服他！我真不敢相信！當然，沒有人要你真的變成終身忠實顧客，但是你今天真的要接受這個價格。如果你放棄的話，我保證老闆會馬上想通，改變主意。」

你在心裡竊笑，因為你很清楚汽車業代使用的話術，會在心裡自動提防。但是慈善組織募款人呢？「剛剛有位慷慨的捐款人跟我們說，接下來一小時內我們每收到一元，他就捐出一元！您的捐款會帶來雙倍作用！」

逐漸消逝的機會激勵我們，基於對失去划算買賣的恐懼而馬上行動。**倒數計時**則是一種與這種技巧效果相當的簡單回饋機制。

倒數計時運用視覺顯示，告知距離一項實體事件發生還有多少時間。有的時候，倒數計時會預告一次良機的開始，其他時候則代表機會的結束。

之前提到，真的將終極損失實現在使用者身上，對任何人都沒有好處，可復原損失的目的只是讓使用者正視終極損失。較小損失的目的是強化對於重大損失的避免。然而，如果使用者無法察覺損失的話，整個動機因素都會隨之泡湯。

倒數計時確保使用者對於逐漸消逝機會的體認，強過對於有效期限的體認，因為使用者不斷看到機會之窗逐漸關上，在此一過程中建立迫切感。為了直覺地達成此一目的，倒數計時應該顯示適當的最小時間間隔（通常以秒為單位），而非像是星期或月等較長間隔。

現狀怠惰（第 85 項遊戲技巧）與 FOMO 猛擊（第 84 項遊戲技巧）

有的時候，第八項核心動力：損失與避免的表現方式，是根本不想改變你的行為。我將這種慵懶的行為慣性稱為**現狀怠惰**。

每隔一段時間，就會有位創業家告訴我：「嘿，郁凱，顧客沒有理由不使用我們的產品。我們為他們節省時間、金錢，還讓生活變得更好！」走運的時候，甚至顧客也會這樣說：「沒錯，我沒有理由不使用你們的產品。它為我節省時間、金錢，還讓生活變得更好。明天我一定去買！」

對於曾經參與推出創新產品的人而言，也許會看出這裡的關鍵是「明天我一定去買」。更常見的狀況，「明天」的意思是「永遠不會」。這原因不是對方說話不真誠，而是缺乏足夠動機去執行期望行動。

身為體驗設計師，我們的目標是經由開發讓人積極投入的動作循環，讓使用者將期望行動變成習慣，因而在產品的結束階段內建現狀怠惰。

尼爾・艾歐是一位構想塑造行為產品的專家，他提出**上鉤模型**（Hook Model），以**觸發、行動、回報**、以及**投資**的循環，描述如何吸引使用者在不費任何心力之下執行日常活動❷。事實上，一旦某種活動變成習慣，使用者必須持續**花費**心理與情感能量，才能從這種習慣之中永久脫身。

上鉤模型重點是創造內在與外在的**觸發機制**，提醒使用者在日常生活中採取**期望行動**。使用者投入期望行動之後，系統就會提供一種可變的（而且經常是情感上的）**獎勵**，最終促使使用者做出**投資**。當使用者下次經由觸發機制返回時，能夠為自己建立價值。投資的形式可以是加上一張照片、標籤朋友、個人化檔案夾，讓使用者在此一流程之中建立價值（配合第四項核心動力：所有權與占有欲）。

如果正確執行，使用者會覺得受到現狀怠惰的激勵，意思是他們甚至可能更加勤奮努力，**預防**行為的改變。

另一方面，為了對抗與你作對的現狀怠惰，有的時候需要運用我所稱的「FOMO 猛擊」。FOMO 是「害怕錯過」（Fear of Missing Out）的簡寫，其巧妙之處是運用第八項核心動力：損失與避免，反過來對付這項核心動力。

現實人生中，我們害怕失去已有的東西，但是我們也害怕失去可以擁有的東西。受到正確激發時，這種對於後悔的害怕能夠打破現狀怠惰的行為慣性，啟動期望行動。

當賈伯斯邀請百事可樂主管約翰・史庫利（John Sculley）出任蘋果執行長時，他的名句是：「你想把接下來的人生用來賣糖水，還是想要有個改變世界的機會？」

對啦！這記強大的 FOMO 猛擊，促使史庫利想到如果他把未來職涯「浪費」在百事可樂，就會錯過這次一生難得的機會。後來他回憶：「我深呼吸了一口氣，因為我知道接下來的人生中，我都會在想錯過了什麼。」[13]（諷刺的是，史庫利可能永遠被記得是開除賈伯斯，讓蘋果陷入困境的人，最後是靠賈伯斯回來拯救蘋果。）

如同以上情境顯示，當使用者在體驗的發現階段進行探索時，FOMO 猛擊可以發揮強大作用。相較之下，當設計師在結束階段希望將老手玩家留在系統內時，現狀怠惰技巧能夠發揮更大作用。

FOMO 猛擊範例

企業經常向我詢問，他們的員工是否一定要參加內部遊戲化系統。一般而言，我們曉得玩樂**必須**是自願參加[14]。如果某人被迫去做一件事情，即使是遊戲也好，就不能再被認為是「玩樂」。

就此一意義而言，遊戲化系統本質應該出於自願，因此發現階段的設計變得非常重要，以便吸引使用者參加遊戲。由於無論遊戲化系統是否存在，員工都必須投入與期望行動相關的工作，如果系統提供大家本性中都期待的勝任、周遭人的感謝、以及自主感受的話，他們或許會試用這套系統。

然而，由於現狀怠惰的關係，員工經常不想改變行為，也不想嘗試新的事物。這正是 FOMO 猛擊發揮作用的時候。管理階層能夠向員工傳達，他們正在錯過精通工作、提升企業認同、以及擁有更多樂趣的機會。

另一個 FOMO 猛擊的例子是荷蘭的「郵遞區號樂透」。每個星期，郵遞區號樂透都會隨機抽出一個郵遞區號（與美國的郵遞區號相似，但是涵蓋戶數較少），發出「街道獎」。在這個郵遞區號之內，所有購買樂透的人都可以獲得相當於

12,500 美元的獎金。當然，沒有購買樂透的人什麼都得不到，只能心酸地看著鄰居慶祝獲獎。

一份 2003 年進行的研究顯示，郵遞區號樂透比其他種類樂透更為成功，因為荷蘭的居民害怕鄰居得獎，自己卻沒有得獎[15]。既然我們更可能因為避免損失，而非預期獲得來改變行為，人們會更願意購買樂透，因為他們害怕出現鄰居獲獎大肆慶祝的場面，被鄰居揶揄說：「這回你沒有參加，真是太不巧了。想要我請你喝瓶啤酒嗎？」

南加大經濟學與心理學副教授喬吉奧‧柯里西里（Giorgio Coricelli）做出如下解釋：「大腦對於損失非常敏感——甚至對很低的損失可能性也是如此。所以，如果你將某件事物視為損失，生理上就會出現衝動去避免它發生。你會對此感到反感。」[16]

郵遞區號樂透的設計內建第四、五、六、七與八項核心動力，因此大獲成功完全不讓人意外。

沉沒成本監獄（第 50 項遊戲技巧）

在第八項核心動力：損失與避免之下，效果最強大、但有時也最難搞的機制是我所稱的沉沒成本監獄。當你對某件事物投入如此多時間，甚至當整件事已不再讓你享受的時候，仍然持續採取期望行動，因為想避免放棄一切的損失感，這就是沉沒成本監獄。

請想像以下情境，你已經玩了一個遊戲很長的時間，開始覺得無聊，沒有意義。你自問為何還要繼續玩下去，但是潛意識中你知道如果退出遊戲，會感受到損失所有投入的時間、點數、貨幣、地位、以及個人化設定的痛苦。退出將帶來醜惡的感覺，承認自己完全浪費掉數百小時，結果一事無成。

因此，為了避免損失與空虛的沮喪感受，你說服自己運用強大的新寶劍，消滅更多怪物，或者花掉所有努力換來的兩百萬元金幣，試著再次得到很棒的感覺。最後，你會對遊戲投入更多時間，累積更多將會失去的東西。你被死亡漩渦困住，一

切變得讓人非常沮喪。

　　從設計觀點來看，如果你確保使用者正在累積——而且知道他們正在累積——一旦離開系統，就會失去與浪費掉的事物時，使用者就很難在結束階段抽身離開。

　　雖然擁有強大效力，沉沒成本監獄依然堅守讓使用者覺得不安的黑帽原則。因此，它們應該一直搭配白帽核心動力（例如讓使用者體認他們正在幫助世界，不應在這時放棄累積的影響力）。只有在使用者想要快點離開系統，像是受到其他公司的黑帽技巧吸引時（例如使用者一定要加入的特別「限量」促銷），這些技巧才應派上用場。

　　關於完美運用沉沒成本監獄的社群媒體網站，臉書就是一個絕佳例子。我有許多會一起出去的個人朋友，但是我沒有他們的電話號碼或電子郵件信箱。唯一聯絡這些朋友的方法是透過臉書。

　　如果我突然關閉臉書帳號，會覺得失去所有與這些個人朋友的聯繫。更重要的是，我花了多年時間在臉書帳號載入照片、對話與貼文。如果我退出帳號，以後很難再取得這些內容。

　　同時讓人更難過與雪上加霜的是，我將無法取得與使用所有從臉書遊戲上累積的虛擬物品與金錢。臉書很聰明地設計出一種人們經常使用、投入如此之深的產品，使得他們難以從中脫身。這是一座不折不扣的沉沒成本監獄。

　　另一方面，即使 Google 的搜尋引擎大受歡迎，卻沒有真正建立如果停止使用，就會讓你失去的東西。正好 Google 是市場中最佳的搜尋引擎（我的看法一向如此），所以大家才會在可以的時候都想要使用。

　　但是，只要改變一下想法。「嗯，今天我想要使用 Bing，而不是 Google 進行搜尋。」Google 就會失去這位使用者。如果有一天，大家突然覺得另一個搜尋引擎表現更好，Google 會在一夜之間失去所有影響力——雖然至今看來，這在近期內不可能發生。

　　當然，Google 正在引進第四項核心動力的艾佛烈效應，運用個人化搜尋結果對抗這個問題——Google 了解你，所以如果你停止使用 Google，就會失去所有個

人化結果與體驗，這些是別家搜尋引擎無法提供的。這並不如臉書的「你的所有朋友都是我們手上的人質」有力，但至少往正確方向跨出一步。

設計你的體驗時，應該要經常思考什麼會讓使用者難以放手，因此會在你的系統中停留更久時間。

第八項核心動力：全面觀點

第八項核心動力：損失與避免是一項效力強大的動機，被各式各樣的機構與系統有意無意地運用。第八項核心動力產生的黑帽結果，包括高度急迫與著迷感。但是長期而言，這樣會讓使用者處於不適狀態之中。

在許多案例中，第八項核心動力：損失與避免是與第六項核心動力：稀缺性與迫切攜手並用，因為專屬性與限時促銷，經常會與對於失去專屬性或者促銷期已過的期待恐懼包裝在一起。不過，這兩項核心動力並不見得必須一起存在。舉例來說，第六項核心動力的醒目並列遊戲技巧（向使用者提供兩種完成期待行動的選項，結合第六與第三項核心動力），並未利用任何得自損失與避免的力量。

與第七項核心動力：不確定性與好奇心搭配，第八項核心動力的情感恐懼會被放大，造成更大損害。有趣的是，丹尼爾・康納曼利用充滿真知灼見的**四區塊圖表**顯示，在**損失**可能性偏低的事件中，我們會變得想要避開風險，以防小小的風險成真。然而，面對損失可能性偏高的事件，當我們被迫在全部損失（100%）、有90% 機會損失 200 美元、以及 10% 機會全無損失之中做出選擇時，我們會變得想要尋求風險，選擇我們預見一線希望的方向❼。話說回來，恐懼是讓我們保命的激勵來源，但是希望才是許多人生命的最終目的。

馬上動手做

入門：請想出一項目前你正在進行，但是已不再帶來樂趣或意義的活動，但是你仍然因為第八項核心動力：損失與避免繼續進行下去。這為你帶來什麼感受？如何才能讓你停止這樣的行為？

中級：請想出一種你仍然享受使用，但是如果有朝一日決定退出，可能讓你陷入沉沒成本監獄的產品。你是否將照片等個人資料或者工作成果大量儲存在此一服務之中？此一平台是否儲存重要聯絡人或關係？重要的組織資料與見解是否記錄在系統之中無法取出？請仔細思考，這些公司如何巧妙地在你享受服務的同時建立沉沒成本監獄，以及當你想要轉出的時候應該如何逃脫。

高級：逐漸消逝的機會、倒數計時、以及 FOMO 猛擊經常攜手合作，對抗現狀怠惰與沉沒成本監獄。你能夠想出以最佳方式結合這三項遊戲技巧，促使人們離開過去的舒適區，試試你的計畫嗎？將使用者帶入你的體驗之後，如何加入白帽遊戲技巧，讓他們享受體驗且覺得擁有權力呢？

請將你的想法加上標籤 #OctalysisBook，在臉書、推特或你喜好的社群網路上分享，看看別人有何想法。

不要錯過！在Twitch.tv觀賞郁凱研究廣受歡迎的遊戲

你記得我提過，完全了解一款遊戲如何運用八項核心動力，驅動我們著迷行為的唯一方式，就是真正加入遊戲嗎？我相信市面上有許多你聽過廣受歡迎的遊戲，但是自己動手嘗試看來太過複雜。從 2015 年開始，我在 Twitch.tv 上播出我對最暢銷遊戲的設計研究。影片中我動手操作這些廣受歡迎的遊戲，同時說明遊戲設計，以及如何運用各種遊戲技巧，吸引我日復一日回到遊戲之中，花費更多錢購買虛擬商品。

　　我先從暴雪的全新卡牌對戰電腦遊戲《爐石戰記》（Hearthstone）開始，計畫最後會包括《當個創世神》、《英雄聯盟》（League of Legends）、以及其他遊戲。我這樣做是為了個人研究，但是如果你連上我的個人頻道 http://twitch.tv/fdlink，也許會正好看到我播出遊戲研究。此外，我會在個人推特帳號 http://www.twitter.com/yukaichou 宣布串流影片的播放時間，這是另一個讓你體驗 FOMO 猛擊的好地方。

　　好了，我要進行另一項研究的時間到了。遊戲串流時見。

第 13 章

左腦 vs. 右腦核心動力

在現實世界中使用八角框架

現在我們已經完成穿越八項核心動力的旅程，應該牢記在心：這些核心動力驅動我們採取的每項行動，無論在遊戲內外都是如此。如果缺乏任何一項核心動力，動機就不會出現，自然也不會採取行動（除了隱藏版的第九項核心動力：知覺）。

你可能已經注意到，我總是對每項核心動力加上數字，還有在某些例子中，我

只提到核心動力的編號，而不是全名。讀完這本書，繼續踏上了解與執行八角框架遊戲化的旅程之後，你會發現記住這些核心動力的編號非常有幫助。

當我與手下八角框架設計師團隊合作執行客戶專案的時候，我經常說出這樣的話：「這邊你可以清楚看到一種第六項核心動力的設計，強化了第三項核心動力，這點又凸顯出第二項核心動力，最後帶來第五項核心動力。」❶

如果不熟悉核心動力的編號，你自然難以跟上對話。八項核心動力的設計是「相互獨立，全無重複」（又稱為「MECE」❷）。不幸的是，每項核心動力的全名都很冗長。使用這些編號，你可以在漫長對話中省下時間與力氣，將重心放在創造有價值的解決方案之上。

對我而言，八角框架架構提供難以置信的助力，因為框架的視覺呈現不但讓我了解動機之間的複雜關係，更涵蓋了它們的本質：每項核心動力在八角形內的位置，能以視覺提示幫助設計師決定它們是否擁有長期或短期效果，或者體驗的設計是內在或外在。

八角框架架構還讓我們預測，動機在接下來的階段中會如何演變，幫助我們找出設計的弱點，著手解決或做出改進。

左腦 vs. 右腦核心動力

八角框架架構的關鍵面向之一，是**左腦與右腦核心動力**之間的不同。

左腦核心動力具備與邏輯、所有權、以及分析性思考相關的傾向。它們經由以下三種核心動力表達：

- 第二項核心動力：發展與成就
- 第四項核心動力：所有權與占有欲
- 第六項核心動力：稀缺性與迫切

　　右腦核心動力特性是創造力、交際性、以及好奇心，經由以下三種核心動力表達：

- 第三項核心動力：賦予創造力與回饋
- 第五項核心動力：社會影響力與同理心
- 第七項核心動力：不確定性與好奇心

　　（注意：本章稍後會提到數項重點，屆時你可以回頭參考以上說明。）

　　值得一提的是，「左腦核心動力」與「右腦核心動力」一詞並不代表它們真的位在大腦左邊或右邊。以上只是象徵性說法，代表有的核心動力更加受到「邏輯大腦」影響，其他核心動力則更加受到「感性大腦」影響。

　　過去一些對八角框架的攻擊例子之中，有的人指出「左腦 vs. 右腦」模式已被推翻，因此科學上不再成立。從我的觀點來看，這只是語義上的問題而已，因為我大可將每項感性核心動力稱為「彩虹核心動力」，邏輯核心動力則稱為「石頭核心動力」，讓它們擁有如同遊戲一般的美好光環。

　　然而對於設計目的而言，目前的用詞非常理想，因為「左／右腦」用詞在社會科學領域眾所周知。因此，我的設計將左腦核心動力置於八角形的左邊，右腦核心動力置於右邊。我的本行是位設計師，既然我本來就不覺得左／右腦用詞有何不妥，我偏好使用有用的工具，而非只是「語義正確」的工具。

　　我相信一看就懂的圖表能成功達到將這些核心動力以直覺化模式組織的目標。這種作法讓我與我學生以適當方式，跟據複雜的動機與行為設計原則。因此，這種作法確保我們設計出的體驗，能夠一直符合同樣的長期指標。

　　此外，左／右腦架構讓我們輕易地分辨外在與內在動機，並且為之進行設計。

外在 vs. 內在動機

左腦與右腦核心動力的分類，與許多動機理論學者認知的外在動機與內在動機彼此相關。

外在動機出自目標、目的、或者獎勵。其任務本身並不見得有趣或吸引人，但是目標或獎勵會驅動與激勵人們完成任務。經常看到人們每天上班不是因為喜愛工作，而是想要賺錢養家、促進職涯發展、以及達成眾人眼中的更高成就。

舉例而言，你正在做一份糟糕的工作。你的工作是每天長時間在地上挖糞。這是一份費力、其臭難當的工作，你打從心底討厭這份工作。但是有位仁兄突然出現，說道：「你每挖出一堆糞便，我就給你 10,000 美元。」

突然之間，你變得興奮起來，對於挖糞充滿動力，想道：「喔！這種錢真好賺！哈哈哈！」現在的你積極投入、開心、而且對工作充滿動力。士氣高昂，工作速度開始加快。

然而，重要的是記住**任務**本身仍然毫無樂趣。你受到激勵的原因是得到非常誘人的外在獎勵，製造出你正在享受此一活動的假象。一旦外在獎勵消失，你又會重回憎恨這個任務的狀態——而且如同我們即將看到，憎恨程度會更上層樓。

另一方面，隱性動機是得自你本性上享受任務本身的動機。你甚至願意為了某些事**付錢**，因為你非常享受去作這些事。例如，你不需要為了達成任何目標，就可以享受使用創造力；沒有實體的獎勵，你也很享受與朋友相處；你不需要任何補償，就會被不可預測性的懸疑深深吸引。

事實上，當你走進一家賭場時，得到的是與獎勵截然不同的東西。大部分人都知道，他們會被賭場「在統計上惡整」，這正是賭場為何如此賺錢的原因。但是他們走出賭場時，仍然會這樣說：「我輸了 200 美元，但是非常開心！」為什麼？因為過去五個小時中，他們不斷在想：「也許這次我會贏！」

他們花費 200 美元，購買「可能」獲勝的外在快樂。如果移除不確定性，人們非常清楚接連按下這些按鈕五個小時之後，只能拿回 40 美元不會讓人覺得充滿樂

趣。事實上，這變得很像在工廠勞動的可怕**工作**。

　　左腦核心動力的本質是目標導向，右腦核心動力則是體驗導向。外在動機的重點是結果，內在動機的重點則是過程。

與自我決定論的些許語意不同

　　在遊戲化領域，內在動機與外在動機的對比是一項廣受討論的議題，丹尼爾・品克的著作《動機，單純的力量》讓這個題目更受到注目❸。與其說是受到金錢（第四項核心動力：所有權與占有欲）與懲罰（第八項核心動力：損失與避免）驅動，該書探討人類如何更加受到**目的、自主權**、以及**精通**的驅動。

　　雖然我相信《動機，單純的力量》與其主張的自我決定論都很有道理，容我指出關於內在動機的構成元素，我的用詞與品克稍有不同。

　　一位籃球員每天練習投籃一千次，動機是達到精通，這是品克理論下內在動機表現的特點❹。然而，在八角框架架構之下，這項活動本身仍然單調與無聊。唯一的激勵原因是這位運動員有個目標——這是一項外在動機。話雖如此，下一章我們將看看，自我決定論如何與我架構之下的白帽動機產生連結。

　　以下是我通常用來決定某件事物受到外在或內在激勵的測試：如果目標或終點消失的話，這人是否還有採取期望行動的動機？

　　換言之，如果這位籃球員知道無論怎麼做，到頭來都會失去所有的「進展」，以及獲得或累積的每樣東西，他是否還會繼續練習投籃呢？

　　社交聚會與解決趣味謎題等創造性活動可以通過內在動機的考驗。然而，累積物品、賺取點數、甚至朝向精通地步邁進，可能無法通過考驗。如果你確知世界明天就會毀滅，會把時間花在什麼事情上面呢？你的決定很可能不是練習投籃——雖然你或許會決定和所愛的人打場籃球。

　　再次說明，這只是用詞與分類的不同而已，並非對於人類動機的信念存在基本分歧。品克只在內在與外在動機之間做出分別，我的分類則加入了白帽與黑帽動機

的角度（你很快會看到，精通被歸於白帽類動機之中）。因此，我們的分類與語言略有不同，但是對這些動機本質與效果的整體信念相當一致。

在相似的狀況中，客戶參與平台 Lithium 的首席科學家吳育成在內在／外在動機，以及內在／外在獎勵之間做出分別❺。

動機推動我們採取行動，獎勵則是我們採取期望行動之後獲得的東西。

執行一件任務之後，某人可能會得到內在**獎勵**，例如得到別人的感謝，或是擁有成就感。然而，由於內在**動機**是得自活動本身，未來結果並不在考量之中，如果某人是為獎勵（包括內在獎勵）去做一件事情，這就不是基於內在動機。

這點有些難以領會，但是根據吳育成的概念思維，第二項核心動力：發展與成就可能利用了內在獎勵，但最後並未將重心放在內在動機。左腦核心動力的重心都是結果（目標），右腦核心動力的重心則是過程（旅程）。第二項核心動力的重心是過程與成就，因此在我的架構之下是以外在動機為基礎。

遊戲化專案中的動機陷阱

大部分遊戲化專案都運用客戶忠誠計畫、徽章、進度列、以及獎品，這些是以左腦核心動力為重心。這是因為對於一項期望活動加入外在獎勵，要比讓活動在本質上變得有趣與受人喜愛更加容易。

然而，若是以內在動機為代價，使用太多外在動機的話，會產生許多動機陷阱❻。

讓我們假想一下，我喜歡繪畫，而且經常不為錢作畫。研究顯示，讓我停止作畫的最佳方式，是先**付錢**要我作畫，接著在一段時間後停止付錢❼。

事實上，根據過去經驗，我相信更有效的方式是付給我愈來愈少的錢，少到簡直是瞧不起我，例如每幅畫 0.02 美元。本來我在見到你之前一直開心作畫，但是到了這個地步，我會覺得受到冒犯，不再有任何繼續畫下去的欲望。這是因為第三項核心動力：賦予創造力與回饋產生的為快樂作畫動機，已經被第四項核心動力：所有權與占有欲轉變成為錢作畫的外在動機。

隨著報酬減少，繪畫愈來愈不值得我投入時間。技術上來說，這種狀況被稱為「過度辨證效應」。我變得為獎勵投入某項活動，結果消除與取代當初我的內在動機。

更糟的是，如果我仍為繪畫作品得到可以接受的報酬，就說 20 美元好了。很常見的是，我會變得想要以最快速度、最拙劣的手法畫出東西，以求賺到最多錢。基本上而言，只要我仍然領到報酬，重點就不是成品的**品質**，而是**完成**成品。事實上，許多研究都顯示像是付錢請人完成任務等外在動機，其實會降低執行任務時的創造能力。

《誰說人是理性的！》一書作者丹·艾瑞利運用實驗說明，從一件相當簡單的任務得到最高報酬（五個月薪水）的人，要比得到少許報酬（為同樣任務領到一天或兩週薪水）的人表現遜色許多[8]。

當人們開始想到金錢時，就會無法專心於表現之上。經過許多實驗之後，倫敦政經學院這樣地位崇高的學府，也做出類似結論：「我們發現，金錢誘因可能減少隱性動機，降低遵循公平等職場社會規範的道德或其他理由。因此，提供誘因可能對整體表現帶來負面影響。」[9]

這是因為，當我們為外在動機去做一件事情的時候，目光只會放在目標之上，試著以最快、最省力的方法達標。因此，我們經常放棄自己的創造力、思考廣度、以及修飾成果的能力。

品克指出：「就本性上來說，獎勵會縮窄我們的目光。當我們清楚知道如何找到解決方案時，這是一件很有幫助的事。獎勵幫助我們保持前進，而且加快速度。但是對於〔創意〕蠟燭測試這樣的挑戰，『若……則』動機非常不利。」

當然，對於不需任何創造力，一開始就缺少內在動機的重複性與無趣任務，外在動機產生的目標明顯，經常能夠改善表現與結果。艾瑞利在一篇標題為〈高額分紅的價值為何〉（What's the Value of a Big Bonus）[10]的文章中指出：「如果任務只需要機械化技巧，分紅就會發揮功效，因為它們可以預期：報酬愈高，表現就愈好。」但是在他的實驗中，如果任務需要任何「基本認知技巧」，更大的獎勵將

「造成較差表現」。

教育系統的問題

在我們的教育系統內，從內在動機轉至外在動機的負面轉變，已經成為一大問題。

我堅信人類是擁有天賦學習渴望的物種，經常受到第七項核心動力：不確定性與好奇心（右腦核心動力），以及第三項核心動力：賦予創造力與回饋（想要以不同方式運用知識的右腦核心動力）驅動。然而，談到學校與訓練的時候，學習的內在動機很快會轉為獲得優秀分數、取悅父母與老師、贏得同學尊敬、以及取得職涯必需的名校文憑等外在欲望。以上這些都是由第二與第四項核心動力等左腦核心動力驅動。

因此，學生經常不再關心學習本身，只會做出達成這些外在成果所需的最低限度工作（有時包括抄襲別人的作業，或許考試作弊）。他們甚至忘記當初為什麼要學這些教材。

2014 年初，我和一名高三學生就多款遊戲進行過一次研究訪談。他是一位表現非常優異的學生，比其他同學提早兩年讀完高中，而且對於他申請的精英大學幾乎無所不知。在我們的談話中，他表示（這裡並非全文照錄）：「嗯，史丹佛在這些方面很不錯，但是我對這方面不是很肯定。哈佛的這一科還可以，但是他們的整個學程很讚，對我的將來很有幫助。」

接著在談話之中，我提到數學對於職涯的準備非常有益。讓我吃驚的是，這位一直很有禮貌、充滿熱誠的青少年突然以不屑的口氣回答：

「別鬧了，郁凱。大家畢業之後，什麼時候**真的**用過高等數學了？」

我覺得需要講明白：「我是認真的。數學真的很有用。如果你想要成為科學家，需要使用很多高等數學。」

他睜大了雙眼。「真的嗎？」

我說道：「當然是啊。你需要數學才能計算聲波、重力、衛星定位資訊等等。還有，你需要數學才能變成工程師、經濟學家、甚至會計師。不然你要如何告訴總統，如果不拿出九十億美元拯救某些銀行，經濟將會陷入困境，或者計算出一枚如德州大小的隕石還有多少天會撞上地球。」

他驚呼說：「喔，我從來沒有這樣想過，但是聽來很有道理。」

這裡有位青少年做了每件**應該**去做的事——取得佳績、獲得 SAT 高分、加入課外活動、寫出有力的大學申請文件、以及研究他想要就讀的學校。然而，他不知道除了進入好學校，以及或許找到好工作的目標之外，為什麼要研讀數學。

對我而言，這是一次大開眼界的經驗，見到目標導向的教育對我們的學習有何影響。根據自身經驗，我可以這樣說：許多荒廢學業、不斷惹上麻煩的學生，不是因為愚笨或不喜歡學習才變得這樣。他們只是看不到學習課堂上的學科的目的。

這種傾向甚至經常出現在大學階段。我與大學進行不少合作計畫，改進它們的教育方法。我經常向教授詢問辦公時間出現的學生狀況。如果人類對於學習充滿熱情的話，你會預期碰到這樣一位聰明過人、已對這門學問研究數十年、而且將時間貢獻給傳達知識的教授，這些學生應該非常興奮。

帶著這樣的想法，對於能有機會在教授辦公時間登門拜訪，得到他們腦中的知識，學生應該感到興奮（出於某些原因，我一直覺得這句話有種人魔漢尼拔的恐怖感）。

結果呢，大部分學生出現的原因都是對分數有問題。他們找上教授的原因，若不是因為即將被當掉，就是覺得教授的考試給分有誤，想要回他們的分數。

由於這種外在專注，學生經常考完之後就馬上忘記學到的東西。

還是學生的時候，有一次我曾告訴幾位朋友：「你們知道嗎，由於大部分人考完試就會忘記八成的東西，如果你能記得八成，而非忘記八成，你會馬上比其他人強上四倍。這不只是提升兩成或三成而已，而是提升百分之四百！哪裡還有別的辦法，可以馬上讓你比其他同樣主修的人強上四倍呢？」

讓我吃驚的是，這些朋友回答：「喔，沒錯，郁凱！但是……所以呢？我們已

經考完試了。」那個時候,我不曉得要如何回答這樣的說法,但是我猜想最合適的回應會是:「你錯了。接下來你還要準備期末考!」

你可以看出,外在動機設計與目標顯然已經傷及我們的學習欲望,以及有助探索社會學科的好奇心。

花錢變得不好玩

各位是否記得,我提過第三項核心動力:賦予創造力與回饋是黃金核心動力,讓人們運用創造力並且進行「玩樂」?如果你能夠在體驗中建立強大的第三項核心動力元素,經常可以演變成一項長青機制,在無需增加夠多內容之下,持續吸引使用者投入。

不幸的是,我們可以看到許多第四項核心動力:所有權與占有欲(形式為金錢報酬)取代第三項核心動力:賦予創造力與回饋的例子。

研究顯示,當我們得到金錢報酬時,解決問題的創造性技巧也會跟著消失。最著名與最有效的例子,是之前提到的「蠟燭挑戰」。

上爾・鄧克的蠟燭挑戰實驗[11]

許多讀者可能已在其他文獻中讀到過蠟燭挑戰,但是如果你還沒有的話(感謝你首先選擇本書,而非其他文獻!),請看看這系列圖片:

卡爾 · 鄧克（Karl Duncker）是位著名心理學家，在 1930 年代發明蠟燭挑戰。挑戰目標是找出如何使用以上工具，將一根點著的蠟燭固定在牆壁上，同時又不讓蠟油滴到桌上。

1960 年代末期，心理學家山姆 · 格拉克斯伯（Sam Glucksberg）將參加者分為兩組，解決此一挑戰。第一組如果能夠很快找出解答，就可以獲得 5 至 20 美元，這對工作幾分鐘是不錯的酬勞。另一組被告知，他們參加的目的只是讓他找出通常人們需要多少時間解決問題。

我很快會揭曉問題的答案，但是原本的發現讓人大吃一驚。與沒有得到酬勞的人相比，可以領錢的人解決問題的時間平均多出三分半鐘[12]。

領取酬勞使得第四項核心動力：所有權與占有欲取代右腦的第三項核心動力：賦予創造力與回饋，帶來較差的結果。

揭曉答案之前，以下是另一幅同樣挑戰的圖片，只是情境有所不同而已。

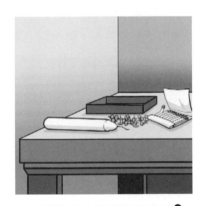

改變情境的蠟燭挑戰實驗[13]

記得我們談過，對於不需太多創造力的直截了當任務，顯性獎勵如何提升專注力與表現嗎？如果此一挑戰是用以上圖片敘述，答案會變得更加明顯。運用此一版本圖片，領取酬勞的人解決問題的速度，要比沒有領取酬勞的人稍快一些。

如果你尚未破解此一挑戰，沒有關係。因為你正處於「閱讀書籍」模式之中，不太可能專注於解決問題。以下是正確解答：

蠟燭挑戰實驗的解答⓮

　　如各位所見，解決問題的方式是「跳出框架思考」，使用那個看來毫不起眼的盒子。

　　當某人試著免費解決問題的時候，此一活動就像玩遊戲一樣。心智會尋找創新的做事方法。由於心智充滿彈性與動力，找出正確解答變得更為容易。

　　相較之下，當人們可以獲得報酬的時候，情況馬上變成缺乏樂趣。除非面前有個清楚明瞭的方向，表現將出現下降，因為他們的心智完全專注在完成任務之上。

市場情境如何翻轉社會情境

　　經由第四項核心動力：所有權與占有欲向個人提供金錢報酬，不但會減少智力的好奇心（第七項核心動力）以及解決問題的創造力技能（第三項核心動力），還會將注意重心從社交大腦（第五項核心動力）轉移至經濟大腦。根據遊戲化設計師真正目標的不同，這樣做也許會對目標結果造成妨礙。

　　在《誰說人是理性的！》一書中，丹・艾瑞利表明以上不僅是兩種不同思考方式而已；它們是截然不同的行為模式，使得我們對每件事情採取不同行動。艾瑞利將這些不同定義為**社會規範對抗市場規範**，凸顯這些模式之間的強大對比⓯。

　　舉例來說，艾瑞利說明人們經常很願意執行無趣的工作、將糖果留給他人、提

供免費法律服務、教導武術、解決困難的拼圖、搬動大型家具、以及為開放原始碼計畫工作，做這一切都沒有實質回報[16]。這是因為我們的大腦遵循一套社會規範模式。「因為我們感謝彼此，我願意幫他們的忙。我們行有餘力時應該彼此照應。」

但是，一旦我們的服務可以領到酬勞，大腦立刻轉入市場模式規範。如果我們的服務只能領到 1 分錢，人們會覺得被這樣的金額冒犯，不但拒絕執行此一活動，還會質疑這樣的社會關係。之前的社交關係會減弱與斷裂，一切都回歸到——「你付給我的錢值得我為你這樣做嗎？」

請想像你本來很願意免費幫我的忙，因為你真的樂於幫我一把。但是我接著問你：「可以幫我一個忙嗎？我可以付給你 5 美元。」除了幫助我之外，還多得到 5 美元酬勞，不會讓你像原來一樣開心。我們的大腦使用的不是社交規範，就是市場規範。一旦我向你提供酬勞，你會開始這樣想：「我的時間價值遠超過 5 美元。這真是瞧不起我。」

艾瑞利提出另一個假想情境，凸顯以上這點[17]：如果你給丈母娘數百美元，請她主辦一場很棒的感恩節大餐，以及一場美好的晚會，會發生什麼事情？你馬上將狀況從社交規範轉成市場規範，很容易想見她對這項慷慨報酬的反應不會太好。

進行數項實驗之後，艾瑞利發現當可口的瑞士蓮（Lindt）松露巧克力價格從 10 美分跌至 5 美分、然後跌至 1 美分的時候，大學生的需求會增加 240%，接著是 400%。這與傳統的經濟模式相符。

然而，當價格從 1 美分變成零的時候，需求不但沒有如同基礎經濟理論預測般大量增加，每位學生取走的松露巧克力（不需付錢）數量立刻減少至一顆。最後，這讓整體需求減少了 50%。

當價格從 1 分錢減少至零的時候，我們的大腦會從市場規範的「這真是太划算了！我一定要買更多！」變成社交規範的「我不想變成拿走太多的貪心鬼。要是被拿光的話，其他拿不到的人該怎麼辦？」

在八角框架架構之中，這正是左腦第四項核心動力：所有權與占有欲，轉移至右腦第五項核心動力：社會影響力與同理心的最好例子。當你以金錢刺激別人的時

候，他們會失去部分的社會利他主義與慷慨，這代表他們不會像以前一樣無私地與別人合作，以及彼此分享有用資訊。他們變得更像是理性的經濟計算機，傾向做到與報酬相當的地步就好（當然，這是假定環境中沒有太強大的右腦核心動力力量）。

有個有趣的發現，實驗顯示當你以禮物取代現金時，社會規範的規則仍然適用。如果你為感恩節晚餐帶來一瓶上等紅酒，你的丈母娘應該不會生氣。這是因為「送禮」（或者社交寶藏）仍然大部分位於第五項核心動力：社會影響力與同理心的領域之內，所以互動本質仍屬內在。

然而，你提到禮物價格的那一刻，社會規範就會再度轉變成市場規範。在另一項由艾瑞利執行的實驗中，僅僅是提到類似這樣的話：「你可以幫我一下嗎？我會給你這條價值 50 分錢的巧克力。」已足以讓參加者立刻轉入市場規範，將以上這句話視為侮辱❶。

但是，當實驗主持者僅說道：「你可以幫我一下嗎？我會給你這條巧克力。」許多人都會樂於幫忙，因為他們仍然處於社會規範的心態之下。

為了更深入探究這點，讓我們看看約會情境。當你為約會對象購買禮物時，一旦你做出這樣的宣示：「我很高興請你去吃這客 80 美元的牛排！」或者甚至「至今我已經為約會花掉不少錢。也許我們應該更進一步了？」的時候，情況就會大幅改變。對方或許會覺得受到冒犯，因為你將社會規範轉為市場規範。你很可能無法達到希望的目標，因為潛在對象可能更喜歡將與關係維持在「社交」，而非「市場交換」。在這裡，當你運用左腦核心動力技巧時，右腦核心動力卻逐漸消失。

當然，我們的大腦相當容易受到愚弄。有種替代的聰明裝置，就是大家都知道的**禮物卡**。雖然其作用與現金相同，但是由於金額儲存在卡片上，而且只能在特定場所使用，人們會將之視為禮物。有的時候，他們甚至會包括收據，所以收禮人可以退還禮物卡變成現金！然而，既然這仍是**禮物**，而非真正的付款，人們收下時不會轉為市場規範——除非你說：「這裡有張價值 50 美元的禮物卡。我想請你收下。」

在中華文化以及一些亞洲文化，現金送禮會被裝入「紅包」。雖然禮物仍是現金，但是紅包袋代表好運，因此收禮者會將之視為社交寶藏。但是一旦對方從紅包內拿出現金，將之交給另一人，這項交換就變成市場規範，因此變成不給對方面子。話說回來，沒有人喜歡被當乞丐。最好還是把錢裝在紅包袋內，不然就花錢買張禮物卡。

外在動機設計的優點

為外在動機進行的設計，顯然並不盡然全是負面。除了提升使用者對完成單調例行性任務的專注力之外，這種設計還能為活動產生初步興趣與渴望。

如果在發現階段（在人們首次嘗試一項體驗之前）缺乏外在動機的話，人們經常缺乏有力的理由投入體驗。宣傳「簽約加入可以獲得 100 美元禮物」，聽來通常要比「你將可以運用創造力，與朋友一起處於不確定性帶來的快樂狀態之中」更加吸引人（不過兩者其實都運用了第六項核心動力：稀缺性與迫切）。

當人們認為自己「太忙」的時候，他們不會自己找到動機，花時間嘗試你的體驗。但是當你為嘗試體驗提供外在獎勵的時候，他們至少會試用看看。當然，這是假定對於使用者投入時間的價值，你提供的獎勵不至於冒犯他們。

對於試用新的搜尋引擎一整個月提供 2 美元獎勵，似乎太少了一些。對於人們花費數週前往店家、拍攝照片、以及與朋友分享，付給 3 美元註定不會成功。最好還是不要提供任何獎勵！

當然，如同我們之前看到，如果人們不斷以更高的外在獎勵為藉口採取某項行動，隨著過度辨證效應發揮作用，他們的內在動機會隨之消失。

因此，如同 Lithium 公司的吳育成指出，更好的方式不是經由內在獎勵（體認、地位、使用權）轉移人們的興趣，而是運用外在獎勵（禮物卡、金錢、商品、折扣）吸引他們投入體驗，最後運用內在動機確保長期投入。經由這樣的過程，使用者將開始經常運用體驗，所有注意力都放在品味體驗本身，不會多加思索到底從

體驗得到什麼。

如何讓體驗更內在

　　本書英文標題是「可行的遊戲化」，我希望確保你擁有一套步驟與工具，幫你開發自己的專案。本章想要回答的最終問題是：「我如何讓使用者充滿更多內在動機？」

　　嗯，我們之前提過內在動機經常來自右腦核心動力，這與第三、五、以及七項核心動力相關。因此，在體驗中加入內在動機的可行方式，是思考如何在體驗之中執行以上這些核心動力。

一、讓體驗變得更社交化

　　近年來，商業領域最常使用的右腦核心動力之一是第五項核心動力：社會影響力與同理心。許多企業經由整合社群媒體，以及不斷向使用者廣發訊息，希望使用者轉發給好友，使得一切變得更社交化。

　　當然，讓你的體驗變得更社交化有比較好與比較差的方式。值得注意的第一項原則：只有接受一項體驗的價值時，使用者才會產生邀請好友的內在興趣。這種狀況經常在首次達到破關狀態時發生，亦即當使用者首次說出「喔！這真是太讚了！」的時候。

　　在加入階段之初，許多企業都犯下要求使用者邀請所有臉書好友加入的重大錯誤。此時使用者才剛加入而已，完全不知道自己是否喜歡這項體驗，更別提要冒廣發訊息危及友情的風險。事實上，這種促進行動的介面會延後首次主要破關狀態的發生，對於整個體驗帶來不利影響。

　　體驗設計師需要找出第一次主要破關狀態的確切位置，計算使用者達到這裡要花多少分鐘，因為之前的每一秒都會有人退出。一旦使用者達到首次主要破關狀態，就是要求他們邀請好友或者對產品評分的最佳時機（在討論玩家旅程體驗階段

的章節之中，我們將再次重申關於首次主要破關狀態的各項重點）。

除了找出要求邀請好友的最佳時機之外，另一件重要的事是決定正確的訊息形式。我曾見過許多公司要求使用者分享以下的預設訊息，像是：「我剛運用 A 領域的先驅 B 公司產品解決所有問題！現在加入就可得到七折優惠！」這種訊息顯然一點都不真誠，反而會導致使用者覺得自己上鉤，分享糟糕的促銷訊息。

相反的，更好的方式是提供內含更少資訊，但是更讓人信服的訊息，像是：「我正在閱讀郁凱的遊戲化著作。這本書值得一讀！ #OctalysisBook。」像是這樣的預設推特貼文（使用者可以自行更改成想要的訊息）產生的社交訊息，在朋友看來更像是真正的背書。

儘管如此，以上各點並不會真的讓**體驗**本身變得更社交化。更好的作法是在期望行動之內促進合作遊戲，讓使用者彼此協助、進行社交、以及攜手成長。

設計內在動機的時候，你想要創造促進社交的環境，即使是在對於期望行動並非關鍵的領域（例如飲水機遊戲技巧）。此外，請考慮加入更多團體破關，讓使用者一起合作，運用各自的獨特能力，共同完成任務。這樣經常會讓體驗變得更加激勵人心，以及更受人喜愛。

二、為體驗加入更多不確定性

另一個為體驗加入更多內在動機的方式，是運用第七項核心動力：不確定性與好奇心。如果每個結果都在預料之內，體驗方式完全可以預期，大部分的樂趣與興奮都會逐漸消失。雖然就本質上而言，加入一些不確定性是黑帽作法，但是這樣做能夠為體驗帶來興奮感，防止使用者失去興趣退出體驗。

設計體驗的時候，請自問能否在體驗內加入受控制的隨機性？如果使用者一再執行期望行動，每次的結果都會一樣嗎？或者某些東西可以一再改變，即使改變小到像是回饋對話，或者隨機產生的提示？

不確定性與第八項核心動力：損失與避免搭配，經常會讓惹人厭的事件更讓人受不了，有時會以黑帽方式造成更大激勵效果。但是搭配第二項核心動力：發展與

成就，或者第四項核心動力：所有權與占有欲，卻能增加體驗的興奮感。

如果你執行的是可變式獎勵，無論是神秘盒子（使用者預期得到獎勵，但不知道會是什麼）或者復活節彩蛋（使用者根本不期待得到獎勵），你都可能建立正面預期與不確定性。在《鉤癮效應》一書中，尼爾・艾歐證實這點：「可變式獎勵是企業吸引使用者上鉤的最強大工具之一。」[19]

取得獎勵本身是外在行為。然而，當你把獎勵變得更多樣化，等於加上一層內在興奮感，就像史金納箱內的動物即使已經不再饑餓，仍然不斷按下把手取得更多食物一樣。

不過這一定要謹慎為之。第七項核心動力：不確定性與好奇心的本質是右腦黑帽核心動力，可能會讓一些使用者感到不安，因為他們無法掌控自己的命運。如果我告訴一名員工：「努力工作一年之後，說不定你會獲得一份驚喜禮物！」或許這樣的懸疑與猜測，讓你的內心感到這一年更加「有趣」。然而，這也可能造成這位員工離職，因為長期暴露在黑帽動機之中，會讓人感到非常不安。

在你竊笑太久之前，請記得給他們加薪與升職，大部分公司向員工暗示同樣的訊息：努力工作幾年，也許你會得到某種晉升！公司經常抱怨員工缺乏忠誠度，一旦從競爭對手拿到更高一點的待遇就會離職，難道這是很奇怪的事嗎？一旦暴露在黑帽動機之下，**而且**已經得到外在獎勵，你非常有可能會為了「賦予更大權力」的環境離開遊戲。

如同任何事物，設計某樣東西有正確的方法，也有錯誤的方法。理想狀況下，如果你使用可變性獎勵，應該確保取得它們的行動相對短暫與簡單，例如只要拉下吃角子老虎機的把手，或者更新你的臉書動態。

如果我告訴你：「可以請你把放在睡椅上的水晶球拿給我嗎？如果你這樣做，我也許會給你一份驚喜的禮物。」由於期望行動非常快速，我的可變性獎勵聽來又動心，尤其是與明確說出的獎勵相比。如果我請你從市區另一邊把水晶球拿過來，動機因素就會減少許多，你會變得不太甘願為我做這項長時間行動。當然，如果你考量到我的地位崇高，想要討我歡心，第五項核心動力：社會影響力與同理心也許

會是促使你採取期望行動的動機因素。

如果你必須帶出期望行動，建議你一定要確保所有可變性獎勵都能吸引使用者，還有使用者從一開始就知道這點。如果我向員工保證，他們努力工作滿一年之後可以得到前往義大利、法國、或者丹麥的免費旅遊，應該會比對於獎勵內容三緘其口更有效果。在這個例子中，擁有足夠資訊的員工對於獎勵感到興奮。為了得知最後提供的假期目的地為何，他們也許願意在公司待上更長時間。

三、加入更多有意義的選擇與回饋

我提過在你的體驗中加入不確定性會用到黑帽核心動力，你或許會懷疑如何經由白帽方法，讓體驗更內在化。我曾數次提及，第三項核心動力：賦予創造力與回饋位於八角框架的右上方，這個「黃金角落」代表白帽與內在本質。這項核心動力讓流程變成「玩樂」，產生讓使用者持續投入的長青機制。不幸的是，這也是最難執行的核心動力。

在體驗設計之中，你會想要確保使用者能夠根據自己的個人風格、喜好、以及策略（記得這是運用「摘採植物」的遊戲技巧），盡可能做出最多有意義的選擇。

如果一百位使用者使用你的體驗，結果一百人都採取同樣行動達成破關狀態，這代表體驗中缺乏有意義的選擇，讓使用者表現創造力。如果一百人中有三十人採取一種作法，另外三十人採取第二種作法，最後四十種採取第三種作法達成破關狀態，代表體驗內擁有更強大的有意義選擇感受。

如果一百位使用者都以不同方式玩遊戲，最後都達到破關狀態，就是最優化的有意義選擇設計。

如果你要一百位孩子使用一盒樂高積木建造一件偉大的東西，統計上不可能有兩人以同樣方式造出一樣的東西（除非孩子之間彼此抄襲）。這類體驗擁有很高的第三項核心動力：賦予創造力與回饋感受。

你應該自問：「有沒有辦法讓我的使用者採取多條路徑，但最後都能達到同樣目標？有否有地方能讓他們做出有意義選擇，創造自己的體驗？」這經常是難以回

答的困難問題。但是假如能夠以充滿創見的設計機制因應這些挑戰，你會在體驗中看到熱心、忠誠度、以及使用者投入帶來的龐大價值，涵蓋範圍從加入階段一直到結束階段為止。還有請記得：為了達到成功，此一作法必須不只是提供膚淺的選擇**認知**而已。

　　還有要記得的是，我們的大腦痛恨沒有選擇的狀況，但也不喜歡擁有太多選擇。後者會帶來決定癱瘓，最終使得我們自覺愚蠢。這是第二項核心動力：發展與成就之下的一項反核心動力，我的另一個稱法是「Google+ 問題」。在 Google+ 之中，每項功能背後都投入了讓人印象深刻的科技以及工程時數，但是使用者仍然覺得迷失、無力，結果很快離開。為了避免這點，你可以讓使用者在任何時刻都有二到三項有意義選擇，讓他們覺得握有選擇權，同時又不至於被過多的選擇壓垮。

不要忘了加速器！

　　最後，在體驗之內設計多種加速器作為獎勵增加策略以及創造性玩樂方式。如果使用者能夠選擇不同途徑，獲得多種彼此搭配達成不同目標的助力，他們可以自行優化搭配方式，以及決定採取哪條途徑。

　　經典遊戲《洛克人》（Megaman，在美國以外的名字是 Rockman）在 1987 年引進一大創新，讓玩家自選想要挑戰的級數與怪物。傳統的線性設計讓玩家依序挑戰第一階段、第二階段、第三階段。《洛克人》的設計完全相反[20]。

　　除了讓每位玩家每次重回遊戲，都能以不同方式玩之外（這發生在遊戲能夠「儲存」玩家進度之前），《洛克人》還讓玩家根據一路上的加速器能力，決定最佳的途徑策略。玩家的洛克人打敗怪物時，會吸收怪物的能力，接著可在其他階段與怪物對戰時使用。有的能力是對付其他怪物與情境的完美解決方案，促使玩家小心選擇一開始要對付哪些怪物，以及將哪些怪物保留到後面。

　　在現實世界中，當你看到人們試著找出如何運用多點停留增加航空公司哩程點數、申辦多張信用卡讓花費換得最高獎勵、或者收集多張折價券將售價 20 美元商品減少至 1 美元的時候，其實是第三項核心動力：賦予創造力與回饋的強力落實，

讓外在獎勵帶來更大的內在激勵。這些例子的最後獎品通常都很不錯（第二與第四項核心動力），但真正吸引使用者投入的通常是擬定與優化策略的**過程**。

左腦 vs. 右腦核心動力：全面觀點

想要吸引使用者上鉤試用你的體驗時，經由左腦核心動力執行的外在獎勵相當有效。然而，大部分遊戲化專案從這些作法看到立即成果，於是不斷使用同樣技巧，造成呆板停滯的體驗。這樣的結果是過度辨證、動機降低、甚至過分疲累。這時需要馬上轉入右腦核心動力，開始在體驗中執行像是有意義選擇、強化社交關係、內容更新（遊戲技巧）、以及變化性獎勵等元素。沒有這樣做的話，將危及專案的長期成功。

除此之外，全面考量執行多種白帽與黑帽核心動力的影響非常重要，我們將在下一章深入討論這點。

馬上動手做

入門：請不看任何小抄，重述左腦核心動力與右腦核心動力。

中級：請回想一家公司如何使用左腦核心動力，藉由提供獎勵吸引你投入，並且思考獎勵活動結束之後，是否影響你對該公司的整體熱誠度。

中級：請思考過去或現在執行的專案之中，如何加入至少一項右腦核心動力。這樣做是否能夠改進任務本身的動機與吸引力？

高級：試著設計全套的吸引使用者專案，先從左腦核心動力開始，給他們獎勵（第四項核心動力），接著開始讓使用者感到成就（第二項核心動力），同時在體驗之內展示新的可解鎖獎勵（第六項核心動力）。然後轉為右腦核心動

力，給使用者運用大量創造力、有意義選擇、以及加速器（第三項核心動力）的團體破關（第五項核心動力）。每次執行期望行動時，為他們提供無法預測的獎勵或內容（第七項核心動力）。完成這項設計練習之後，你是否覺得對於精通八項核心動力之後可做的一切，有了更好的掌握呢？

請將你的想法加上標籤 #OctalysisBook，在臉書、推特或你喜好的社群網路上分享，看看別人有何想法。

與好友一起練習

現在你已經有大量的八角框架知識（既然已經讀到本章，我假定你應該覺得很有用），現在到了練習向其他人說明的時候。知識運用的一部分，是看看你能否向其他人進行說服與說明。在顧問生涯之初，我學到變成行內佼佼者，或是幫助別人提升客戶表現，並不是最重要的事。如果你不能運用情感說服別人相信你的價值，一切的知識都是浪費。如果你想要上司、大學校長、手下的工程師、或是重要的另一半了解你的新設計技能（無論是否稱之為遊戲化），並且與你合作，你最好懂得有效溝通與說服。

找到一個你信任（以及就算你搞砸事情，聽來毫無條理，也不會看不起你）的人，練習告訴他人本設計的概念（相對於功能中心的設計）、八項核心動力、以及各個核心動力本質的不同。請思考你應該使用何種核心動力溝通這些概念（也許運用一切不確定性？稀缺性？社會影響力？重大使命？）。觀察對方是否真正感到興奮、只因為你是個朋友而表現興趣、或者感到厭煩但仍然保持禮貌。

另一個找到八角框架夥伴的好地方，是臉書的八角框架探索者社團（Octalysis Explorers Facebook Group）。如果你尚未加入社群，請考慮加入，以找到另一個人一起學習／練習。如同我們在第五項核心動力中學到，合作性玩樂會讓一切充滿更多內在價值。

第 14 章

白帽與黑帽遊戲化的
神秘之處

前一章，我們討論了左腦核心動力與右腦核心動力的動機**本質**有何不同，以及它們的設計方法如何帶來各種短期與長期效果。

在本章之，我們將檢討白帽與黑帽核心動力讓人著迷的錯綜複雜關係，以及如何在一項設計之內平衡兩者。

白帽核心動力是由八角框架圖表頂端的核心動力代表：

- 第一項核心動力：重大使命與呼召
- 第二項核心動力：發展與成就
- 第三項核心動力：賦予創造力與回饋

黑帽核心動力是由八角框架圖表底端的核心動力代表：

- 第六項核心動力：稀缺性與迫切
- 第七項核心動力：不確定性與好奇心
- 第八項核心動力：損失與避免

理論的起源

本書到這裡為止，你應該已相當清楚的了解白帽與黑帽核心動力如何發揮作用。本章之中，我們將討論何時與如何運用它們優化動機系統。

八角框架內的每一項核心動力都已被個別研究，撰寫成文獻發表（包括內在與外在動機之間的不同），但是我相信我對白帽 vs. 黑帽遊戲化理論的研究具備相當的原創性，而且提供了一個獨特的設計觀點。

我在研究不同遊戲的結束階段時，開始建立白帽／黑帽概念。我很好奇為何大部分成功遊戲都可以讓玩家上癮許多個月，然後玩家會突然大批退出，重回原來的生活。

另一方面，我研究了像是撲克牌、西洋棋、麻將、甚至字謎等少數遊戲如何經歷時間考驗，在玩家心目中永保新鮮。像是《星海爭霸》、《魔獸世界》、以及《遺蹟保衛戰》（Defense of the Ancients，簡寫為 DotA ❶，最後衍生出更受歡迎的《英雄聯盟》❷）等電腦遊戲，以及像是《絕對武力》（Counter Strike）❸或者

《決勝時刻》（Call of Duty）❹等類似射擊遊戲的新版，無論玩家玩了多少年，仍然能夠持續受到歡迎與保持吸引力。

　　經過進一步研究與觀察，我了解關於遊戲設計方式，以及運用那些核心動力，在攀登與結束階段激勵使用者，兩類遊戲之間有著非常顯著的不同。那些一開始看來非常轟動，但是不久後就從市面下架的遊戲，運用了創造著迷、急迫、以及上癮的核心動力。玩家會變得非常投入遊戲，但是接近結束階段時，遊戲的快樂與樂趣開始減退，然而玩家會機械式地繼續投入許多小時的「苦工」。由於第八項核心動力之下的沉沒成本監獄，玩家會感到意志消沉，但又無法退出。

　　最後，有的人會找到退出的力量，繼續原來的人生。原因可能是他們還有其他重要責任，或者轉移至那些在發現階段，運用強大行銷手法打動他們的新遊戲。一旦發生這種情況，社會影響力與同理心會使得許多人一起離開遊戲，希望在別的地方重拾歡樂與熱情。

　　但是對於歡迎度不墜的遊戲（直到續集推出為止）而言，當玩家進入結束階段時，仍然持續感到幸福與滿足感，就像彈奏樂器或受到使命召喚的歡樂一樣。基於以上研究，我開始將數種核心動力命名為「白帽」，另外數種稱為「黑帽」，這是借自我對 SEO（搜尋引擎優化❺）的背景知識。

　　在搜尋引擎優化領域中，「白帽 SEO」指的是以 Google 這類搜尋引擎想要的方式，設計與宣傳你的網站。因此，當使用者搜尋相關字詞時，它們會將你的網站排在前面。另一方面，「黑帽 SEO」指的是以不誠實方式，利用搜尋引擎的規則漏洞、不知變通、以及弱點，讓你的網站排在前面的手法。

　　用不著說，搜尋引擎痛恨黑帽 SEO，因此設有大規模工程師團隊，不斷讓引擎變得更聰明、更加無懈可擊，同時處罰任何被發現運用黑帽 SEO 技巧的網站。有的時候，搜尋引擎公司甚至會在搜尋結果中移除某些網站，先發制人打敗黑帽 SEO 的目標。在搜尋引擎優化領域中，不要使用黑帽手段，這樣做不值得。

　　不幸的是，我們的大腦無法像 Google 一樣持續自我更新，變得更加無懈可擊。我們也無法有效地將不斷向我們施用黑帽動機手法的人士列入黑名單（我們也

不想這樣做,因為其中有些人是出於對我們有益的善意目的)。結果我們在潛意識中,受到讓我們感到壓力、憂慮、以及著迷的事物激勵,同時覺得無法控制自己。

白帽 vs. 黑帽核心動力的本質

白帽核心動力是讓我們覺得強大、圓滿、以及滿意的動機元素,讓我們覺得能夠控制自己的生活與行動。

相較之下,黑帽核心動力讓我們覺得著迷、焦慮、以及上癮。它們對於激勵我們行為的效用強大,但是長期而言會讓我們感到不快,因為我們覺得對自己的行為失去控制。

白帽遊戲化的好處非常明顯,大部分學習八角框架架構的公司都會馬上想到:「好,我們需要執行白帽!」它們大致上是對的,除了白帽動機有個關鍵弱點:不會馬上創造急迫感。

舉例來說,如果我充滿熱誠地對你說道:「今天就動手開始改變世界!」你或許會對這個第一項核心動力觸發機制感到非常興奮,回應道:「是的!我要動手開始改變世界!但是先讓我吃頓早餐、刷牙、然後準備出門!」如你所見,這種等級的白帽刺激沒有急迫性。

但是如果我拿槍指著你的頭,小聲說:「去改變世界,否則就殺了你!」你有可能去改變世界,不先享受早餐或刷牙,因為你受到第八項核心動力:損失與避免所迫。

當然,那時候,你也不再**樂意**改變世界。 一旦能脫離我的掌握,你可能就不再關心,拋下崇高的目標。也就是說,除非重大使命與呼召從你內心重新生出來。

黑帽遊戲化創造出系統設計師所需要的實現目標、改變行為的緊迫性。這通常不可能由白帽遊戲化單獨辦到。

如果有家公司僅僅執行白帽遊戲化,同時使用者卻不斷暴露在電子郵件、邀約、或者臉書干擾等其他黑帽刺激之下,他們很可能沒有機會試用體驗。當然,使

用者也會覺得很糟，因為他們把去做更有意義、讓他們覺得愉悅的事情不斷延後。不幸的是，出於黑帽動機的本質，他們仍然會一直重複這樣的行為。

星佳公司與黑帽遊戲化

我對黑帽 vs. 白帽遊戲化的理論，經常可以用來解釋或預測為何某些公司會在不同階段成功或失敗。

其中一個例子是社群遊戲公司星佳❻。該公司著名遊戲包括《農場鄉村》、《好友愛字謎》（Words with Friends）、以及《星佳德州撲克》（Zynga Poker）。

星佳精通如何執行各種黑帽遊戲技巧——當然，該公司並沒有一套架構，把這些技巧視為「黑帽」。相反的，星佳將之視為「資料驅動的設計」❼。乍看之下，這作法似乎非常聰明與合情合理。由於使用黑帽設計，所有的立即指標看來都沒有問題：現金流量、病毒傳播係數、每日活躍使用者數目、使用者上癮度等等。然而，由於過了一段時間之後，星佳遊戲不再讓人**覺得**愉悅，等到使用者**能夠**退出系統的時候，就會這樣做。

在後段的攀登以及結束階段，以上狀況尤其明顯，因為到了這些階段，所有的新鮮度、創造力、以及真正的發展感受都已消耗殆盡。這使得該公司各種舊瓶裝新酒的遊戲——基本上是將《農場鄉村》搬進市區、城堡、廚房等等——更難以取得長期成功。這樣做的時候，使用者仍在玩同樣的結局，而且是打從加入階段就開始！

由於這些黑帽機制，如果使用者已在前一個星佳遊戲玩到精疲力竭，很快就會對新遊戲感到厭煩。除非能夠運用更佳的白帽設計，確保長期成功，否則《農場鄉村二》從一開始就註定失敗。

2014 年初，星佳決定「加碼」投入吃角子老虎賭博遊戲《奧林帕斯財寶》（Riches of Olympus）❽，此舉證明我的八角框架理論非常正確。當然，由於星佳完全投入黑帽遊戲設計（能夠快速顯示資料驅動的結果），能夠使用的唯一長期吸

引元素只有右腦第七項核心動力：不確定性與好奇心。即使某人對於賭博上癮，也不會覺得自己與所做行為很讚。這樣日後仍然可能導致疲乏。

在《奧林帕斯財寶》推出時刊登於《Venturebeat》的一篇報導中，記者傑佛瑞‧格魯布（Jeffrey Grubb）向星佳的博弈業務主管拜瑞‧柯托（Barry Cottle）請教他所謂星佳專注於「體驗的品質與執行的完美」到底是什麼意思。柯托解釋星佳想要讓遊戲帶來良好視覺效果與感受。他特別提到《糖果大爆險》，這種遊戲「擁有簡單的謎題機制，玩家對於其額外的動畫與特效反應良好」❾。

如果星佳以為，額外的動畫與特效是《糖果大爆險》成功的原因，他們還得不到「遊戲設計公司」的身分，也就不足無怪。如果額外的動畫與特效如此重要，為什麼像是《當個創世神》這樣的遊戲會如此成功呢？與其他類似遊戲相比，《糖果大爆險》的視覺效果並不突出，但成功程度卻超過十倍不止。

如果你一直是八角框架架構的認真學生，就知道這些遊戲如此受歡迎的原因，是它們能夠保有第三項核心動力：賦予創造力與回饋最長的時間。許多星佳遊戲中缺乏長時間持續的第三項核心動力，因此吸引力會逐漸減弱。

當然，星佳旗下排名一直在最前面的兩款遊戲是《星佳德州撲克》與《好友愛字謎》❿。如果各位注意到的話，由於兩款遊戲分別是以撲克牌與拼字遊戲⓫這樣的永恆遊戲設計為基礎，星佳意外地在不自覺之下，抄襲了第三項核心動力的設計。兩款遊戲都引出了更高階的策略與解決問題能力，這是其他星佳遊戲缺乏的元素。因此，它們展現出持續至結束階段的長期成功。

對於白帽和黑帽遊戲設計擁有清楚了解之後，你可以開始分析與預測任何一個動機系統的實力與長久性。如果其中沒有任何黑帽技巧，很可能不會獲得突如其來的成功。如果沒有任何白帽技巧，使用者很快會感到疲乏，進而離開尋找更佳體驗。

根據八角框架架構，除非星佳能夠開始在遊戲中植入更多白帽遊戲技巧，以及持續賦予玩家更大權力，否則該公司永遠無法達成長期成功。與其對操控人心的黑帽技巧如此重視，星佳的遊戲設計更應該納入長期的吸引力。

絕無惡意的黑帽

在這裡我想要澄清，一件事物被稱為「黑帽遊戲化」，不一定代表惡劣或不道德。有的人自願使用黑帽遊戲化，迫使自己活得更健康，以及達成短期與長期目標。我個人很樂於對吃更多青菜上癮，或者著手處理我一直拖延的工作。被稱為黑帽的重點是，若設計得當，我們會在覺得無法完全控制自己的狀況下，被驅使馬上採取某些行動。

然而，是「好」或「壞」需視這些行動的意圖與最後結果而定。我們可以運用黑帽設計，激勵人們做出好行為。我們也可以運用黑帽設計，激勵人們去做壞事。同樣的，有些史上最惡名昭彰的人是以第一項核心動力：重大使命與呼召（以及其他核心動力），激勵其他人執行邪惡行為與種族滅絕，儘管動機本身的**本質**都是白帽。

運用黑帽動機採取良善行為的例子之一是「貪睡罰錢」（SnuzNLuz）[12]鬧鐘應用程式。如果使用者按下貪睡按鈕的話，「貪睡罰錢」會自動將使用者的錢捐給他們討厭的非營利組織（向外國讀者說明，貪睡按鈕是「十分鐘後喚醒我」按鈕）。

更有視覺吸引力（但是不合法）的概念是碎紙機鬧鐘（Shredder Clock）[13]，當你按下貪睡按鈕時，鬧鐘會直接將你的錢切碎。

碎紙機鬧鐘[14]

在這些產品中，人們會因為第八項核心動力：損失與避免醒來──他們不想損失金錢，尤其是給了他們討厭的非營利組織！（「貪睡罰錢」有個奇特的第一項核

心動力角度，因為會將錢捐給非營利組織。）

　　但是人們可以接受這種黑帽設計，因為這是為了**他們**希望的目標。這類設計驅使他們去做自己想做、但是缺乏意志力執行的事情，所以並不覺得不妥。

　　人們討厭的是企業、政府、教師、或者行銷人運用黑帽技巧，讓他們去購買不需要的東西、向暴政屈服、加班工作、以及取得他們根本不在乎的分數。請記住，這些人還是會經常執行期望行動，因為這些傾向讓人著迷與上癮。他們並不會對行動感受良好，隨著時間進展，最後會疲乏與反感。

遊戲化、操控人心、以及道德

　　在會議演說之中，聽眾經常向我提問遊戲化是否是種操控人心的行為，以及使用遊戲化是否不道德。這個問題沒有一個「正確」答案，本書重點是為改變行為進行有效的設計，而非探討道德問題。但是我會試著分享對於這個問題的看法。

　　我的簡短答案是：是的，遊戲化是一種操控人心的行為。然而，雖然「操控」是個含義非常負面的字眼，我們在日常生活中卻經常接受、甚至期待如此。

　　如果你思考一下，就會發現說出「請」也是一種操控人心的行為。你本來不打算幫朋友做事，但是你朋友以誠懇的口氣說出「請」（第五項核心動力），即使交易本身沒有實質改變，你還是會開心地願意幫忙他。

　　這就是**操控**。

　　當朋友說出「謝謝你」的時候，這是一種情感獎勵，讓你覺得採取行動很值得。如果朋友向你提供金錢報酬（現在想請別人從事某件事情，又要對方不抱怨遭到「操控」，付錢已成為唯一的方式），你甚至會覺得受到冒犯。

　　在我們的社會之中，當人們說出「請」與「**謝謝你**」的時候，我們似乎都不會介意。事實上，我們如此預期，也教孩子這樣做，而當別人沒有這樣做時還會生氣。這讓我們的大腦感到愉悅，改進我們的生活品質。我們享受這種操控。

　　當你希望員工更努力工作，因此將工作變得充滿更多樂趣與吸引力的時候（相

對於付出更高薪水），是在剝削他們嗎？向他們提供更崇高的目的、成就或自主感受，又該怎麼說呢？

我有一項試紙測試，可以斷定一項遊戲化或人本設計是否道德：

1. 其目的是否完全透明？
2. 使用者是否被明示或暗示要求選擇加入系統？

如果有位充滿魅力的朋友，試著說服你參加一場你完全沒興趣的聚會，你也許會面帶微笑拒絕他。接著他更加把勁，說出這樣的話：「來嘛！大家都會來！你一定要出現！」

即使你仍然不想參加，你會開始被他說服。但是你絕不會以為，朋友這樣做有不道德之處。他想要你做的事情完全透明。即使面帶微笑拒絕對方之後，你仍然「選擇」被朋友說服。你也許會、也許不會改變心意，但是因為他的意圖完全透明，以及你選擇接受他的持續說服，並不覺得受到負面操控。

然而，我相信當背後藏有使用者不曉得的動機時，遊戲化會變得完全不道德。例如使用者以為自己加入某件事，其實卻是加入另一件。誤導他人的說法、謊言、以及缺乏真正的透明，都會導致不道德的互動。

至於透明的操控是否是壞事，有個讓人驚異的例子是催眠術。催眠可以被視為終極形式的操控，因為一旦被催眠之後，一個人應該會對催眠師的指示言聽計從。

然而，催眠通常不會被認為不道德，因為（1）催眠師想要達成的目標完全透明，（2）被催眠者完全自願被催眠。

話說回來，遊戲化不是控制心智。我們看到讓人驚奇的案例研究，顯示遊戲化可將轉換率增加百分之百，經常發生的狀況只是評量結果從 8% 增加至 16%。多達 84% 的使用者仍然選擇不採取期望行動。如果行動無法產生情感或實體價值，人們就不會採取行動。但是優良的遊戲化設計會激勵那些遲疑不決的人，亦即那些對結果相當有興趣，但是需要更多動機驅策到底的人。

　　那些一開始就不想要某種服務的人，就不會選擇加入（除非行銷手法不實）。一如你不必同意那些對你說「請」的人，最後你也不需要答應那位很有魅力的朋友，去做你討厭的事情。如果真的不想參加朋友的聚會，你大可不必這樣做。

使用白帽遊戲化設計的時機

　　出於白帽與黑帽遊戲化的本質，對於何時與如何使用，策略考量高於一切。由於員工動機與職場遊戲化的重點是長期吸引力，企業應該運用白帽設計確保員工感覺良好、與企業共同成長、以及願意長期任職。

　　職場遊戲化的重點通常是八角框架最上方的三項核心動力：創造**意義**、提供通往精通的途徑、以及確保有意義的自主性。你或許會認為這些是自我決定論的元素[15]，以及**動機**之下的概念[16]，我們將在下一章仔細討論以上各點。

　　大部分大企業都犯下同樣錯誤，以為由於付薪給員工，無論是否有剝削政策、沒心肝的老闆、以及惡劣職場文化，員工都**必須**執行工作。因此，員工的努力程度只會達到能夠領取薪水（第四項核心動力：所有權與占有欲），以及不至於失業的地步（第八項核心動力：損失與避免）。

　　對此潮流提出挑戰的公司之一是 Google[17]。打從一開始，Google 就假定每位員工都是創業家，不然就是想要成為創業家的人。因此，如果這些員工在 Google 不覺得「開心」，就會離開公司創辦自己的事業，甚至可能成為 Google 的競爭對手。

　　記得我討論過，為何遊戲化是人本設計，以及遊戲率先克服此一挑戰，因為沒有人**必須**玩任何遊戲嗎？當你設計一項體驗，基礎信念是一旦你的體驗失去吸引力，人們就會離開系統時，你很可能創造出更佳的人本設計。

　　在 Google 的例子中，他們在企業文化裡執行了許多白帽設計。

　　Google 所做的第一件事，是執行第一項核心動力：重大使命與呼召。眾所周知，Google 的企業使命是「彙整全球資訊，供大眾使用，使人人受惠」，另外還

有這句易於上口的口號「勿為惡」。由於這點，許多優秀的工程師覺得：「我在任何地方都可以賺到薪水，但只有在 Google，我可以對世界發揮影響力。不僅這樣，我還是好人中的一分子，這對我真的很重要！」

至於第二項核心動力：發展與成就，除了通常的加薪與升遷之外，Google 了解不是每位工程師都能變成主管，但是每位工程師都需要感到進步與提升。因此，該公司將工程師分為八個級別，那些不應或不想成為主管的工程師，能夠繼續「升級」。更有甚者，Google 在 2013 年引進第九級，名為「Google 高級研究員」，據稱原因是該公司需要讓傳奇工程師傑夫・狄恩（Jeff Dean）得到晉升[18]。

關於第三項核心動力：賦予創造力與回饋，我們曾在第七章討論過 Google 如何引進 20% 時間制，讓員工將兩成時間花在自己想做的事情上，唯一條件是智慧財產權歸 Google 所有。

Google 還使用了第四項核心動力：所有權與占有欲，讓員工對自己的專案全權負責（當然還可以帶著豐厚的薪水回家）。該公司運用第五項核心動力：社會影響力與同理心，創造如同大學校園一般的環境，以及獨特的職場文化。在該公司的健康社群動能之下，懶散與停滯不前的態度非常受人討厭與輕視。

以上這些範例都是幫助強化員工長期投入的白帽影響力。不幸的是，隨著 Google 的規模愈來愈大，政策變得與其他重視獲利的大公司愈來愈相似，其玩樂文化似乎出現逐漸減低的趨勢[19]。

使用黑帽遊戲化設計的時機

另一方面，當人們進行銷售，或者經營電子商務網站時，經常不會關注長期吸引力與動機問題（雖然他們也許應該）。他們唯一的希望是顧客上門，盡快買下東西，然後離開。

因此，他們經常運用黑帽遊戲化技巧：「明天推出的驚喜產品是什麼？獲得此一優惠的機會只剩四小時。如果不買的話，會被別人搶走！」

在之前的章節中，我們討論過 Woot.com 如何運用兩項核心動力：稀缺性與迫

切，以及不確定性與好奇心，變成非常成功的電子商務網站。由於黑帽遊戲化能夠創造急迫性，當你需要別人立刻採取行動或接受交易時，黑帽技巧經常是最有效的解決方案。

對於銷售與募款而言，這樣的動能同樣成立。莫夫媒體（Morf Media）是我的客戶之一，該公司向金融機構提供遊戲化訓練平台，讓遵循美國證券交易委員會法規的員工訓練充滿吸引力與樂趣[20]。

就本質而言，金融機構都致力避開風險（第八項核心動力），不喜歡與新科技公司合作。你可以對金融機構盡力發揮白帽動機，它們會感到興趣、動心、甚至興奮，但是要採取行動卻要等上無窮無盡的時間，因為它們對於接受任何認知風險全無急迫感。

這裡的關鍵是說服一家企業，他們的員工之中沒有人喜歡接受證券交易委員會的法規遵循訓練，但是只要員工一天未受訓，風險就會增加一分。訴訟就像地雷一樣布滿在前面的道路上。有鑑於此，不與莫夫媒體合作的風險大於合作的風險。說到這裡，我們已經將黑帽第八項核心動力：損失與避免翻轉過來（注意：在以後的著作中，我可能會進一步探討翻轉反核心動力的策略與流程）。

募資活動中的黑帽動機

在募資領域之中，經常有創業家與我接觸，希望我指引他們如何從天使投資人與創投業者募得資金（許多投資人也會與我接觸，不過是為了完全不同的動機挑戰——大都出於白帽動機）。

說到投資人，他們通常受到貪婪與恐懼的力量激勵。貪婪的力量來自想要賺到十億美元的強烈欲望（第二項與第四項核心動力）；恐懼的力量則來自害怕損失所有金錢（第八項核心動力）。

開始的時候，創業家也許會宣傳公司的許多優勢，吸引投資人的第一、二與四項核心動力，如果得到不錯的社會認同，還可以吸引第五項核心動力（在這裡，你看到記得每項核心動力編號的價值。不用擔心現在你記不起這些編號，只要記得它

們大部分都在白帽這邊就好）。投資人會表現出非常興奮的態度，創業家則覺得交易已經談妥。

　　然而，隨著簽下支票的時刻愈來愈近，投資人心中開始充滿損失所有金錢的恐懼，這是出自第八項核心動力：損失與避免。他們開始要求更多評量結果、成效、以及進一步的社會認同。經常六個月過去，資金還是沒有到位。

　　根據我的個人經驗，通常只有被**說服**如果不投資的話，就會失去這筆生意，投資人才願意很快完成交易。如果創業家**以讓人信服的方式**，告訴投資人不在本週行動，這一輪資金收齊後就沒有他們的分，投資人才會有所反應。黑帽創造的急迫感完成交易。

　　當我大學剛畢業[21]，想要為自己的遊戲化新創公司募資 60 萬美元時，我發現這次體驗充滿困難與發人深省。當時我們是支非常年輕的團隊，這個「遊戲化」玩意兒看來像個半生不熟的瘋狂想法。

　　掙扎一段時間，募得少許資金讓這支團隊保持運作之後，我們終於從三位投資人募得 65 萬美元。這時我向所有潛在投資人發出一封電子郵件，他們過去一年多來一直「想要看到更多成果」，以及「對這個遊戲化玩意兒不太放心」。我直截了當地告訴他們：「我們即將結束這一輪募資，感謝各位持續（以及不存在的）支持！」

　　這個時候，許多一整年都不願意做出承諾的投資人，突然帶著熱情、熱誠、甚至憤怒做出回覆：「郁凱，我以為我們講好我可以在你的公司投資多少多少錢。為什麼現在你卻告訴我，你要在沒有我加入之下結束這一輪募資？」我在想：「嗯，你有一整年時間這樣做……」但是奇怪的是，他們讓整件事看來好像如果我不拿他們的錢，就是過河拆橋。

　　因此，我們試著將募資上限從 60 萬美元提高到 80 萬美元，但是行不通。我們試著提高到 90 萬美元，也行不通。我們試著提高到 100 萬美元，還是行不通。最後在謝絕部分投資人資金之後，我將這一輪募資限制於 105 萬美元，表示我們對於上限非常認真（我曾聽過其他創業家多次提及同樣的經驗）。

　　這個故事顯示出第六項核心動力：稀缺性與迫切，以及第八項核心動力：損失與避免帶來的不理性力量（同時也是白帽動機限度的一個很好例子）。所有這些「潛在投資人」顯然都喜歡我做的事。只要我提供好消息，就會受到鼓勵。他們看出遊戲化讓世界更美好的潛力。但是等到生意快要從手上被拿走，他們才終於採取行動。僅僅運用白帽動機的話，人們總是抱持想要的態度，但是從不真正動手。

　　為好奇的讀者說明一下，最後我的新創公司推出 RewardMe，這是一項將線下商務體驗遊戲化的產品。與最接近競爭產品的公開數字相比，RewardMe 的表現好上十一倍（抱歉，由於這些公司仍然存在，為了尊重它們目前的成功，這裡我不便引用數據來源）。當我快要離開該公司的時候，我們差點就與一家全國連鎖業者簽定價值 150 萬美元的合約。

　　新創公司是高風險行業，不幸的是擁有一項驚人的產品，並不代表一家公司就會成功。推出 RewardMe 數年之後，我們同時遇上人事、資金、以及法務問題。我離開執行長的職位，最後這家公司結束營業。如果當時我擁有八角框架的知識，許多事情都會變得不一樣，這是為什麼我希望讀者在自己的公司碰到問題之前，先學會這些動機元素。

　　幸運的是，辭去 RewardMe 執行長一職讓我空出許多時間，進一步研究遊戲化、人本設計、以及開發八角框架架構。

　　時至今日，雖然我的八角框架業務變得愈來愈忙碌，我卻比經營一家科技新創公司時更加快樂。這是因為現在的我大部分受到白帽核心動力驅使，而非不斷計算距離公司收攤還有多少時間的黑帽核心動力[22]。

從白帽設計至黑帽設計的錯誤轉換

　　當你從白帽動機轉至黑帽動機的時候，一定要確認自己了解潛在的負面後果。舉例來說，以色列有家托兒所碰到一個問題，就是父母經常太晚來接小孩。研究員烏里・葛尼齊（Uri Gneezy）與阿多・魯斯提奇尼（Aldo Rustichini）決定對一項策略進行實驗，每次父母遲到就要罰款 3 美元[23]。

一般的經濟學者會告訴你，處罰會使得更多父母準時來接小孩，因為他們不想損失金錢。然而，這項計畫造成反效果，遲到父母的數目反而增加。更糟的是，當托兒所發現這種作法沒效，決定不再罰款之後，更多父母**繼續**遲到。

這項計畫帶來反效果，原因是將父母的動機從第一項核心動力：重大使命與呼召（以及第五項核心動力）轉至第八項核心動力：損失與避免的效果不佳。本來父母會準時出現接孩子，原因是他們本性上想要成為負責的**優良**父母。還有，他們不希望對托兒所的職員造成負擔，所以認真地想要準時出現。

但是當托兒所將遲到轉換為金錢價值之後，基本上這告訴父母只要願意付出一小筆錢，遲到沒有關係。必須在公司開會，或者另有要事的父母因此有了遲到理由，因為會議對他們的價值高過 3 美元。提早離開會議的損失與避免，要比損失 3 美元的損失與避免更加強大。

回到比例化損失的概念，我們看到儘管損失與避免通常是一項強大動機，3 美元罰款在此一情境中低到無法適當激勵父母。記得我討論過，當你使用損失與避免時，損失必須帶有威脅性嗎？如果托兒所罰款比 3 美元多出許多，損失與避免動機將變得更有威脅性，因此可能會有更多父母遵守規定（當然是不甘不願，也許會很快導致更換托兒所）。

目前，有些托兒所對父母遲到收取**每分鐘** 1 美元遲到費。這種設計顯然會讓父母更常準時抵達。除了損失帶有更高威脅性，這樣做讓父母同時感覺到第六項核心動力：稀缺性與迫切，以及少許第三項核心動力：賦予創造力與回饋，因為相對於最終結果，他們感受到更強大的急迫感。

在白帽與黑帽之間小心轉換

討論過白帽與黑帽遊戲化的本質與不同，現在我們如何將以上知識融入設計體驗之中呢？

一般而言（難免有些例外），最好的作法是首先建立一個白帽環境，讓使用者

覺得握有權力與舒服，接著當你需要使用者執行轉換的期望行動時，運用黑帽設計。在這個時刻，使用者可能採取期望行動，但是並不覺得非常自在。這時你要很快地轉回白帽動機，讓他們對體驗覺得安心。

以上作法的範例之一，是之前提過的遊戲《可愛怪獸戰鬥營》。在《可愛怪獸戰鬥營》之中，經常出現的情境是你與另外 24 位玩家組成「公會」，同心協力與大怪物對戰。通常你們有八小時與怪物戰鬥，每個人都需要每隔 50 分鐘回到遊戲一次，運用剛充飽的能量（記住此技巧名為休息酷刑）攻擊怪物。

有時過了七個半小時之後，怪物的健康值仍有兩成，你知道你的部隊將無法擊敗怪物。這時候，基本上你有兩個選擇。選擇一：你自願敗給怪物，這樣 25 位玩家全都浪費掉八小時，更別提成績與排名將落在其他成功擊敗怪物的公會之後。選擇二：花費 10 美元買下更多能量，以求擊敗怪物。

由於人人損失八小時寶貴時間，是件打擊很大的事情，因此你很有可能覺得被迫採取選擇二，購買擊敗怪物所需的能力，尤其如果你的身分是公會會長的話。

現在，我們都看到你做出這項購買舉動，是受到第八項核心動力：損失與避免激勵─而且驅動力非常強大，但是事後卻讓你相當不好受。擊敗怪物之後，如果一切就是這樣而已，接著沒有特別的事情發生，你會覺得垂頭喪氣，也許潛意識中希望自己不要再玩這個遊戲。

然而，這時候遊戲會開始向你大量運用白帽動機，顯示你達成的成就多麼偉大（第二項核心動力：發展與成就），以及你獲得的獎勵或獎盃多麼棒（第四項核心動力：所有權與占有欲），因為你已成功擊敗怪物。更有甚者，隊友開始為你歡呼（第五項核心動力：社會影響力與同理心）：「喔！你為了拯救我們的公會真的掏出錢來。你是我們的英雄！」得到如此豐富的情感讚譽，人們經常開始這樣想：「嗯，也許這 10 美元花得很值得！」最後這會訓練他們的大腦，對於下次為了擊敗怪物，花費 10 美元購買能量抱持開放的態度。

買 TOMS 永不後悔

與《可愛怪獸戰鬥營》相似的是，企業也應該考慮創造一個白帽動機環境，使用黑帽技巧說服使用者，然後轉回白帽策略讓使用者再次覺得放心。

一開始的白帽環境目的是讓人們感到興趣，在最初階段對你的系統抱持正面看法。如果打從一開始，一位創投家就不認為這家新創公司會改變世界、是一筆聰明投資的話，就不會真的出錢投資（第一與第二項核心動力），即使面對非常可能錯過投資機會的恐懼也是如此（相當奇怪的是，即使已經斷定這是個沒有價值、也沒有前景的想法，有些投資人還是會在避免與損失的壓力之下一頭栽進去）。

人們對你的系統覺得放心之後，不見得會採取強烈的期望行動，例如花錢購買。這時你可以使用第六與第八項核心動力（有時還可以動用第五項核心動力）之下的黑帽技巧促成交易。如果使用者最後真的購買產品，你最好向他們保證這的確是一筆最聰明的交易（第二項核心動力），大批其他顧客也做了同樣決定（第五項核心動力），還有這絕對會讓世界變得更好（第一項核心動力）。這樣應該可以確保顧客不會產生任何後悔的感覺。

當你買下一雙 TOMS 鞋子，開始對於昂貴花費感到有些後悔，該公司會向你提供資訊，讓你相信這筆錢對非洲貧窮孩童帶來多麼大的影響，他們沒有買鞋的錢，必須赤腳為家人取水。看到這些資訊時，你馬上再度對購買這雙鞋子感到愉快。之後，無論何時看到自己的鞋子，都會提醒你是個造福世界的好人。

這和向開發中國家兒童捐款的道理相同。當你承諾捐款的時候，非營利機構會不斷向你寄送照片、感謝函、有時甚至是「被領養」兒童的親筆信，讓你覺得自己真的對他們的生活帶來影響。當然，為了如此崇高的目的，向捐款人寄送這些照片與信函並不是錯事（除非是偽造內容），因為他們真的對不幸者的生活帶來重大不同。事實上，一家慈善機構不利用視覺與社群資訊，展示他們對世界造成的影響，才是一件錯事。採取期待行動之後，我們都希望看到一些回饋機制。

當你設計體驗時，永遠不要忘記：如果想要提供優良的結束設計，一定要讓使

用者沉浸在白帽遊戲化技巧之中。

至於第四與第五項核心動力呢？

或許你已注意到，我在本章中已數次提到第四項核心動力：所有權與占有欲，以及第五項核心動力：社會影響力與同理心（在白帽動機之下），必須思考它們在這一切之中的地位何在。它們的位置在八角框架模式的中央，所以到底屬於黑帽或白帽呢？

一般來說，第四與第五項核心動力擁有成為白帽或黑帽的雙重性格。搭配第四項核心動力：所有權與占有欲，擁有事物經常讓我們覺得自己擁有控制權、一切都很有條理、還有我們的生活處於改進之中。我們感到強大與充實。

然而，我們擁有的事物有時會反過來擁有我們。你能夠想像某人買下一輛非常稀有的古董車，然後變得非常害怕開車出門，因為擔心傷到車子，或者增加里程。在此同時，他又不想把車子留在家裡，原因是害怕遭竊。

有些人非常沉迷於累積財富，因而忽略其他一切重要事物，像是家庭、健康、以及友誼。此外，有的人則會強迫自己將一切組織得井井有條，嚴重到無法思考能夠帶來幸福的更重要事物。這個時候，黑帽會開始接手，讓一個人不再對自己的行為感覺良好，繼續下去的原因只是覺得不得不做而已。

另一方面，關於第五項核心動力：社會影響力與同理心，我們顯然享受和朋友相處、建立堅固的友情、以及對彼此表達欣賞，而且從中得到許多樂趣。即使目的是建立朋友網絡，擴展我們的職涯（這裡加入了部分左腦核心動力，例如第二項核心動力：發展與成就，以及第四項核心動力：所有權與占有欲），我們仍然對這樣的體驗抱持肯定。

然而，有時同儕壓力能夠帶來人生中最糟的時刻。當我們覺得受到環境的壓力做出某種表現，或者與愛人發生爭吵時，發怒的程度鮮有其他事物可比擬。

事實上，社會壓力的強大程度不時造成自殺，原因只是人們無法忍受其他人的

評斷。對這些人而言，選擇結束生命要比面對現實更為容易，即使事情小到只是不敢回家告訴父母考試成績不佳而已。你可以清楚看出黑帽的影響是來自第五項核心動力。

說到最後，每項核心動力都可發揮強大的力量，設計師必須仔細思考道德目的，確保期望行為完全透明，以及使用者能夠自由來去。如果執行不當，遊戲化設計將無法達成讓人生更快樂與豐富的願景，只會變成不幸與痛苦的來源，接著被人完全放棄。沒有人想要這樣。

有句老生常談：「龐大的權力帶來龐大的責任。」當你了解如何激勵與改變行為時，可以幫助他人成就**他們的**人生、職涯、健康、以及人際關係目標，讓世界變得更好。相反的，你可以運用這些知識讓人們對有害內容更加上癮，創造惡劣行為、以及導致關係破裂㉔。最後，當你的體驗設計變得非常成功時，一定要照鏡自問：「這是我想對世界造成的影響嗎？」

馬上動手做

入門：請試著放下書本重述三項白帽核心動力，以及三項黑帽核心動力。你能夠説明它們的不同嗎？

中級：請回想你的人生，以及你做過的所有重大決定：申請學校、轉換工作、找到重要的另一半、搬家至新地方。激勵你做出這些決定的是哪些核心動力？它們大部分出於白帽理由，還是黑帽理由？你對出於白帽核心動力的決定感到更快樂嗎？你是否對於受到黑帽核心動力驅策的決定感到更不放心，但是做出決定時覺得別無選擇？

高級：請思考一個能夠為手上專案設計的計畫。試著想出運用白帽遊戲化創造動機與欲望的方式，然後轉至黑帽遊戲化啟動重要的期望行動。最後，了解如何

將使用者動機轉回白帽核心動機，讓他們完整地享受體驗，在執行期望行動之後享受情感上的獎勵。

請將你的想法加上標籤 #OctalysisBook，在臉書、推特或你喜好的社群網路上分享，看看別人有何想法。

分享你的人生反思

如果你選擇了以上的中級挑戰，請在八角框架探索者臉書社團上分享你的人生道路與選擇，作為自我介紹的一部分。找出過程之中激勵你的核心動力，思考你做出這些人生抉擇時有何感受。這樣做會讓社群對你更加了解，以及經由你的經驗增進對於八項核心動力的知識。

如各位所知，社群能夠讓體驗變得更吸引人與更有趣，以及讓你對本書投入的時間更有意義。很有可能，社群內其他人也有和你一樣的人生體驗與選擇，能夠經由八項核心動力，幫助你了解自己的人生動機。

第 15 章

運用八角框架
了解其他遊戲化與行為架構

　　到這裡為止，我們已經討論了第一級八角框架設計的所有學問。我對本書的目標是深入一種方法論與架構（亦即我的作品），然後在各位了解這個架構之後，將之用來了解其他架構。

　　G 高峰會是全球規模最大的遊戲化年會。當我出席 2012 年的 G 高峰會時❶，對於如此多知識淵博的座談貴賓和演講者與會，留下深刻印象。然而，我猜想會中提出的各種討論與架構，足以讓一般出席者感到目眩。這些包括李查・巴托的**四類型玩家**、米哈里・希克森米哈義的**心流理論**、妮可・拉薩洛（Nicole Lazzarro）的**快樂四要素**，以及許多其他架構！

　　會議結束後，與會者對遊戲化改變世界的潛能充滿信心與靈感，但仍對下一步感到迷惑。所有這些架構組合在一起，似乎在傳遞關於大腦的抽象知識。但是如何將它們拼湊起來，全面反映出我們的心智，卻是個難以回答的問題。當你想要找出各個專案分別需要哪個架構時，問題變得更具挑戰性。

　　由於這點，我想要確保本書讀者對我的模型擁有深入了解，而非僅對不同概念具備膚淺知識而已。然而，我不希望讀者對其他重要遊戲化理論，以及動機心理學與行為經濟學的主要模式渾然不知，因為這些學說本身都很有意義。因此在本章之中，我們將戴上「八角框架眼鏡」，討論與檢討這些概念。

　　我喜歡八角框架架構的一大理由是能夠用來更加了解其他專家的研究與成果。

由於我們都擁有同樣的大腦，我相信對於大腦與動機的各種研究，能夠結合起來提供更豐富的了解。

希望你對八角框架的了解，能夠幫助你迅速了解其他架構。當然，如果你很想深入了解其他架構，可以參考許多受到強推的好書。

科學研究與遊戲探討

每隔一段時間，就會有人問我八角框架架構的基礎是否來自本書中深入探討的所有文字與科學研究。

事實上，八角框架百分之百來自我的經驗與遊戲探討。我希望八角框架有個更讓人印象深刻的起源，但是創造八角框架架構所需的一切，其實都源自多年來我對遊戲進行的玩樂與分析。因此，我將之視為遊戲化架構，而非只是別人眼中與遊戲無關的心理學與行為探討。

創造出這套架構之後，我開始研究行為經濟學、動機心理學、以及神經生物學，目的是了解（或者延伸）核心動力背後的原則。我知道這些核心動力會激勵我們，但是一段時間之後我才得到支持理論的科學文獻。對我而言，幸運的是大部分聽到八角框架的人，都能將之連結到他們的個人體驗與觀察。在我能以科學證明**為何**八角框架有效之前，這點促使他們姑且信我一次。這是第五項核心動力在**同理心**方面的一次勝利。

在這個地方，容我解釋為何我相信對於完全掌握動機理論與行為預測，探討遊戲是合情合理的方式。各位大可不同意我的看法；我不會覺得受到冒犯。

如同之前章節一再提到，遊戲有個重要面向是你從不**需要**玩遊戲。再次說明，你**必須**工作，**必須**報稅。它們都是非常煩人的事情，但是你仍然得硬撐過去。我稱之為「不純的動機」。

但是說到遊戲，沒有人**必須**玩它們❷。一款遊戲變得無趣的那一刻，人們就會離開，去做別的事情，或是玩別的遊戲。

在某一層意義上，每個遊戲都可以被視為對於動機與行為的實驗。

我們對行為心理學大部分知識來自實驗，參加者（通常是 50 名至 200 名大學生）置於控制環境中，根據某些變數測試他們的反應。這些通過同行審查的實驗結果會變成有效的科學研究，讓我們一窺人類的心智。

另一方面，每個遊戲都可以被視為一個培養皿，數十萬名（甚至可能是數億名）「試驗對象」自願根據環境變化改變行為。這種大規模「試驗」自然會向我們顯示，某些體驗與機制能否有效地影響人類行為。

我想要探討的問題之一是「山寨」遊戲，藉以了解為何有些山寨遊戲如此糟糕，其他山寨遊戲卻比原版更加成功。當兩款遊戲看來幾乎一模一樣時，只有一款（通常是較不吸引人的那款）大獲成功，另一款則是失敗作品，這創造出一個絕佳機會，讓我們探討設計中造成重大不同的細微元素。有的時候，其差異小到只是一則訊息彈出之前的秒數、挑戰出現的順序、或者稀缺性對遊戲經濟的掌控程度。

從我的研究之中，發現這些細微差異並未受到遊戲化、甚至遊戲設計文獻的充分討論。但是我發現，它們是一項體驗成功與否的最重要因素之一，要比畫質、動畫、甚至主題更為重要。說到最後，這無關其中是否擁有某些遊戲元素（主題、團體破關、徽章、升級），而是這些遊戲元素的設計方式，能否帶出我們的核心動力。

現在的挑戰是在兩個「相似的」遊戲之間，永遠不會只有一種不同變數。遊戲之間的差異經常多達數百處、甚至數千處。因此，想要找出每種元素對行為的影響，需要花費大量時間進行模式辨認工作／分析，才能達到能夠預測與複製的地步。

這需要探討大量的遊戲，以及多年的觀察，才能輕易辨識出其中模式，對於遊戲元素轉變時的行為變化做出預測。你還需要看透表現的改變，找出真正驅動使用者行為的元素。這代表必須深入體驗之中，將自己完全沉浸於這些遊戲，親自感受到激勵的力量。我必須承認，這樣做花掉我人生中許多充滿快樂、但有時卻非常難受的小時。

在玩成功獲利遊戲的時候，我想做的事情之一是盡可能認真玩樂，同時故意抵抗遊戲設計要我花錢的壓力。有許多時刻，我非常想花費幾塊錢，用來節省自己的時間、拯救我的部隊、解決挫折、或者消除一些不確定性。

所以，我特別重視遊戲中讓我清楚感受到迫切想要花錢，解決手上問題的時刻（以及幫助釋放腦中的快樂化學物質，像是多巴胺、內啡肽、以及催產素❸）！

從這些年的探討之中，我得出八項核心動力，以及相關的白帽／黑帽、以及左腦／右腦核心動力，用來說明與思考我在遊戲中所見到的傾向與趨勢。

後來我更發現，每項核心動力都已有數十本書加以探討，於是我開始閱讀更多書籍，進一步了解它們的本質。

記得之前我們討論過，遊戲如何結合行為經濟學、動機心理學、神經生物學、使用者體驗／使用者介面（UX/UI）設計、科技平台、以及明顯的遊戲設計動力嗎？讓我再次重申，你需要以上所有元素，才能創造出一款很棒的遊戲。

遊戲化的元素

本章之中，我們將看看八角框架如何應用在各種行為心理學以及遊戲設計理論之上。對於那些剛開始學習遊戲化或行為設計的人，本章或許會有點艱深。如果你無法記得或了解所有其他架構，請不必憂心。如果你在未來的情境中再次碰上它們，本章將讓你準備好以更全面的方式融會貫通。

八角框架對自我決定論的看法

在這之前，我們已數次提及萊恩（Richard M. Ryan）與狄希（Edward Lo Deci）的自我決定論。自我決定論是一項關於動機的理論，目的是了解我們採取有效與健康方式行動的天生或內在傾向❹。這項理論說明，人們受到的激勵不只來自獎勵與懲罰，還有以下三項元素：**自我效能、同理心、以及自主與自決性**。

自我效能是對於感受自我效能與精通體驗的需求。**自主與自決性**是對自我人生以及控制自我選擇扮演經理人角色的欲望。人人皆有的**同理心**想要互動、產生關係、以及體驗關懷他人。

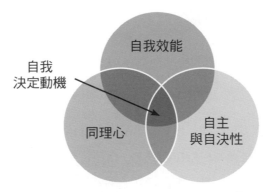

三項內在心理需求構成的自我決定論❺

如果從八角框架的觀點觀察此一理論，你會注意到自我效能與第二項核心動力：發展與成就相當一致。根據同樣的思維，自主與自決性與第三項核心動力：賦予創造力與回饋相輔相成，同理心則可歸入第五項核心動力：社會影響力與同理心。

在《動機，單純的力量》一書中，丹尼爾・品克說明此一理論的第四項元素：**目的**（他還將自我效能換成一個更具吸引力的表達方法：精通❻）。戴上我們的八角框架眼鏡，可以看出目的直接連結第一項核心動力：重大使命與呼召。

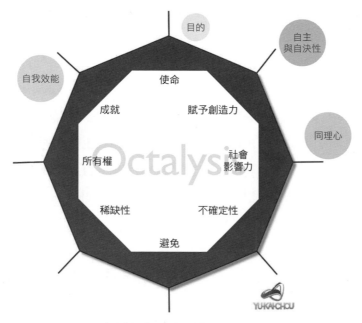

八角框架與自我決定論的呼應

　　以上圖表以圖解方式說明，自我決定論與哪些核心動力呼應。圖表中明顯可以看出，這些元素都能被視為白帽核心動力。自我決定論將重點放在同理心，同時經由第五項核心動力：社會影響力與同理心，納入了右腦（內在）動機。

　　對於認識正面、白帽、以及內在動機背後的力量，自我決定論是一項非常不錯的模型。然而，它無法全面解釋為何人們會對賭博上癮，或者專屬性本身經常能夠驅動我們的行為。雖然這項理論涵蓋了動機之下的所有正面感情，卻沒有包括行為的「黑暗面」，亦即由黑帽核心動力展現的部分（通常被視為「非自我決定」動機❼）。

　　這點說來其實很有道理，因為自我決定論重點是激勵員工與學生，尤其是為了進行創造性的工作。對於這個目的，此一理論是一項有力的架構，幫助指引企業為員工創造長期的白帽動機環境。

　　在第十四章之中，我們學到由於員工動機需要長期吸引力，我們通常應該運用白帽核心動力，作為設計背後的驅動力。話雖如此，企業也可以運用一些黑帽動機

技巧，激勵員工採取短暫的高生產力行動（像是機會的稀缺性、期限、社會壓力、競爭等）。自我決定論的重點不在這方面，因為如果運用不當的話，這類動機會帶來長期疲乏。

基於這樣的理由，八角框架這樣的架構讓你以更廣泛觀點了解自我決定論，了解其涵蓋與未涵蓋的部分，擴展與調整你對人類行為的了解。

李查·巴托的四類型玩家

在遊戲設計領域，另一個廣為人知的研究是李查·巴托的四類型玩家[8]。巴托是一位遊戲研究員，曾在 1970 年代發明首款多人地下城堡（MUD）遊戲，日後演變成我們熟知的角色扮演遊戲（RPG）。他發現在虛擬環境之中，通常會出現四種類型玩家，進行四種截然不同的活動。

成就者試圖精通遊戲系統內提供的一切。**探索者**只想出門探索世界上的一切內容，但是對於克服挑戰沒有那樣專注。**社交者**加入虛擬世界的原因，只是想要彼此互動、進行對話、以及建立夥伴關係。接著還有**殺手**，這種玩家不但致力登上排行榜頂端，還要在過程中贏得擊敗對手的榮耀。更有甚者，他們需要被勝利的光環照耀，得到所有人崇拜。

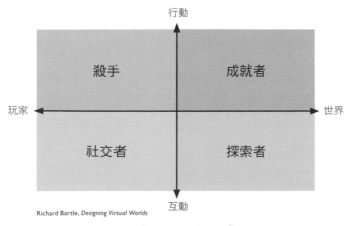

Richard Bartle, *Designing Virtual Worlds*

巴托的四類型玩家[9]

　　許多遊戲化與遊戲設計業界的人士，都以巴托的四類型玩家作為基礎。遊戲設計師艾美・金姆（Amy Jo Kim）運用巴托的玩家類型，擴展成她的社交行動矩陣（Social Action Matrix）[10]。在此一模型中，金姆把各種玩家類型加上動詞與行動，找出如何在遊戲內設計一個充滿樂趣與吸引力的環境。這些行動動詞變成：**探索**、**創造**、**競爭**、以及**合作**（請試著找出這些行動動詞如何與各項核心動力呼應）。

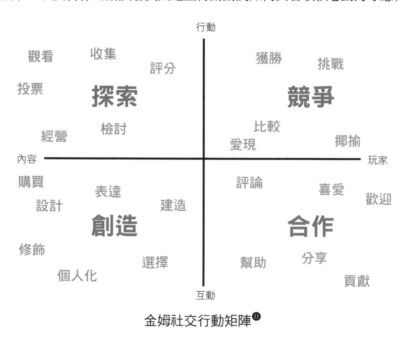

金姆社交行動矩陣[11]

　　在遊戲化領域，安德瑞・馬爾朱斯基（Andrzej Marczewski）是一位充滿影響力的人士。他曾以巴托的玩家分類為基礎，對企業工作環境進行廣泛的研究。他推論出設計應配合六種使用者：現狀破壞者、慈善家、自由精神、社交者、成就者、以及玩家[12]。每種使用者的主要驅動力都來自不同的活動與體驗。

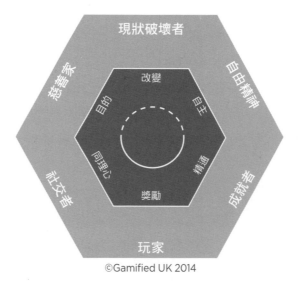

馬爾朱斯基的六位使用者[13]

此模型常被推薦用於分析工作環境，因為巴托本人曾說過他的玩家分類可能只適用於自願加入的虛擬世界[14]。

為了簡化一切，讓我們以八角框架觀點看看巴托的玩家四類型，了解每種玩家分別受到何種核心動力激勵。這將幫你決定如何為這些類型玩家創造更佳設計。

成就者主要受到第二項核心動力：發展與成就，以及第六項核心動力：稀缺性與迫切的驅策。他們不斷試圖完成下個目標，達成目標時會覺得很有成就感。當然，他們在某個程度上也關心運用想像力克服挑戰，以及累積成功的果實（第三與第四項核心動力）。

探索者的動力大都來自第七項核心動力：不確定性與好奇心，這點驅使他們發現之前沒有見過的新奇內容。此外，其中還有第二、三、六項核心動力的種子。他們不斷運用創造力，找出新的方式衝撞周圍的疆界，成功時會覺得充滿成就感。

社交者主要受到第五項核心動力：社會影響力與同理心驅策。他們喜歡與別人相處與建立關係。其次，他們被驅策要想出聰明方式建立更多關係（第三項核心動力），他們喜歡全新或出乎意料的資訊、甚至是八卦（第七項核心動力），有時會與朋友一起建立地盤（第四項核心動力）。

最後，殺手的主要動機混雜了第二項核心動力：發展與成就，以及第五項核心動力：社會影響力與同理心。他們不但致力達成更高目標，更需要別人承認他們的成就，接受他們的優越性。其次，他們被驅策要想出擊敗對手的最佳方法（第三項核心動力），避免被殺或被視為弱者（第八項核心動力），最後能夠清點手上的勝利與戰利品（第四項核心動力）。

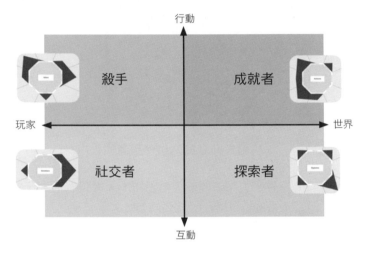

巴托四類型玩家對應八角框架

運用以上圖表，我們更能了解這些類型玩家分別受到何種激勵，以便為其設計適當的遊戲技巧。在後面的八角框架旅程中，你會開始投入大量精力，界定自己的玩家類型，運用第三級八角框架設計吸引他們的獨特系統（遺憾的是，本書範圍無法涵蓋以上主題）。

至於那些尚未談到的核心動力，又該怎麼辦呢？這些主要是重大使命與呼召，以及部分的損失與避免。

第一項核心動力：重大使命與呼召可以用在以上任何種類玩家身上：成就達到更高目標的理想、更受好友尊敬、探索新的領域、以及擊敗較遜的玩家。

這裡的重點是遊戲環境中，使用者首先處在的情境。但是，既然巴托創造了一個開放的虛擬世界，除了虛擬世界的理想主義之外，似乎並沒有任何真正的崇高使

命感存在。

　　有的時候，當虛擬世界中的使用者為內心信仰的崇高任務組成團體時，能夠創造出一些重大使命與呼召感。但是這與現在討論的玩家類型沒有關係。

　　在馬爾朱斯基的模型中，職場內有一種獨特的使用者類型，名為**慈善家**。他們從幫助他人之中得到快樂，將之視為玩樂。他們的激勵來自第一項核心動力：重大使命與呼召，企業應該鼓勵慈善家的行為，實現更多合作努力與更佳的團隊合作。不幸的是，大部分公司環境都會懲罰慈善家，獎勵那些專注追求自己外在獎勵的人。在馬爾朱斯基的模型中，這些人被稱為**玩家**。他們的動力主要來自第四項核心動力：所有權與占有欲，目標是追求最高的分紅、獎勵、升職、以及加薪。

　　從第八項核心動力：損失與避免的觀點來看，人們在任何努力中都會面對未能成功的威脅。尤其如前所述，**殺手**會努力避免遭到羞辱。然而，沒有一種玩家的重心是避開壞事。如同我們所知，如果你完全受到黑帽核心動力驅使，根本不會想加入開放與自願的虛擬世界。但是在職場之中，事情經常不是這樣。

　　說到最後，這八項核心動力在某些程度上激勵我們所有人，因為我們全都會在不同時候、以不同方法渴望這些核心動力。八角框架幫助我們了解對某些人而言，某些核心動力是否發揮較強影響，讓我們察覺這些不同，並且進行適當的設計。

拉薩洛的快樂四要素

　　快樂四要素是另一種設計架構，發明人是身兼遊戲設計師、以及 XEODesign 總裁的妮可‧拉薩洛⓯。拉薩洛花費多年時間，研究與設計充滿吸引力的遊戲。根據自身經驗，她得出四種能夠在遊戲中吸引人們的樂趣。

　　快樂四要素分別是：**艱難樂趣（Hard Fun）**、**簡單樂趣（Easy Fun）**、**人際樂趣（People Fun）**、以及**認真樂趣（Serious Fun）**。

　　艱難樂趣來自克服挫折，達到破關狀態的樂趣。這讓玩家處於擊敗對手的**自豪**狀態之中。

拉薩洛的快樂四要素

簡單樂趣來自執行有趣活動，你不需要非常努力嘗試，就能夠享受輕鬆與愉悅的體驗。這種樂趣常見於親子遊戲，例如圖板遊戲或繪畫。

認真樂趣是投入帶來的樂趣，因為這會在真實世界中造成不同，例如提升自我、賺到更多錢、或者對環境帶來影響。

最後，**人際樂趣**是與他人互動，建立關係帶來的樂趣。

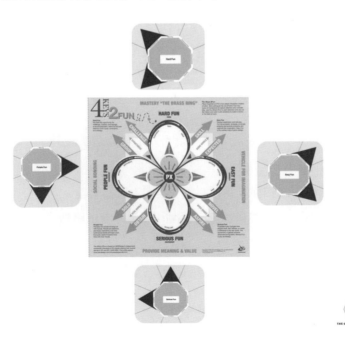

快樂四要素對應八角框架

如果你試著透過八角框架眼鏡了解以上架構，你會發現**艱難樂趣**結合了第二項核心動力：發展與成就，以及第六項核心動力：稀缺性與迫切。達到破關狀態面對的困難與挫折，以及達成之後的成就感，正是驅策使用者動機的要素。

簡單樂趣如同第三項核心動力：賦予創造力與回饋，以及第七項核心動力：不確定性與好奇心的結合。這就像玩黏土或樂高積木，你可以做出任何想做的東西，不會真的輸掉遊戲。無論你怎麼做都會贏，因為你正在享受自己的時間，從創造力之中看到回饋。

本質上帶有隨機性的狀況，也會激起好奇心，讓事情變得有趣與容易。像是快艇骰子（Yahtzee）這樣的遊戲，或是觀賞卡通，能夠讓我們享受自己的時間，同時又不需要動用大量努力與專注力。事實上，在遊戲設計業之中，眾所周知讓遊戲變得更簡單的最佳方式之一（這樣做會懲罰充滿競爭心態的重度玩家，但是對主流的休閒玩家有益），是在遊戲中加入更多隨機性與機會❶。一位父親若是認真地和五歲女兒一起玩骰子遊戲，不見得會一直贏，但是如果和女兒一起下棋，可能就要放水。

另一方面，**認真樂趣**能被視為第一項核心動力：重大使命與呼召，以及第四項核心動力：所有權與占有欲的結合。

重大使命與呼召來自人們發現對於世界產生的真正影響，因而投入一項活動。至於快樂活動方面，這是來自每次你讓他們投入，就會讓你賺到更多錢，這是第四項核心動力：所有權與占有欲的結果。

人際樂趣通常結合了明顯的第五項核心動力：社會影響力與同理心，以及部分第八項核心動力：損失與避免。

這是因為與其他人合作時，你會面對較多壓力，同時避免做出傻事、說出不當的話、被人排擠、或是失去排行榜上的地位。有趣的競爭也會延伸至**人際樂趣**，像是**捉迷藏**或**官兵捉強盜**等遊戲的樂趣，通常來自適度的第八項核心動力：損失與避免。

當然，我是受到「完整」感的激勵（第四項核心動力），將全部八種核心動力

搭配快樂四要素模型。如果你覺得第八項核心動力：損失與避免不只適用於人際樂趣，我也很樂意接受你的看法。

希克森米哈義的心流理論

接下來，應該討論米哈里‧希克森米哈義的**心流理論**。在心理學與管理學領域，希克森米哈義是一位全球知名學者，最廣為人知的成就是結合使用者的技巧程度，以及挑戰的困難度，提出**心流**理論。

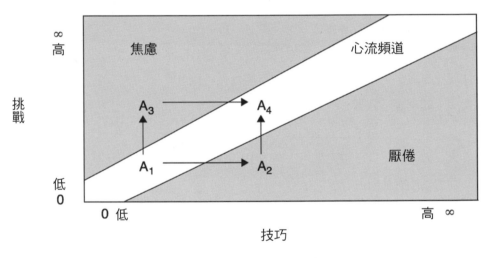

希克森米哈義的心流理論

心流理論說明，當挑戰的困難度高出使用者技巧程度太多的時候，結果會帶來焦慮感，可能迫使使用者很快退出。相似的是，如果使用者的技巧程度高出挑戰困難度太多的話，使用者會覺得厭倦，可能也會退出。

只有當使用者技巧程度與挑戰困難度達到平衡時，他們才會進入所謂的**心流**狀態。在**心流**之中，使用者會變得完全專注。如果設計師在體驗四階段（發現、加入、攀登、結束）之中，都能提供完全一致的體驗，使用者會很快變得厭倦，因為

他們已經超越挑戰的困難度。

　　就本質而言，**心流**理論感覺起來與我們討論的其他模型不同，原因是此一理論較不重視分類，但是我們仍然能夠使用八角框架，了解其中道理。

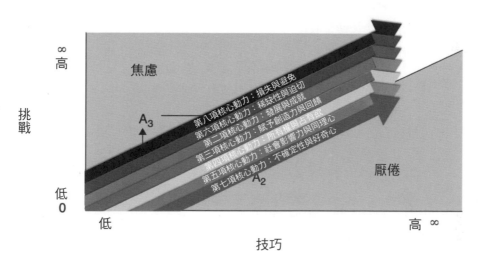

心流理論對應八角框架

　　如同各位在上圖所見，心流最頂端是挑戰難度讓玩家無法因應的區域。這裡是由第八項核心動力：損失與避免驅動，陷身其中的玩家只能勉強求生而已。如同我們已經曉得，這讓人們處於非常焦慮的狀態之中。

　　如果稍微降低與玩家技巧等級相對的挑戰難度，我們將進入第六項核心動力：稀缺性與迫切的區域。此時玩家覺得面對艱難挑戰，有時會感到挫折。然而，只要能夠迅速採取行動，經由技巧或計畫翻越護城河（第 67 項遊戲技巧），永遠有機會克服挑戰，達到破關狀態。

　　第六項核心動力下方是第二項核心動力：發展與成就。這個區域的挑戰屬於中等難度，使用者得到成就與勝任感。位在心流中的使用者，覺得自己正在達到目標與建立信心。

　　稍微往下一點是第三項核心動力：賦予創造力與回饋。這裡位於心流的核心，使用者再度拿出創造力，調整自己的策略，找出更佳的做事方法。此一流程將許多人置於心流的狀態之中，尤其是當心流很快地在第三項與第二項核心動力之間轉換的時候——此時他們的創造力將帶來成就。

　　從第三項核心動力往下一階是第四項核心動力：所有權與占有欲，其中經常可見不需花費心力的活動，像是收集物品、整理物品、以及組合東西，這是你在《農場鄉村》之類遊戲常做的事。相對於使用者的技巧，這些活動的挑戰難度通常簡單許多，能夠讓心智放鬆。

　　在大部分狀況下，為了充實所有權與占有欲核心動力，使用者只需願意花費時間擬定策略採取行動，或是組織他們的系統。其中沒有任何焦慮感。如果設計不當，有時會產生厭倦。請想像為了薪水執行資料輸入工作的員工；任務本身並不困難，但是也沒有很強的吸引力。

　　在第四項核心動力之下，是第五項核心動力：社會影響力與同理心。這裡基本上就像聊天室。你不需要具備太多技巧，只要說出你想說的話表達自己，甚至還可以挑釁別人。這些常見於我們在第九章討論的飲水機遊戲技巧。活動本身仍然可以相當有趣，但是大部分都非常容易。即使你的風趣留言沒有造成回響（第三項核心動力），以及讓別人留下深刻印象（第二項核心動力），這種與他人產生連結、得到接受、以及建立緊密關係的感受，能夠造就出愉悅與輕鬆的經驗。

　　再往下一級，你會認為第七項核心動力：不確定性與好奇心是最低階的**心流**。之前我們提過，加入機會與隨機性是讓遊戲變得簡單的好方法。大部分的博弈遊戲、抽獎、以及彩券都不需要任何技巧。基本上你只要參加，採取期望行動，然後等待結果。這是為何像是《戰國風雲》（Risk）戰棋或《大富翁》（包括遊戲中的機會卡）等包含隨機性的遊戲，經常比像是西洋棋這樣的全技巧遊戲帶來更多歡笑。

　　你可以主張，經由第七項核心動力：不確定性與好奇心投入遊戲的玩家，並非真正處於「厭倦」狀態之中，尤其如果他們正在觀賞電影或者讀完一本書的話。然

而，如果你從技巧相對挑戰（**心流**表）的觀點來看，僅僅使用少量技巧的使用者並不真正享受此種活動。相反的，他們是從不同的方式得到樂趣。

以下是希克森米哈義的圖表，我們可以看到他包括了「放鬆」狀態，這是來自技巧遠遠超越挑戰的狀態。這個時候，第七項核心動力帶來的不是厭倦，而是適度的放鬆。

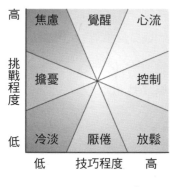

心流的七種狀態[17]

在這裡你可以看到，在**心流**模型中唯一缺席的核心動力是第一項核心動力：重大使命與呼召。這是因為在比較玩家技巧程度與挑戰程度的情境之中，完全沒有第一項核心動力的位置。對於讓人投入比個人更重要的使命，這兩項因素完全沒有任何角色。第一項核心動力與心流模型並不真正搭配，其功用是提供驅動人們開始投入一項體驗的理由。

佛格的行為模型

佛格（BJ Fogg）是史丹佛大學的人類行為學教授，他提出一項將所有行為歸入三項因素的模型。這三項因素是**動機、能力、以及觸發**[18]。

動機是個人多麼想要採取行動，或是獲得期待結果。**能力**是個人對於採取行動的準備程度；換句話說，就是使用者執行行動多麼簡單或便利。第三項因素是**觸**

發，亦即提醒使用者採取行動的事物。

佛格提出，每項你採取的行動，都是結合這三項元素的結果。如果缺少其中一項，就不會出現行動。

他是一位自己所稱的「微習慣」提倡者。佛格以這樣一個系統為例，每次他小便後與洗手之間，都會做兩下伏地挺身。小便是**觸發**，由於兩下伏地挺身非常容易，你不需要很多動機就可執行[19]。

在此一系統中，將兩下伏地挺身設為目標，而非八下或十下非常重要。如果你將目標設為十下，到了某一時刻你的大腦可能這樣想：「我有點忙碌或疲勞。這回我想跳過不做。」很快這會導致另一次跳過的行為。這樣會減弱自信心，導致無法建立正面習慣。

但是當你把目標設計為兩下伏地挺身，而且真的付諸執行時，你會有成就感（第二項核心動力），這將強化自信心，讓你最後建立更強大的習慣。

一般來說，我相當喜歡佛格的行為模型，經常在個人研究中思考他的觀點。唯一看法不同的地方，是他宣稱動機是非常困難與無法預測的部分，以及企業或個人一開始不應試著改善動機。他的結論是呼籲企業將重心放在確保活動非常容易，以及擁有適當的**觸發**。

從此一觀點來看，八角框架更重視的是**動機部分**。如同佛格在模型中表達的觀點，無論任務多麼容易，沒有動機的話，人們就不會採取行動。

從之前的章節裡頭，我們知道運用八角框架設計調整難度，主因是我們想要讓使用者覺得聰明或勝任（第二項核心動力），或者覺得機會是他們專屬，而且難以獲得（第六項核心動力）。無論你採取何種方式調整體驗，八角框架都會將重點帶回到動機之上。遊戲不見得會讓事情變得容易，而是會讓事情變得充滿激勵與吸引力。事實上，最受到尊崇的**遊戲**定義之一，就是「自願嘗試克服不必要的障礙」[20]。

佛格表示，隨著你完成更多個人的微習慣，動機會隨之增加，因為你愈來愈有成就感，這點會變成一項逐漸擴大的正面循環。最後，做出更多下伏地挺身變得愈來愈容易，你不需要如此高的動機，就能維持更高的活動密度。以上思維符合我們

對第二項核心動力的了解。

為了支持將重點放在**能力**的策略，佛格表示與其「激勵」人們去做他們不想做的事，企業更應該重視人們想做的是什麼，以及讓這些事更加容易。

這樣說非常有道理。然而，根據我的設計經驗，我們看到即使擁有改善健康的動機，使用者仍然不見得擁有動機使用你的健康應用程式。即使人們想要與朋友連結，仍然沒有誘因讓他們與朋友分享你的產品，除非你為此進行特別設計。即使人們都想在職場表現良好，他們並不見得會為喜歡找碴、態度惡劣的老闆賣命。在這些案例之中，產生更多生產力的方法是改進老闆激勵員工的方式（經由表達感謝、提供自主權、明確的目的等方法），而非試著把讓人恐懼的工作變得更容易。

就個人觀點而言，微習慣對於達成自我改進目標非常有效，但是對於吸引員工投入或是病毒式行銷系統不見得適用。如果你的目標只是讓事情變得更容易，使用者也許會、也許不會鼓起足夠動機，執行你想要創造的新行為。

藉由讓事情變得更容易以便產生動機的缺點，是讓事情變得更加困難。從第六項核心動力：稀缺性與迫切的觀點來看，我們已經看過太多例子，當事情過於容易的時候，人們不見得心存感謝。

如果你對約會使用「讓事情更容易」的策略，會有什麼後果？比如說，你希望某人成為你的重要另一半（期望行動），所以你邀對方一起出去（**觸發**），但是對方此刻的動機非常低，因為還在試圖搞清楚你是不是希望的對象。這個時候，如果你盡一切努力讓對方非常容易與你出去，例如配合對方任何有空的日子，或是每天發出數十則簡訊，讓對方易於回覆（**觸發**與**能力**提升）——根據我的個人經驗，這樣的結果不會太好……我的意思是，根據我的觀察。噓，別笑。

有的時候，放慢腳步會增加期待與懸疑的感覺，因而創造更高動機。儘管期望行動變得更難，結果稀缺性卻能創造更多的期望行為。前面的章節中，我們已看到讓你的使用者感到不便，或是退出一項交易（如果正確執行），反而能夠大幅提升動機與行動。

就了解行為以及其意義而言，佛格的行為模型非常有用，但是我和佛格對於改

善流程的行動步驟結論不太一樣。佛格的重心是模型中的**行動**部分,我的重心則是**動機**部分。當然,我還花費時間改進每項期望行動的難度,我相信佛格也花費時間改善動機;不同的似乎只是我們的優先順序。

話雖如此,大部分產品的複雜與難以使用程度,的確會讓使用者感覺愚蠢與退縮不前(第二項反核心動力)。這個問題在加入階段尤為嚴重,因為此時使用者尚未累積足夠動機,投入大量心力弄懂一切。有鑑於此,讓活動變得簡單化,使用者不需多想就可以採取行動,仍然是首要任務。

就**動機**而言,佛格表示這是得自六項因素:尋求樂趣、避免痛苦、尋找希望、避免恐懼、尋求社會接納、以及避免社會排斥[21]。這點混合了第二、四、五、七、八項核心動力,以及隱藏的第九項核心動力:知覺[22]。

對於像是第六項核心動力:稀缺性與迫切的動機,以及第四項核心動力:所有權與占有欲之下的稟賦效應,這些經常無法在其他行為模型之中得到解釋。它們是我們在大腦中採取的心智捷徑,學術名稱為**認知偏見**,以及決策**啟發**[23]。啟發的名單上有數十種方式[24],包括我們在之前章節中討論過的下錨(一切都以我的心靈為中心)、幻覺優越(我絕對優於一般人)、IKEA 效應(我珍視自己製造的東西)、以及避免損失(我不願為了賺到 15 美元的機會,賭下 10 美元)。

佛格的六項動機元素加上啟發行為清單,對於我們所有行為提供相當完整的觀點,只是它們可能無法解釋,為何我們有時願意為崇高目的犧牲生命──這是出於重大使命與呼召。對於自己的設計案,我比較喜歡使用一種對於我們心理核心動力包羅更廣泛的一般性架構,了解這些動力如何彼此扶持與互動。當我們對吸引別人投入的體驗進行設計時,僅僅使用一種架構,會比思考一連串例外簡單許多。

最後,如果我們經由八角框架角度思考**觸發**,這正是八角框架策略資訊板回饋機制扮演的角色,我將在未來著作中對此詳加討論[25]。回饋機制讓使用者注意他們需要去做的事,辦法通常是經由收到電子郵件或簡訊。這類使用者介面顯示可執行的資訊,或是剛在你的臉書新照片按「讚」的好友,刺激你重回網站。這些都是經由回饋機制提供的觸發。

　　根據觸發本身的不同，所有回饋機制之內都整合了各種核心動力動機。第二項核心動力的觸發是點數與徽章，第六項核心動力則是倒數計時，第七項核心動力是旋轉幸運輪、第五項核心動力是好友按讚。當你為回饋機制或觸發進行設計時，必須了解它們的目的是否為驅動使用者的好奇心、成就感、內心社會壓力、或者其他核心動力。如果不是，回饋機制將變成空虛的信號，無法觸發任何期望行動。

麥戈尼格爾的理論

　　作為本章最後的試金石，讓我們看看麥戈尼格爾的理論。麥戈尼格爾是遊戲設計師，著有《遊戲改變世界，讓現實更美好！》（*Reality is Broken*）一書❷。她最廣為人知的作品，是關於遊戲在現實世界中發揮力量的兩場 TED 討論。

　　對於遊戲如何讓人們變得更好、更有毅力，麥戈尼格爾認為背後有四種元素：**史詩般意義、迫切的樂觀、歡娛生產力**、以及**社會組織**。

　　我們可以輕易地將某些元素與八角框架搭配。史詩般意義呼應了第一項核心動力：重大使命與呼召，這是一種讓你覺得自己正在改變世界的元素。社會組織顯然與第五項核心動力：社會影響力與同理心相關，這是當人們對抗同樣挑戰時的彼此信任。

　　迫切的樂觀比較不易從八角框架的角度了解。在《遊戲改變世界，讓現實更美好！》一書中，麥戈尼格爾將迫切的樂觀定義為：「在達成目標前夕充滿希望的時刻，我們覺得受到激勵要盡力嘗試，做到最好。」❷就我個人的解讀，此一感覺是只要立刻行動，你就能夠達到目標，抵達破關狀態。就這種意義而言，玩家信任遊戲設計師必定提供了達到勝利的方法，前提是自己立即採取正確的行動，朝向明顯的設計目標前進。

　　戴上八角框架眼鏡來看，迫切的樂觀通常結合了第二項核心動力：發展與成就，以及第六項核心動力：稀缺性與迫切。出現第二項核心動力的原因，是玩家自信能夠達成破關狀態與獲得成就感。另一方面，第六項核心動力也在此出現，原因

是玩家無法長久等待，才去執行期望行動。他們現在就想去做，因為這很急迫。因此，這些左腦核心動力以白帽與黑帽方式結合起來，導致玩家徹底投入。

最後一項元素是**歡娛生產力**[28]，此一名詞原本是由印第安那大學的一組電腦科學家發明，當時他們正在研究《魔獸世界》玩家過人一級的精力。麥戈尼格爾對於歡娛生產力的定義是「完全埋首於工作之中，產生立即與明顯成果的感受」。

就我個人的理解，歡娛生產力是當你花費愈來愈多時間，培養、累積、或者改進某樣東西時的感受。有的時候，任務本身看來會有些單調，但是只要玩家覺得有所進展，這項過程就會在心中產生歡娛與快樂的感受。

此一元素經常結合了第二項核心動力：發展與成就、第三項核心動力：賦予創造力與回饋、以及第四項核心動力：所有權與占有欲。使用者正在累積、培養、或者整理某樣東西（第四項核心動力），持續對這些活動提供回饋，目的是調整、優化、以及獲得成就感。

如同各位所見，這四種核心動力的包裝是很棒的結合，讓使用者深入享受遊戲，以及遊戲之外的體驗。隨著你愈來愈深入八角框架遊戲化的學習之旅，除了以上四項元素之外，你會開始辨認與定義這些核心動力的結合，以體驗設計師的身分開創自己的成果。舉例來說，我們從以上分析可以看到，第七項核心動力：不確定性與好奇心並未得到凸顯，還有我們可以思考如何在這四項元素之外，在體驗之中加入更多懸疑、出其不意、以及不確定性。

全世界都是你的遊樂場

我們全都擁有相同的大腦，因此對於動機與行為的所有適當研究，結果應該都能夠彼此相通。本章的主要重點不是八角框架優於任何其他架構。但是至少對我而言，八角框架是種很有用的工具，有助了解與掌握行為科學、遊戲、以及遊戲化領域的其他模型。據我個人經驗，能夠使用一種架構分析所有模型，幫助改進我們對行為設計的了解，其實非常方便，而且助益良多。

　　對於人類行為，顯然還有許多優秀的理論與模型。但是受到本書篇幅所限，我們無法將它們全部列舉出來一一討論。

　　對於充滿第三項與第七項核心動力的八角框架熱切學習者，我強力鼓勵你們戴上八角框架眼鏡，閱讀尼爾・艾歐的《鉤癮效應》、安德瑞・馬爾朱斯基的《使用者類型》（User Type）、或是丹尼爾・康納曼的《展望理論》（Prospect Theory）與《四象限型態》（Four Fold Pattern）。行為心理學先驅丹・艾瑞利、吳育成、或是羅伯特・席爾迪尼的著作不見得提供圖表模型，但是你同樣能夠從他們的研究之中了解八項核心動力。

　　確實掌握核心動力之後，你將能夠找出其他學者涵蓋或者沒有涵蓋的動機層面，決定如何應用這些模型與架構，優化自己的體驗設計。

馬上動手做

中級： 請選擇一項關於人類行為的新模型（確定與行動相關，並不見得一定與情感相關），試著從八角框架角度進行分析。八項核心動力之中有哪些出現，哪些缺席呢？根據結果，你能夠對此模型最適用的領域以及運用的最佳方式做出結論嗎？

中級： 請試著重述本章中提及的所有模型與架構。你需要再花點時間重讀數遍，才能完全記住它們。你記得每一項如何經由八角框架分析嗎？你對八角框架的知識是否幫助你更加了解（因此記住）這些模型呢？

高級： 分析尼爾・艾歐的「上鉤」模型，試著了解如何將八角分析帶入**觸發**、**行動**、**獎勵**、以及**投資**的循環之中。以上每個元素是否都仰賴數種核心動力呢？（例如，**投資**通常使用第四項核心動力來創造稟賦效應）想想看，在我們上鉤後經歷了發現、加入、攀登、結束四階段，核心動力如何變化。

（例如在發現階段，觸發經常是來自行銷材料的外部觸發，基礎為第七項核心動力。到了結束階段，觸發會變成內在觸發，使用者受到第四與第八項核心動力激勵）。試著將你對八角框架的了解，完全放入勾引模型之中。

請將你的想法加上標籤 #OctalysisBook，在臉書、推特或你喜好的社群網路上分享，看看別人有何想法。

開始設計

你正在逐漸接近本書的結尾，現在到了開始自行設計計畫的時候。請想出一個與人類動機相關，而且你希望進一步改造的計畫。

請思考什麼是你想要提升的**可量化指標**。誰是你的目標**使用者**，以及他們受到哪些核心動力激勵？你需要他們採取哪些期望行動？你可以運用哪些媒介與他們溝通、向他們展示回饋機制、以及展現觸發呢？最後，你能夠為使用者提供哪些**獎勵與誘因**？

這些相加起來，成為八角框架策略資訊板，能夠應用在任何遊戲化設計專案之上。這些構成第十七章內容的基礎。如需更多關於八角框架策略資訊板的資訊，請查閱我的部落格：*http://www.yukaichou.com/gamification-study/the-strategy-dashboard-for-gamification-design/*。

第 16 章

執行第一級八角框架

討論過第一級八角框架的所有元素，現在讓我們看看如何將這一切結合起來。一般來說，運用八角框架的方式有兩種：

第一種方法是分析現有產品，對於採取期望行動的動機，找出長處與短處。這樣做讓我們分辨哪些是較弱的動機，在體驗中引進新的改善措施，通常是遊戲設計技巧。這種作法一般稱為八角框架查核。

第二種方法是根據八角框架與八項核心動力，創造全新的體驗。經由高度系統化的流程，我們能夠創造出充滿吸引力的體驗，滿足體驗設計師的目標。

讓我們首先看看第一種方法。

臉書的八角框架檢討

將八角框架作為工具使用的第一步，是破解體驗之中出現的所有核心動力動機。在第三章，我們從八角框架觀點簡短地討論過臉書。讓我們運用你剛剛得到的八項核心動力新知識，更仔細探討臉書。

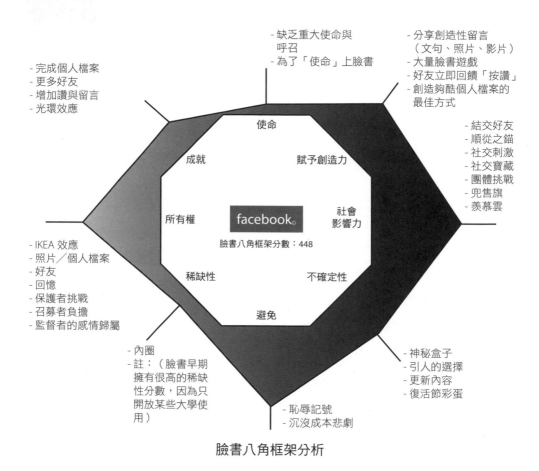

- 缺乏重大使命與
　呼召
- 為了「使命」上臉書

- 分享創造性留言
　（文句、照片、影片）
- 大量臉書遊戲
- 好友立即回饋「按讚」
- 創造夠酷個人檔案的
　最佳方式

- 完成個人檔案
- 更多好友
- 增加讚與留言
- 光環效應

使命

成就　　　　賦予創造力

- 結交好友
- 順從之錨
- 社交刺激
- 社交寶藏
- 團體挑戰
- 兜售旗
- 羨慕雲

所有權　　　　社會
　　　　　　　影響力

facebook©

臉書八角框架分數：448

- IKEA 效應
- 照片／個人檔案
- 好友
- 回憶
- 保護者挑戰
- 召募者負擔
- 監督者的感情歸屬

稀缺性　　　　不確定性

避免

- 神秘盒子
- 引人的選擇
- 更新內容
- 復活節彩蛋

- 內圈
- 註：（臉書早期
　擁有很高的稀缺
　性分數，因為只
　開放某些大學使
　用）

- 恥辱記號
- 沉沒成本悲劇

臉書八角框架分析

　　一般說來，臉書在大部分核心動力方面都相當強大，因此能夠獲致今日的成功。臉書的核心是第五項核心動力：社會影響力與同理心。人們想要隨時與他人保持連結，分享自己的經驗，以及曉得其他人在做些什麼。臉書運用了大量的社交刺激、社交寶藏以及順從之錨，創造更具吸引力的體驗。

　　另一方面，臉書體驗具備高度的第七項核心動力：不確定性與好奇心。每次打開臉書時，使用者都在尋找值得觀看與分享的全新奇妙內容。

　　《鉤癮效應》一書作者尼爾‧艾歐甚至暗示，每次我們觀看我們的臉書（或者推特）的動態消息，或是「拉下頁面」更新動態消息時，就像拉下吃角子老虎的把手一樣——他將之稱為「狩獵報酬」❶。每次我們做出期望行動，都是為了嘗試看

看我們是否會得到更有趣的內容作為報酬。如果沒有「贏」，我們會拉下把手再玩一次，看看下回手氣是否會變好。

在臉書之內，還有強大的第四項核心動力：所有權與占有欲。臉書的核心活動之一，是累積與編排更多關於好友與體驗的相片。此外，由於許多人的臉書個人檔案代表社交身分，他們對於這些個人檔案有著強大的占有欲。根據第四項核心動力的原則，現在他們對於編排與改進個人檔案，擁有更加強烈的動機。

對某些人而言，使用臉書的樂趣之一是不斷貼出原創的幽默事物或者分享內容，藉以得到更多「讚」。這經常運用了第三項核心動力：賦予創造力與回饋。收到讚的「回饋」是任何體驗的基本成份，因為表達創造力卻沒有收到任何回饋，是種折磨人的經驗。

當然，當某人分享最近的歐洲旅行照片，或是數十位、甚至數百位朋友喜歡的有趣部落格文章時，會感受到強烈的第二項核心動力：發展與成就。當使用者繼續執行期望行動時，這種左腦白帽核心動力進一步讓他們感覺良好。

我們在第十二章提過，臉書擁有大量的第八項核心動力：損失與避免，尤其是在結束階段。這是因為在沉沒成本監獄之下，人們在臉書上累積的所有時間、好友、照片、體驗、訊息、以及遊戲點數，使得他們無法退出。使用者陷入不斷投入更多時間，累積更多難以放手的「寶物」的局面之中。

如同第三章提到，臉書只缺乏兩項核心動力，分別是第一項核心動力：重大使命與呼召，以及第六項核心動力：稀缺性與迫切。使用臉書時，除了個人自我之外，沒有更崇高的目的。少見的例外是人們為了崇高使命或願景加入臉書社團，例如某些慈善組織或小眾團體。當然，這類動機並不是人們使用臉書的主因，只是與臉書平行的附帶體驗而已。

我們還提過臉書剛推出時，其專屬性造成大量的稀缺性，因為只有哈佛等少數大學學生能夠加入。在當時的發現階段，第六項核心動力：稀缺性與迫切非常明顯，而且導致在接下來的加入與攀登階段，第一項核心動力產生強烈的精英主義。

然而，由於臉書已向所有人開放，第六項核心動力如今所剩無幾。在你的面

前，已經沒有任何想要卻不能擁有的事物在誘惑你。也許只有當你等待朋友回應訊息，或者臉書推出只對少量使用者開放的專屬性新功能時，才會感受到一些第六項核心動力。噢，對了，你在臉書上注意的人拒絕加你好友，以及不讓你看到更多照片。我猜想其中也有第六項核心動力存在，但這可能不是臉書的主要「遊戲」體驗。

在這個案例中，缺乏第六項核心動力當然不是負面的事，因為我們知道第六項核心動力經由黑帽與左腦（外在傾向）方式創造迷戀，但是並非製造長期投入的理想作法。如果臉書不想快速增加新使用者，只想保持現有使用者的投入，既然已經運用其他核心動力（加上之前運用第六項核心動力），創造強烈的吸引力，臉書就沒有必要加入更多第六項核心動力。

根據以上的第一級八角框架摘要檢討，我們曉得如果臉書包含更多第一項核心動力：重大使命與呼召，將會更加成功。討厭臉書的人，經常將之想成浪費時間以及讓人無法專注於更重要大事的東西。許多人都試著抵制臉書，或是採取「臉書快轉」，因為他們不想將人生浪費在「愚蠢」的事物上。如果臉書能夠利用其平台，讓個人進行更多幫助世界與貢獻社會的有意義活動，可能會更具吸引力。

當然，我們看到臉書已經試圖加入一絲第一項核心動力，作法是提倡對於天然災害災民處境的覺察與捐款。但是這些災害通常不是單一事件，而且都起源於人人皆知的世界大事。如果臉書能夠打造出更固定發生與簡化的體驗，讓使用者覺得在臉書上花費的每一分鐘，都對世界有所貢獻的話，會是更有意義的作法。例如，可以在頁面置頂列不斷顯示在受災地區急需支援的計畫或團體。同時還可以顯示一個**觸發**按鈕，讓人們為這些目的捐獻時間或金錢。

由於這些計畫或團體狀況每天都有變化，臉書可以顯示他們狀態的細節，這樣人們每天使用臉書的時候，至少可以增加一些知識，以及了解世界發生的問題。經由大量增加對這些團體的捐款，臉書能夠真正說出當使用者每天登入的時候，他們不但改變了世界，更**拯救**了世界。

最後，如果臉書能夠讓人們輕易找到幫助他們的師傅，或是一起做功課的夥

伴，對臉書也會帶來好處。這會讓人們覺得使用臉書是件「收穫良多」的事，減少他們的抗拒。

分數只是障眼法

過去這些年來，許多人都喜歡問我八角框架分數代表什麼。當你查看一些八角框架圖表時，可能也有同樣問題。如同我們所知，分數會引起好奇，每個人都想要知道發生了什麼事。然而，通常我會試著避免花費太多時間解釋八角框架分數，因為在八角框架的領域之中，這其實是最無法產生行動的元素。

最有效的方式，是利用八角框架圖表找出何種核心動力偏弱，需要加強，同時從白帽／黑帽以及左腦／右腦觀點了解主要核心動力的本質。八角框架分數本身只是一種有趣的花招。但是既然人們不斷詢問，我覺得應該分享一下我如何決定這些分數。

對於每種核心動力，我們一般都會根據「此項核心動力驅動期望行動的力量有多強大」，在 0 分至 10 分之間評定一個分數。0 代表在此項體驗之中，此一核心動力完全不構成動機。在評分表的頂端，10 通常代表此項核心動力已經無法再予以加強，幾乎所有接觸過此項核心動力的人都會採取期望行動。

在這之後，我將所有八個數字的平方相加起來。這代表八角框架分數的最高分是 800（$10^2 \times 8$），最低分是 0。在我們的評分表當中，大部分成功遊戲得分都在 350 分以上，大部分非遊戲產品得分則在 150 分以下。事實上，大部分未考量人本設計的產品得分都不到 50。

然而，由於這樣評分相當主觀，不同的人會對同樣產品得出不同分數。當人們問起，我如何曉得要對每種動力到底給多少分時，我只能回答這是根據**體驗**過系統之後的直覺感受。只要你給的分數不要差太多，真正的分數其實不如之前我提到的那般有用。對於你的設計而言，一項核心動力到底得到 2 分或 3 分其實並不重要，只要你曉得不是 7 分或 8 分就好。如同我說過的，八角框架是一項工具，讓人們根

據自己的適當判斷做出更佳設計（話說回來，所有的模型都需要適當判斷，無論 **SWOT 分析❷**、佛格的 **B=MAT**，或者波士頓顧問公司〔Boston Consulting Group〕的 **BCG 矩陣❸**都是如此）。

在我的心目中，真正重要的是你能在概念上體認到這些事物，像是：體驗中缺乏**不確定性**，或者你正在大力仰賴黑帽核心動力。一般而言，只需知道何種核心動力強烈、何種核心動力不足，就能夠讓你對體驗進行適當設計，而非將寶貴時間花在研究到底該給幾分之上。

從八角框架分數公式之中得出的觀點之一，說明在少數幾項核心動力得到非常高分，通常優於每項核心動力都具備一點。在八項核心動力各得 1 分，累積八角框架分數只有 8 分，但是在兩項核心動力各得 9 分，累積八角框架分數會有 162 分。對於你的遊戲化設計，選擇帶來期望特性的**正確**動力如此重要，正是出於此一原因。如果你只想要使用少數核心動力，最好確保你根據特定的情境，選出效果最佳的核心動力。

話雖如此，通常比較簡單的作法是將重心放在一項完全缺席的核心動力，而非那些已經很強大的核心動力。一般來說，在完全缺乏的狀況下加入一些不確定性、社交活動、或者稀缺性，其實相當容易。但是如果已經擁有強大的社會影響力，想要進一步提升這項核心動力會變得更加困難。你通常需要一名精通這項核心動力的專家，進行大量的設計、研究、以及 A／B 測試，才能將這項核心動力的分數從理論上的 8 分提高至 9 分。

最後，我注意到八角框架學生之間有個傾向，會對自己專案之下的核心動力分數「灌水」（第四項核心動力的偏見，哈！）。在他們的專案中，所有動力得分似乎都在 7 分至 9 分之間。除非你的專案吸引力超過臉書，否則這是非常不可能發生的事。毫不讓人意外的是，當你對每項核心動力的動機比例，抱有更加實際的看法時，八角框架才能成為有用的設計工具。

以下是思考練習的例子，第一項核心動力：重大使命與呼召得到 10 分，代表擁有強烈的劃時代意義，讓人們願意為之犧牲生命。相似的，第八項核心動力：

損失與避免得到 10 分，代表此一事物威脅性強大到讓人願意為之殺人。記住這點之後，我想像你的員工吸引力活動，應該不太可能在每項核心動力都拿到 8 分或 9 分。

市面上大部分系統都是以功能為本，我見過的大部分產品在大部分核心動力方面都是 0 分，只有少數幾項核心動力得到 1 分或 2 分。成功產品在少數核心動力可以得到 3 分或 4 分，只有少數產品能得到 8 分至 9 分。掌控市場的產品也許有一或兩項 9 分，甚至有一項 10 分，但是你應該讓這樣的狀況少之又少。

說到最後，如果你使用八角框架的目的，只是讓自己對於正在執行的工作感覺良好，你會很難找到更佳方式改進體驗。

當你的水杯已滿時，很難再去盛裝瀑布倒下的水❹。

測速照相機樂透的八角框架

遊戲化世界之中，最有名的類比式設計之一是《福斯趣味理論》（Volkswagen's Fun Theory）中的測速照相機樂透❺。此一活動的目標是增加期望行動的吸引力，鼓勵駕駛人遵守速限標誌。

這個概念原本由舊金山的凱文・李查森（Kevin Richardson）向樂趣工廠（The Fun Factory）提出，然後在 2010 年由斯德哥爾摩的瑞典國家道路安全學會付諸執行。使用現有的道路攝影機與測速科技，測速照相機樂透裝置會偵測所有路過駕駛人的車速，同時拍下車牌號碼。

接著出現一面 LED 螢幕，顯示每位駕駛人的車速，以及根據他們是否合於速限，顯示姆指向上或向下的符號。被拍下的超速駕駛人會收到罰單，罰金存入一份基金。另一方面，符合速限規定的駕駛人會被記錄下來，得到參加樂透的資格，屆時可以獲得來自超速者罰金的獎金。

在遊戲化產業之中，許多人都看過這項案例，大家經常會說：「這真是個充滿創造力的解決方案！我要如何想出同樣充滿創造力的解決方案，解決手上的問題

呢？」

在這裡，我們看到經由八角框架的流程，你具備想出像是測速照相機樂透，以及其他類似創造性解決方案的**潛力**。

問題：讓人們不超速駕駛

在每項遊戲化專案之中，最先要做的事是界定必須解決的問題，以及如何評量成功。如果我們將減少超速駕駛人的問題視為持續不斷的專案，下一步就是經由八角框架的八項核心動力分析此一問題。

一般來說，在沒有任何人為干預之下，不超速駕駛的動機只有第一項核心動力：重大使命與呼召——以安全和負責任的方式駕駛，是一項比個人更崇高的目的。這點必定讓許多人對自己的開車速度設下某些限制，使得道路對其他人更加安全。

問題是：大部分人不一定將開快車與「危險」駕駛畫上等號。對許多人來說，如果忽視限速的獎勵是更快抵達目的地，或是開快車刺激感等立即滿足，這樣做就是值得的事。因此，大部分政府採用了第八項核心動力：損失與避免，處罰被抓到超速的駕駛人。人們想要避免超速被抓，因此顯著放慢開車速度。這是阻止大部分人危險駕駛的辦法。

然而，仰賴執法是一種非常昂貴的解決方案，尤其是需要執法者無所不在的時候。由於超速被抓到的機率非常低，無法阻止許多人改變偶爾超速的習慣。

因此，現在出現一個運用第三項核心動力：賦予創造力與回饋的解決方案。你也許看過，有些測速照相機只會顯示駕駛人的速度，不會開出罰單。由於駕駛人的「分數」是由自己控制，而且馬上看到回饋，這種作法可以鼓勵許多人看到速度太快的時候減慢下來。

這裡的問題在於：對駕駛人而言，無法一目了然知道破關狀態到底為何。速限到底是多少？現在我超過還是不到速限？請記得：如非必要的話，人們不喜歡運用大腦的活躍部分進行思考。如果人們必須自行計算是否達到破關狀態，許多人會變

懶而不想這樣做。此外，有些人會做出與期望行動完全相反的舉動，試試看回饋裝置測出他們開得有多快，這樣完全毀掉了設計的原本目的。

測速照相機樂透的創新

　　有鑑於此，測速照相機樂透於是問世。為了解決以上問題，測速照相機樂透加入四項核心動力：

- 第四項核心動力：所有權與占有欲。在測速照相機樂透之中，如果玩家得分不錯，達到破關狀態，就有可能「賺到」金錢。在這個例子中，真實的金錢獎勵是個相當強大的動機，讓人們產生參與的興趣。

- 第七項核心動力：不確定性與好奇心。我們已經曉得，無論是樂透或抽獎系統，都會動用第七項核心動力。贏得 100 美元的 10% 機會，通常要比一定得到 10 美元更讓人投入，因為人們不斷在想自己是否會成為贏家。這種期待讓一切變得更加刺激、更具吸引力。

- 第二項核心動力：發展與成就。相較於讓駕駛人對是否達到破關狀態摸不著頭緒，測速照相機樂透在駕駛人達到破關狀態時，清楚顯示綠色的拇指向上符號，至於駕駛人未達到破關狀態時，顯示紅色的拇指向下符號。駕駛人的速度在速限之下時會以綠色顯示，速限之上時則以紅色顯示，進一步強化其效果。這樣的立即回饋機制讓使用者達到破關狀態時，直覺地感到更加成功以及更高成就感。

- 第五項核心動力：社會影響力與同理心。在宣傳測速照相機樂透的 YouTube 病毒影片之中[6]，我們看到測速照相機樂透出現在一條街道，路上滿是駕駛人與乘客。除了想要表現良好與贏得一些金錢的欲望之外，駕駛人曉得旁邊每個人都能看見他得到拇指向上或向下的符號。雖然大部分觀眾都是陌生人，我們很自然地不喜歡其他人將我們視為違法的「拇指向下輸家」。我們比較喜歡其他人將我們視為守法公民，得到綠色的拇指向上符號。

在體驗設計內加入四種核心動力之後，測速照相機樂透在先導計畫期間，將路過駕駛人的平均速度降低兩成以上。雖然由於缺乏結束設計，測速照相機樂透無法成為解決一切問題的方案，但是我們看到經由對現有問題運用八角框架與八項核心動力，我們能夠設計創新的體驗，強化期望的行為。

如果讀完本書之後，我希望讀者可以記住一樣東西，那就是不斷思考動機以及八項核心動力，而非思考特點、功能、以及系統。當你的起點是人本設計，而非功能取向設計時，我相信無論你的設計為何，成果都會更吸引人、更有樂趣、以及更加成功。

Waze 導航應用程式的八角框架分析

除了對一項體驗進行高階八角框架概述之外，我們還可以經由玩家旅程的四個體驗階段：發現、加入、攀登與結束，對體驗進行個別分析。

在「遊戲化駕駛」領域，另一個與測速照相機樂透有些類似的例子是導航應用程式 Waze。如同我們在第五章提過，Waze 是一種廣受歡迎的導航應用程式，經由群眾外包的即時交通與道路狀況資訊，改變我們的交通導航方式。Waze 從數以萬計的使用者得到五顆星評價，粉絲們接下乏味的駕駛體驗挑戰，將之改造成讓人投入其中的有趣冒險，帶來回報豐碩的社交體驗。

讓我們深入看看，Waze 如何在設計與機制中運用八角框架，達成這樣的成就。

- 使用者生成內容的 GPS
- 人類英雄
- 騎士們一起擊敗「交通怪物」

- 以有效率的方式到達目的地
- 超越交通堵塞
- 即時情資
- 可做出貢獻的地方
- 升級

- 對道路狀況資訊做出貢獻
- 編輯地圖

- 可愛的個人化角色
- 收集點數
- 個人化建議
　（艾佛瑞效應）
- 虛擬寶物

- 邀請好友
- 團體抵達
- 社交刺激（嗶嗶）
- 獎盃架

- 在更高階解鎖的角色

- 使用者生成內容的 GPS！
- 可愛圖像
- 先知者效應

- 避免迷路
- 不必問路
- 沉沒成本監獄

Waze 的八角框架分析

　　大部分導航系統的終極功能只提供行車指引（功能為本），經由兩項核心動力激勵我們：

- 第二項核心動力：發展與成就。使用者持續看到接近目的地的進度，在有效率地達成破關狀態時覺得自己非常能幹。
- 第八項核心動力：損失與避免。使用者避免迷路或覺得迷惑的挫折體驗。

　　但是，所有的導航系統都能滿足以上兩者核心動力，差別只是某些系統表現較優而已。身為業界的新角色，Waze 需要在體驗中整合更多核心動力，才能創造差異化的成功。

Waze 實現這點的辦法是開啟社群元素，創造在地的駕駛人社群。雖然該公司擁有地圖版權，真正的導航系統是由群眾外包的使用者資訊驅動，基礎則是駕駛人不斷提供的更新。這些更新包括道路狀況、異物、交通、警察巡邏、以及其他能夠幫助駕駛人使用此一應用程式的細節。這與維基百科社群參與背後的精神有異曲同工之妙。

Waze 的目標不只是提供方向指引，更想創造愉快與有趣的駕駛**體驗**，為每日通勤的使用者帶來更多樂趣。

讓我們經由四個體驗階段，看看 Waze 如何運用八項核心動力產生吸引力。

Waze 的發現階段

使用者在發現階段決定開始試用一項體驗。許多其他遊戲化／遊戲設計架構，都將第一階段定義為**加入**或**建立身分**❼，開始的時刻是使用者在一項體驗中建立帳戶。然而，我相信一項服務的使用者體驗並不是從人們建立帳戶時開始，而是從首次聽到時開始。使用者如何聽說、在什麼情境下聽說、以及受到何種核心動力驅動，將會影響他們在加入與攀登階段的表現。因此，對於設計中的任何服務，我們都要仔細分析與打造其發現體驗。

許多人發現 Waze 應用程式，是出自些許的第七項核心動力：不確定性與好奇心。他們在某處聽說、在網路媒體上讀到、或者只是在應用程式商店正巧看到。Waze 吸引使用者的方式是顯示有趣的圖像，引起人們的好奇心，吸引他們加入使用者生成內容的導航應用程式。由於大部分導航應用程式都使用中央化程式，看來嚴肅到不行，這種作法立刻引起使用者好奇心。「嗯，使用者生成內容的導航？這是怎麼一回事？」這種新奇概念吸引到許多人，對於試用此一體驗產生興趣。

更有甚者，Waze 運用強大的第五項核心動力：社會影響力與同理心。出於體驗全程中的社群特質，這項應用程式會鼓勵許多使用者在攀登與結束階段告訴朋友。可能的使用者更受到其他使用者評論與評分的強烈影響。根據第九章討論過的順從之錨，現在我們已經曉得，這樣的作法會激發強烈的期望行動。

除了每種導航系統都具備的兩項核心動力（第二與第八項），Waze 並未在發現階段內建太多其他核心動力，所以現在讓我們轉往加入階段。

Waze 的加入階段

加入階段起於使用者決定試用這項體驗，下載應用程式。

我在第五章提過，Waze 最讓人印象深刻的地方之一，是在加入階段引進第一項核心動力：重大使命與呼召。Waze 的作法不是提供冗長的文字或影片介紹。早期版本的 Waze 在加入時顯示一個交通圖像——一隻由塞滿車輛馬路構成的巨蛇怪物——對抗許多可愛、勇敢的武士。下面顯示一行標題「同心協力打敗交通」。這說明當使用者運用 Waze 駕車時，不單只是通勤前往目的地而已，更在幫助整個勇敢的 Waze 武士社群對抗**交通**，後者當然是人人討厭的東西。

接著此一應用程式引進回饋機制，顯示「附近有 363 位 Waze 成員」，這是第五項核心動力：社會影響力與同理心的展現。使用者需要很快知道這項應用程式廣受歡迎，而且程式之內有進行中活動。使用者還會看到其他駕駛人的有趣頭像，有的人戴著皇冠，有的人戴著頭盔，還有人使用奶嘴。這點帶來了一些第七項核心動力：不確定性與好奇心，以及一些第六項核心動力：稀缺性與迫切。「嗯，我在想能否讓自己的車子角色看來與眾不同。」

當然，使用者第一次使用應用程式的時候，不太可能探索全部的角色設定，但是很可能試著使用 Waze 前往某處。運用大大的圓形按鈕，以及清楚的導航指示，Waze 確保體驗中擁有第二項核心動力：發展與成就的元素。這代表無論使用者何時與介面互動，以及搜索一個新地址，都會覺得自己很聰明能幹。請記得：在加入階段，讓使用者覺得自己很聰明，不要用太多特點與功能壓垮他們，是件非常重要的事。以上是許多大企業和新創公司都會犯下的錯誤。

Waze 還讓使用者開車時累積狀態點數，這點運用了第四項核心動力：所有權與占有欲，至於個人化的車子角色更進一步強化了此點。雖然使用者看到，隨著他們累積更多點數與升級，可以解鎖更多角色（第六項核心動力中的垂涎三尺元

素），但是我個人並不覺得這會強烈激勵使用者行為，直到後面的攀登階段之前，這都只是個有趣的新玩意而已。

這個時候，使用者可能還不打算貢獻資訊、修改地圖、以及與他人分享道路狀況。然而，到此為止的體驗都很順暢，而且足以讓許多使用者心動，願意繼續往前踏入攀登階段。

Waze 的攀登階段

攀登階段是使用者在體驗之中的正常旅程。有趣的是，這通常包括一套每日或每週重複執行的行動。在 Waze 之中，一旦使用者對於如何操作系統有了基本概念，就會受到驅使進一步投入、探索、做出貢獻、以及達成更多目標，直到變成日常習慣為止。

隨著 Waze 正常運作，第二項核心動力：發展與成就會進一步發揮作用，讓 Waze 導引駕駛人穿越繁忙交通，帶領他們走上旁邊的小路，繞過數十輛卡在公路上的車子。能夠使用其他人沒有的資訊穿越交通，讓使用者心中滿是聰明與成就感。

在攀登階段，另一項開始累積的關鍵核心動力是第四項核心動力：所有權與占有欲。隨著駕駛人繼續使用 Waze，系統會收集關於他們習慣與駕駛行為的特定資料。因此，這項應用程式能夠對於使用者建立深入與個人化的了解，提供量身訂作的體驗。

作為第九章討論過的**艾佛瑞效應**範例，Waze 可能會向駕駛人問道：「現在你要去上班嗎？」因為系統知道駕駛人在上班日早上八點三十分出門上班。但是在星期三晚上八點，Waze 可能會問道：「你要前往健身房嗎？」因為系統知道，星期三晚上是使用者前往健身房的時間。儘管市面上已推出更先進的科技產品，這種個人化的「艾佛瑞效應」會刺激使用者保持投入，以及忠於這種應用程式。使用者寧願留在認識他們的系統之中，而非投奔更聰明的系統。

在攀登階段，Waze 內含的另一項強大核心動力是第七項核心動力：不確定性

與好奇心。當使用者收到示警，有輛車子拋錨停在路肩的時候，他們的心智會突然專注起來。「車子還在那裡嗎？還在那裡嗎？」這是我所稱的先知者效應（第 71 項遊戲技巧），亦即對於未來的預測讓使用者變得徹底投入，想看看「先知」正確與否。使用者經常會保持專注，直到「就在這裡！」的時刻，他們看到拋錨的車子停在路肩——先知應驗了！甚至當拋錨車子不在的時候，使用者還是會這樣想：「討厭。也許下次我真的會看到示警的事故。」當你拉下吃角子老虎的把手時，有時會贏，有時會輸。這種好奇心會在 Waze 的體驗之中加上一層樂趣。

　　長時間不斷看到與使用其他人提供的可靠資訊之後，使用者會開始想要運用自己的第三項核心動力：賦予創造力與回饋。突然之間，使用者開始分享一些自己的道路資訊，在駕駛時按下螢幕上的大型按鈕（注意：這樣作做不見得安全），分享有警察躲在下坡路段的終點。這樣做為使用者帶來「主動參與感」，因為他們感到擁有力量，能夠向有用的資訊庫貢獻一己之力。

　　我們知道，為了讓第三項核心動力發揮作用，需要得到立即的「回饋」，而且如果能與第五項核心動力：社會影響力與同理心結合，回饋的力量會更強大。Waze 最具情感獎勵的作法，是你與社群分享資訊的時候，數秒後可能會彈出數個視窗，顯示別人對你的感謝（再次說明，這對分享者或感謝者都不見得安全；遊戲化設計師必需認真考量設計的後果）。從充滿感激的其他使用者收到立即回饋，會讓他們覺得相當開心，日後會願意分享更多資訊。每次執行期望行動之後，一定要有充滿愉悅的時刻。

　　當然，系統內仍然存在第六項核心動力：稀缺性與迫切，因為此一應用程式仍然提供一條吸引使用者成為「Waze 皇族」專家的途徑。然而根據我個人的觀察，解鎖這項獎勵不會讓使用者得到更多權力，或是在他人眼中代表真正地位，因此未能顯著改變使用者行為。

　　出於第八項核心動力：損失與避免，人們討厭對汽油、啤酒、或者雜貨等商品付出過高價錢。導航服務能夠將人們帶往路途上最便宜的地點，幫助他們省下荷包。另外，當使用者試著搜尋前往目的地「路上」的餐廳時，大部分導航應用程式

都會顯示要繞一大段路的地點或替代路徑。

　　Waze 則會顯示前往目的地一路上最便宜的加油站，以及較短的替代路徑，讓他們避開這些麻煩。更有甚者，在使用者上路前往任何其他地點之前，系統會告知替代路徑要比原路多出多少里程。這種作法讓使用者不必浪費時間或金錢尋找加油站或餐廳，因而覺得自己非常聰明，最後導致更多的第二項核心動力：發展與成就。

Waze 的結束階段

　　結束階段始於使用者已長期處於活動循環，做過自我認知之中能做的每件事情。這個時候，我們會評估為何還要留在系統之中，繼續執行更多期望行動。

　　對於 Waze 而言，幸運的是許多人每天都需要用到導航功能。因此，人們無法像遊戲一樣輕易退出。然而，如果缺乏精心設計，Waze 無法阻止使用者轉往其他提供功能為本效益的相似導航服務。為何優良的結束設計非常重要，原因正是如此。

　　在結束階段，長期投入的重度使用者會開始對身為社群一分子感到更加光榮，這點強化了第一項核心動力：重大使命與呼召。如同我們所知，第四項核心動力之下的艾佛瑞效應會繼續成長，這會同時提升第八項核心動力：損失與避免，使得使用者不希望退出，以免失去已經獲得的系統情資，以及系統內儲存的地址與「喜好」。

　　此外在這個階段，隨著人們開始真正使用網路地圖編輯器，對地圖進行更新與改進，可以運用一些第三項核心動力：賦予創造力與回饋。當然，由於實體世界就像成語所說的「一成不變」，此一階段只能提供有限的創造力空間。此外，說明「路上有垃圾」或「這裡有輛警車」的方法只有寥寥數種（任何超過最簡單方式的作法，都會危及行車安全），因此對於資深使用者而言，此時第三項核心動力非常有限。

　　另一方面，只要 Waze 繼續提供比其他競爭服務更快的路徑，結束階段就能保

持強大的第二項核心動力：發展與成就。然而，許多其他導航應用程式都宣稱，對於找出更快路徑打敗交通阻塞，擁有同等聰明或更聰明的能力。無論真實與否，對於以上可能性的**認知**，加上在發現階段引進一些黑帽設計，很快能夠贏走一些只依賴 Waze 的使用者。

關於第五項核心動力：社會影響力與同理心，即使 Waze 之內的輕度社交互動到了結束階段依然有趣，互動與關係的深度並不見得隨之擴展。人們開車的時候，每次好友互動的基礎都是輕觸螢幕，別人偶爾會寄出「嗶嗶」或簡短訊息這樣的社交刺激。這種層級的友誼不見得會經由 Waze 擴展，或者變得更有意義。

到了這個階段，第六項核心動力：稀缺性與迫切，以及第七項核心動力：不確定性與好奇心都會逐漸減弱，由於使用者已經解鎖所有高階角色，新奇因素（包括先知者效應，原因是缺少變化）可能變得愈來愈弱。這代表 Waze 在結束階段不具備大量黑帽動機。誠然，Waze 之中的角色等級是「以百分比值為基礎」，代表如果你停止使用 Waze，被其他使用者努力追上的話，你的角色可能失去既有地位。這代表當資深使用者因為疏於使用而被降一級之後，仍有被驅使向前的動力。我們在這裡看到，此一遊戲化設計的潛在副作用之一是讓人為了保持排名，更常使用 Waze 駕車，而且在不見得需要用車的場合也會如此。這樣做或許會對環境造成非故意的負面影響。

從以上分析之中，我們看到 Waze 的結束體驗是以第一、二、三、四項核心動力為主，再加上一些第八項核心動力。這不盡然是壞事，因為我們知道白帽核心動力能夠激起更長期的投入。只要人們享受此一體驗，使用較少的黑帽核心動力設計也很好。然而，Waze 的長期成功仰賴如何發揮第二項核心動力（與其他導航應用程式相比，使用 Waze **真的**讓使用者覺得自己比較聰明嗎？）以及第三項核心動力（在不影響安全駕駛的前提之下，還有更多運用創造力以及看到回饋的方式嗎？）。當然，如果 Waze 能夠在結束設計擴展第五項核心動力：社會影響力與同理心，必定會讓體驗充滿更強大吸引力。

下一步：找出可能改進 Waze 的方式

對於 Waze 的革新體驗完成分析之後，我們的下一步是提出充滿創意的新想法，提升八項核心動力的作用。為了簡化說明起見，我們只會進行簡單的十分鐘第一級八角框架動腦思考，這樣做很有教學效果，但是涵蓋範圍相當有限。在此先行聲明，我尚未與 Waze 合作過，所以以下不是真正的顧問建議，只是使用八角框架架構的趣味動腦思考而已。

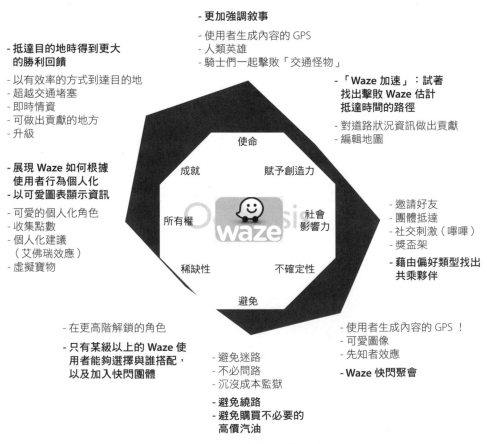

- 更加強調敘事
- 使用者生成內容的 GPS
- 人類英雄
- 騎士們一起擊敗「交通怪物」

**- 抵達目的地時得到更大
的勝利回饋**
- 以有效率的方式到達目的地
- 超越交通堵塞
- 即時情資
- 可做出貢獻的地方
- 升級

**- 「Waze 加速」：試著
找出擊敗 Waze 估計
抵達時間的路徑**
- 對道路狀況資訊做出貢獻
- 編輯地圖

**- 展現 Waze 如何根據
使用者行為個人化**
- 以可愛圖表顯示資訊
- 可愛的個人化角色
- 收集點數
- 個人化建議
　（艾佛瑞效應）
- 虛擬寶物

- 邀請好友
- 團體抵達
- 社交刺激（嗶嗶）
- 獎盃架

**- 藉由偏好類型找出
共乘夥伴**

使命

成就　　　賦予創造力

所有權　　　　社會
　　　　　　　影響力

稀缺性　　　不確定性

避免

- 在更高階解鎖的角色
**- 只有某級以上的 Waze 使
用者能夠選擇與誰搭配，
以及加入快閃團體**

- 避免迷路
- 不必問路
- 沉沒成本監獄

- 避免繞路
**- 避免購買不必要的
高價汽油**

- 使用者生成內容的 GPS ！
- 可愛圖像
- 先知者效應

- Waze 快閃聚會

Waze 的八角框架動腦思考

　　這份簡短分析顯示，Waze 之中第一個能被改進的地方是更加強調第一項核心動力：重大使命與呼召。我之前提到，Waze 推出之初的加入階段有個「交通怪物」，但之後被與社交更相關的訊息取代。即使該公司想要強調第一項核心動力的「趣味幻想」部分，仍然應該在攀登與結束階段，繼續提供「幫助社群打敗交通」的重大使命。不幸的是，加入階段是許多回饋機制唯一出現的地方。

　　為了改進第二項核心動力：發展與成就，Waze 應該考慮將每次抵達目的地變成更高的破關狀態。演奏一段勝利音樂、跳出一個視窗興奮地顯示：「你已經安全抵達。讚！」甚至也許可以像其他導航應用程式一樣，顯示目的地的影像，讓使用者曉得在找的地方是什麼樣子。所有這些都優於導航機的單調聲音「您已經抵達目的地」。如果每次抵達目的地，有 25% 的機會有個女聲說出：「你已經抵達目的地。你真讚！」我也許會更常使用 Waze。當然，這樣會在設計之中加入第七項核心動力的復活節彩蛋。

　　對於第四項核心動力：所有權與占有欲，我們提過 Waze 的一大優越之處，是開始提供個人化建議的艾佛瑞效應。問題是，大部分使用者抵達攀登階段之前，並不曉得 Waze 正在智慧地學習他們的喜好。如果更多使用者曉得這點，或許得知此一功能之前退出的人數會變少。這個應用程式可以考慮加入給予自己的「智慧分數」，每次你使用 Waze 駕車時，隨著系統對於你的偏好學到更多，智慧分數就會隨之上升。相較於點數，這種作法或許會帶來更多情境意義，以及對於即將到來的體驗建立一些期待。

　　另一個關於第四項核心動力的想法，是開始顯示可愛的圖形與圖表，反映使用者的駕駛行為。圖表可以反映以下這樣的數據：「你知道今年一共前往健身房 105 次，總共在那裡停留 5,775 分鐘嗎？」或者「你知道去年你一共花了 9,422 分鐘通勤上下班嗎？」這樣會在體驗中建立更多的第四項核心動力。

　　雖然並不見得有用，人們還是喜歡得到這樣的資訊，因為這反映出他們的生活方式，以及讓他們更加了解自己的行為。這樣會強化他們更常使用 Waze 的欲望，確保這些資料與觀察角度更完整，並變得更有趣。

　　第三項核心動力：賦予創造力與回饋其實較難設計，因為導航應用程式的重點是讓使用者盡可能有效率抵達目的地。其中沒有多少創造力與有意義選擇的存在空間，以免讓使用者分心，或者浪費他們的時間。然而，有個可能的作法是引進名為「Waze 加速」的功能，讓使用者試著擊敗 Waze 算出的「估計抵達時間」。

　　當你設定好目的地的時候，Waze 會告訴你前往那裡的最佳方法，以及採取這條路線的「估計抵達時間」。使用者也許可以選擇「挑戰」Waze，方法是說出：「我相信如果選擇另一條路，我會比 Waze 的估計抵達時間更早到達目的地。」這會為駕駛體驗帶來多一些樂趣與動力，以及讓 Waze 學習新的行車路線，用以更新本身系統。甚至人們會使用 Waze，前往瞭若指掌的目的地，例如每日通勤的上班地點。

　　當然，這樣做有其潛在風險，為了證明自己的路線更快速，駕駛人會更魯莽地駕車，以及闖紅燈。對於設計中的每項動機特點，你都必須在執行之前考慮意料之外的影響，以及負面的後果。希望這些「Waze 加速」駕駛人會經過許多測速照相機樂透，而且到時會減慢速度贏得獎金。

　　八角框架讓你提出正確的問題，以及為八項核心動力的動機進行設計。但是，只因為你有一籮筐有趣的想法，並不代表它們都是合適的主意。一切都必須根據設計師的判斷，決定哪些是合適的功能，哪些需要進一步改進。

　　你是否記得，我們之前提過 Waze 的遊戲化系統可能激勵人們進行更多不必要的駕駛，以及傷及環境嗎？幸運的是，在第五項核心動力：社會影響力與同理心之下，有些能夠幫助減少駕駛里程的想法。既然 Waze 知道每位使用者每天通勤的目的地，系統能夠引進共乘服務，讓每位使用者節省汽油、精力、以及幫助保護環境。這樣做同時還能結交新朋友。Waze 能夠根據使用者的公開興趣與任職產業進行搭配，甚至可以安排同家公司員工固定共乘。

　　如果使用者真的如此希望，Waze 甚至可以開辦約會服務，讓共乘機會成為第一次約會。當然，這樣會帶來人人一定有第二次約會機會的笑話，因為可能的愛侶下班時必須再次共乘。請不要當討厭鬼，弄到對方要請朋友接他們回家，以免再次

經歷跟你同車的痛苦。

　　對於第七項核心動力：不確定性與好奇心，Waze 可以為結束階段的使用者加入有趣與愉快的體驗，例如隨機通知使用者，系統正在組織快閃聚會，詢問他們是否想要參加。如果使用者按下「是」，系統可以指示前往像是海灘等地點的新路徑，在那裡會有許多 Waze 使用者聚集。接下來，Waze 可以執行有趣的主題，像是「想出為何我們把大家集合在這裡」。

　　經過一段時間討論之後，大家也許會發現他們每天都去健身房兩次，都是重度健身迷。一旦找出原因，他們甚至能夠獲得只有出席此次快閃聚會的新「健身迷」角色。請想像如果你駕車時展示只有少數人擁有的「健身迷」角色，突然在地圖上看到附近有另一名健身迷。經由 Waze 應用程式，這樣的同理心會讓人們之間產生更緊密的連結。

　　無論是約會或快閃趴，認識新朋友的憂慮之一是安全問題。畢竟再怎麼說，世界上總是有些居心不良的人，如果這些壞人會使用應用程式尋找受害者，Waze 不應讓使用者處於得到惡劣體驗的風險之中。對於這一點，第六項核心動力：稀缺性與迫切非常有用。

　　對於 Waze 而言，在 2015 年初，人們想要升級的唯一原因是解鎖代表地位的新角色。對於大部分並不真正在乎角色的使用者而言，獲得更多經驗值不會帶來值得期望的東西。為了解決這個問題，Waze 能夠建立更多可解鎖功能，像是共乘配對與快閃聚會，高階使用者能夠設定更多指定興趣、喜好、得到更多參與這些功能的機會。

　　運用這種作法，任何「有資格」會見其他成員的人，都是社群中經過驗證、擁有許多貢獻的成員。Waze 甚至知道他們的駕駛歷程，以及他們最常去的地方，例如住家、工作場所、以及度週末的地點。心懷不軌的人很難藉由加入 Waze，實現不良的企圖。

　　最後，如果應用程式的一切表現都很優秀——讓使用者累積點數、實現艾佛瑞效應、利用很酷的快閃趴提供同理心、與其他人共乘等等，第八項核心動力：損失

與避免會自動生效。一旦人們習於某種愉悅的駕駛體驗，想到失去之後要轉用另一種單調無奇的導航系統，會帶來充滿恐懼的心情。只要駕車上路，人們會習慣性地持續使用 Waze。

在這個時候，並不需要在設計中加入更多第八項核心動力：損失與避免的遊戲技巧，因為黑帽核心動力會讓使用者覺得不安，因此不適用於結束設計。由於此一應用程式已經擁有強大與活躍的社群，更好的作法是將重心放在白帽與右腦（內在傾向）核心動力。

如你所見，運用八角框架能夠徹底分析你的產品或體驗，以及動腦想出其他改進體驗的創造性想法。當然，你很難將所有規劃的功能付諸執行，但是可以讓思慮擁有推動期望行為的深度，同時讓使用者享受整個流程。

馬上動手做

入門：請查看臉書、測速照相機樂透、或者 Waze 導航應用程式。經由體驗它們的各種特點，複習本章進行的分析。經由八角框架眼鏡觀察這些體驗，是否改變你對它們運作方式的了解呢？

中級：選出另一種讓你投入大量時間，而且廣受歡迎的產品或體驗。試著進行第一級八角框架查核。在八項核心動力的情境之下，此一產品或體驗是否設計得當？你可以如何改進？

高級：找出另一項非常有用，但是仍在努力贏得注目的計畫。將體驗分為四個階段：發現、加入、攀登、以及結束。對於計畫的每個階段，分析其中出現哪些核心動力。接著，開始動腦思考如何在每個階段增加每項核心動力。這代表你一共要思考三十二項核心動力。如果執行了你的設計，你覺得這項計畫會變得更加成功嗎？

請將你的想法加上標籤 #OctalysisBook，在臉書、推特或你喜好的社群網路上分享，看看別人有何想法。

證明你的本領：取得第一級八角框架證書

運用從本書獲得的知識，你已有資格向我的公司八角框架集團申請第一級八角框架證書，證明你對八角框架與八項核心動力展現充分知識。

儘管收到許多份申請，我寫書時只有十九人獲得第一級八角框架證書。這份證書的價值在於你如何發揮箇中知識，但是我知道至少一位人事經理面試一名求職者，原因只是看到他的履歷表上擁有第一級八角框架證書。證書的通過／未通過（無回饋意見）版本可以免費取得。對於如何獲得證書，請參考 yukaichou.com/certificate ❽。

第 17 章

運用八角框架
從頭設計一項計畫

重新設計 YukaiChou.com

在本書結尾，我想簡短扼要地說明，如何運用八角框架從頭設計一項體驗計畫。

如同之前提到，我為客戶執行的大部分工作都必須保密，所以通常無法公開設計流程細節。然而，我認為以我的網站 YukaiChou.com 為例說明設計流程，應該是再恰當不過的事，尤其我規劃於 2016 年在網站上引進名為「頂級八角框架」的頂級會員區。

以下是簡單的背景說明。2012 年底我在部落格 YukaiChou.com 發表八角框架之後，這個網站開始得到大量人氣，大部分的客戶專案與演說機會都是由此而來。接著，我開始製作一系列影片《遊戲化初學者指南》，原本規劃每集長度為 90 分鐘。然而，這個計畫進度非常緩慢，因為這是一項耗費大量時間的業餘活動，目的只是為了推廣而已，不會為我本人或員工帶來任何收入。寫書時我只完成 20 集網路節目，不過我在影片中做了許多不好意思讓人看到的耍寶舉動。

我還開始推廣一些網路討論會，進一步教導八角框架架構，同時試著運用這些知識產生一些收入。2014 年間，我舉辦了三次獨立研討會：兩次完全在網路上進行，另一次則是網路與實體會議同時進行（請查閱 www.yukaichou.com/workshop，

通常可以看到最新的研討會影片）。這些都是很棒的場合，讓我與社群建立關係，同時為觀眾提供更高階的八角框架訓練。該死的是，我在 2014 年 6 月舉行首次研討會時答應的獎勵之一，是一本我簽名的著作。本來我以為能夠在這之前完成本書，但是近一整年之後才終於出版。

現在，我覺得需要再次重新設計我的網站，部分原因是現有設計已經過時，主因則是我想要向使用者提供一套更複雜的核心動力，以及發送**獎勵**。除了客戶與演說機會之外，我的重心現在還包括出售一本著作（或者提供一份獎勵）、推廣研討會、吸引國外的八角框架認證夥伴、以及吸引更多頂級訂戶會員。

頂級八角框架計畫的目標，是讓我進一步提升對於遊戲化設計、行為經濟學、動機心理學、以及其他領域的研究，同時還能支援手下由優秀顧問、程式設計師、作家、以及營運人員組成的團隊。現在的我覺得自己是位頂尖的遊戲化執業者，但是仍然期待對許多事物進行探索與研究。

舉例來說，我很想更深入遊戲技巧的「必殺連鎖」，亦即找出哪些遊戲技巧的結合能夠培養其他核心動力，以及哪些結合可以壓抑其他核心動力。或是研究不同種類玩家如何回應白帽／黑帽、以及右腦／左腦核心動力，是否可能運用八角框架創造更佳音樂，以及稟賦效應與稀缺效應之間如何取得平衡（換句話說，我們比較重視已有的事物，還是貪圖沒有的事物？以及在何種情境之下，一種效應會比另一種強大？）。

這些都是讓我深為著迷，但卻無法進一步研究的主題，原因出在客戶工作占去太多時間。我喜愛與客戶合作，看到我的知識帶來成果，但是在這段過程之中，我本人不見得會得到提升（代表向我學習的人無法得到可能得到的一切）。因此，我想要創造一種方式，讓我研究這些很棒的問題、與世界分享我的發現、同時又能支持我的團隊與家庭。

頂級訂戶模式的最佳實踐者之一是拉米・塞提（Ramit Sethi），他是《我要教你變成有錢人》（*I Will Teach You to Be Rich*）一書作者❶。數千人每月花費約 50 美元，訂閱他的「拉米智囊團」，因為他們相信這樣做會**翻轉**人生，讓他們變得富有。

　　我深信我的內容也可以讓別人的人生變得更有意義、滿足、有趣、以及豐富。這些內容已在我身上發揮作用，我希望為讀者帶來同樣經歷。不同之處是我的讀者能夠直接獲得我的研究結晶，不需在無人指引之下花費多年探究與摸索。當你扮演先驅者的時候，做事總是非常沒有效率（但幸運的是得到身分與影響力）。

　　在我們深入最後一段落之前，請記住：分享你對目標市場採取的遊戲設計技巧，永遠有其風險。當魔術師分享魔術戲法背後的秘密時，這些戲法馬上變得無趣，而且雙方都是輸家——觀眾再也無法得到娛樂，魔術師不會再有生意上門。我以非常真誠的方式分享，因為我誠摯地感謝你閱讀本書，希望你能夠運用這些知識讓世界變得更好，即使這樣做要冒著日後網路體驗不再叫座的風險。這就好像一名推銷員說道：「現在我要從你面前走開，因為我估計你會在我走到門口時叫住我，要我回來簽約。」祝你好運，推銷員先生。

　　說完這些，讓我們看看如何運用八角框架架構，重新設計我的網站。

八角框架策略資訊板

　　每項遊戲化計畫開始之初，我的第一步是界定以下五個項目：

1. 業務指標，導往遊戲目標

2. 使用者，導往玩家

3. 期望行動，導往破關狀態

4. 回饋機制，導往觸發

5. 誘因，導往獎勵

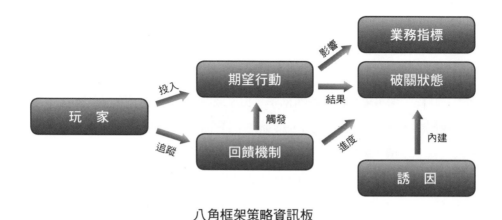

八角框架策略資訊板

　　這些集合在一起，構成**八角框架策略資訊板**。如果不了解業務指標、使用者、以及期望行動的話，很難看出一項遊戲化設計如何有效地滿足目標。

界定業務指標

　　以下是我的新網站的**業務指標**，根據**重要性**排列：

- 增加訂戶人數
- 增加本書銷售量
- 研討會訂單
- 經由網站增加顧問業務
- 增加電子報訂閱量
- 增加社群網站分享
- 增加 TEDx 或《遊戲化初學者指南》影片觀看人數
- 增加八角框架架構頁面瀏覽次數
- 增加網站的整體瀏覽人數

　　請注意這份名單根據的是網站成功度的量化指標，而不是我的社交或個人願望。還有，置頂的都是決定一項專案成功與否的最後指標，置底的則是「有助達成目的」式的指標。

　　許多客戶問我：「我們得到訂單之前，不是需要先有許多網站訪客嗎？」這樣說並沒有錯，但是有一才有二，不能顛倒過來。這代表實現成果要比助因重要。

　　在每個介面之中，你會發現可能改善許多不同的業務指標，但是在有限的空間與使用者注意力持久度之下，你只能優化一**個**業務指標。一般來說，你應該問的是：如果我的前三個業務指標表現好到不行，同時其他業務指標表現尚可，這項專案是否算是成功。由於我的目標是不身陷客戶工作之中，同時又能擴大知識轉移的規模（而且繼續產生營收），我認為這份名單尚稱允當。

　　業務指標接著變成遊戲目標。如果這些量化數字上升的話，遊戲化計畫就算成功。如果這些指標沒有上升，遊戲化計畫就算失敗。這裡面沒有無法使用 A ／ B 測試❷驗證，或者無法確認的空洞東西。

界定使用者類型

　　下一步是界定誰是我的目標使用者，如果這套遊戲化設計奏效的話，他們最後會變成系統中的玩家。我的目標使用者包括：

- 想要使用遊戲化或行為設計改善組織的企業員工
- 想要使用相關知識創造社會影響的教育者、非營利組織與政府
- 對於遊戲化、遊戲或自我提升充滿熱情的個人

　　在第三級八角框架之中，我們會分別執行八角框架表，了解哪項核心動力對哪種類型玩家具備更強大的激勵能力，以及界定各種期望行動的發展路徑。然而，由於這只是簡單的第一級八角框架示範，我們將跳過以上這些，繼續接下來的討論。

界定期望行動

下一步是界定使用者的期望行動，一旦他們採取這些行動，就會變成破關狀態。在這裡，我們按照玩家旅程的時間順序，列出各種希望使用者採取的小規模行動與步驟。

發現階段期望行動：

1. 經由會議、社群媒體、或者朋友介紹學習郁凱的內容
2. 在 YukaiChou.com 之內找到一個有趣的內容網頁
3. 按下八角框架連結

加入階段期望行動：

1. 瀏覽八角框架文章
2. 與好友分享八角框架文章
3. 觀看郁凱的 TEDx 演說
4. 按下郁凱的「關於我」頁面
5. 填寫電子信訂閱單

攀登階段期望行動：

1. 接收內容豐富的電子報週刊
2. 打開電子報週刊
3. 每週造訪 YukaiChou.com 閱讀文章
4. 與好友分享文章
5. 加入八角框架探索者臉書社團

6. 購買與閱讀郁凱的著作

7. 觀看所有《遊戲化初學者指南》影片

8. 報名八角框架工作坊

9. 取得第一級八角框架證書

結局階段期望行動：

1. 加入頂級訂戶

2. 觀看所有《遊戲化初學者指南》影片，以及過去的研討會錄影

3. 參加每週舉辦的辦公時間

4. 每週學習一項新的遊戲技巧，並且將之付諸實行

5. 參加專屬的討論群組

6. 觀看每週對網站、遊戲或產品進行的八角框架案例研究

7. 仔細思考個案研究，以及成員對真正專案發表的說明

8. 成為所在地區的八角框架認證人

9. 與周郁凱以及八角框架集團直接合作

　　以上這些期望行動，構成一趟合理的玩家旅程，一路延伸至結束階段為止。結束本身則變成頂級八角框架之中的活動，包括辦公時間實況、社群內的專屬討論群組、以及每週發布八角框架之下的行為心理學內容。所以，如果使用者已在攀登階段投入大量時間，希望再往前跨出一步進入結束的話，自然會加入頂級八角框架會員。

　　每項設計元素都必須能夠激勵使用者邁向期望行動。如果不能做到的話，這項元素會造成分心，應該予以拋棄。**每項被採取的期望行動，都會導向破關狀態。**

界定回饋機制

回饋機制是一種資訊交付機制，目的是讓使用者曉得他們的行動很有意義。這種機制讓使用者追蹤邁向破關狀態的進度，感受到時間的急迫性，以及了解體驗的不確定性本質等等。所有回饋機制都應該變成進一步提升期望行動的**觸發**，否則就不應該出現。

了解可能回饋機制的第一步，是界定用來互動與溝通的媒介。以下是所有我能夠設下回饋機制與觸發的地方：

- YukaiChou.com 網站
- OctalysisGroup.com 網站
- 郁凱的著作
- 電子郵件寄送名單
- 推特與臉書社團
- 演說機會
- 影片
- 研討會

第二步是找出我想將何種回饋機制植入網站。當大部分人想到「遊戲化設計」時，想到的就是這一點。對於溝通激勵行為的八項核心動力，以下是所需元素：

- 倒數計時（第六與第八項核心動力）
- 解鎖內容頁面（第三與第六項核心動力）
- 虛擬骰子機迷你視窗（第四與第七項核心動力）
- 側邊列上的小推特鳥（第五與第七項核心動力）
- 醒目選擇迷你視窗（第二與第七項核心動力）
- 內建影片（第一、第五與第七項核心動力）

- 經由 Captain Up 或另一種遊戲化平台得到狀態點數（第二、第四與第六項核心動力）
- 置頂顯示的歡迎橫列（第一、第二、第六與第七項核心動力）
- 遊戲技巧收藏集（第二、第四、第六與第七項核心動力）
- 經由 Captain Up 建立排行榜（第二、第五、第六與第八項核心動力）
- 證書（第二、第四、第五與第六項核心動力）
- 展現成員成果與宣布資訊的部落格貼文（第一、第二、第五、第六與第七項核心動力）
- 經由 Captain Up 取得成就符號（第二、第三、第四、第六與第七項核心動力）
- 動畫式跳出視窗介面（第一、第二、第五、第六與第八項核心動力）
- 角色成長圖（第二、第三、第四、第五、第六與第八項核心動力）
- 可交易或兌換的點數（第二、第三、第四、第五、第六、第七與第八項核心動力）

　　如同之前提到，這份清單並未涵蓋所有元素。但是對於可以使用哪些元素，植入遊戲技巧與核心動力，激勵使用者邁向期望行動，這份清單為你提供了基本概念。

誘因與獎勵

　　在八角框架策略資訊板上，需要界定的最後項目是獎勵，這是當使用者採取期望行動，達到破關狀態的時候，體驗設計師能夠給予使用者的東西。以下是給予者能夠發出的獎勵清單，順序由豐富到稀罕排列：

- 狀態點數
- 成就符號

- 社群
- 成就感與進步感
- 成為電子郵件主題人物
- 復活節彩蛋驚奇
- 成為網站主題人物
- 免費電子書
- 成為影片主題人物
- 免費實體書
- 簽名實體書
- 研討會折扣
- 與郁凱個人約見
- 與郁凱合作
- 八角框架執照

　　除了獎勵之外，我還想讓頂級八角框架變得充滿獎勵與意義。根據以上的動腦發想，以下是我**能夠**向加入頂級八角框架會員提供的活動：

- 每週舉辦的辦公時間
- 遊戲設計、動機心理學、以及行為經濟學等方面書籍的每章重點整理。這些包括我們在本書引用的書籍，以及更多其他書籍
- 開放觀看所有《遊戲化初學者指南》影片，以及其他研討會影片。由於最近發布的影片會被鎖住，能夠觀看所有影片將是一項獎勵
- 研討會費用打五折，長期下來相當於數百、甚至數千美元
- 每週發布關於新遊戲技巧的影片／貼文，鼓勵他們在周遭環境中付諸執行
- 有位共同負責夥伴一起討論本週使用的遊戲技巧
- 實用的使用案例教學：如何談到更高薪水、如何使用黑帽動機完成交易、

　　如何更有效地負起父母責任、如何與同事來往等等

- 專屬的討論群組

- 每週的八角框架案例研究

- 以一個網站、遊戲或產品為主題的每週討論

- 分析最近受到歡迎的產品，以及它們為何如此成功

- 結合遊戲技巧的教學法

- 核心動力之間的動態關係

- 個案研究以及成員對專案發表的說明

- 我對新遊戲的實況串流與紀錄片

　　我相信如果能將以上所有各點或是其中一部分付諸實行，將為使用者帶來寶貴貢獻。

第一級八角框架概念成形流程

　　完成八角框架策略資訊板定義之後，下一步是思考八項核心動力，提出打動這八項核心動力，驅使人們採取期望行動的新想法。以下是簡單的第一級八角框架概念成形範例：

第一項核心動力：重大使命與呼召

- 向使用者傳達以下訊息（經由歡迎列與部落格貼文），他們能夠經由八角框架運動，將人生變得更有意義。之前我們提過，要讓第一項核心動力發揮作用，可信度非常重要。我對自己的重要主張全心相信，因此關鍵是以可以信任的方式傳達這點。

- 展示我們為改變世界所做的免費義工計畫，例如與非營利組織合作拯救亞馬遜雨林的計畫（你知道以目前的速率，亞馬遜雨林會在四十年內**完全消**

失嗎？）。

- 相較於市場中現有的次等遊戲化執行方式，運用「好的遊戲化」概念建立精英主義。

- 我在編輯本章時突然想到：為了充實頂級八角框架的內容，我們還可以進行「拯救世界週刊」計畫，每週以一個全球性問題為題目，由我示範如何使用八角框架改進或解決問題。作為設計流程的下一步，我會將之加入「頂級八角框架」提供的內容之中。

第二項核心動力：發展與成就

- 提供一目了然的設計，絕不讓使用者對期望行動感到迷惑。使用醒目選擇與沙漠綠洲的結合。

- 不斷讓使用者覺得他們作出最明智選擇，加入頂級八角框架計畫。不斷提供最多價值，讓他們每次登入都感覺達到開心的破關狀態。

- 尚未加入的使用者採取初步的期望行動時，提供 Captain Up 點數與徽章作為獎勵。高階玩家能夠獲得頂級八角框架折扣。

- 頂級八角框架會員能夠經由觀看更多內容，以及參與更多課程增加**知識分數**。高分使用者能夠得到為履歷表大大加分的證書。

- 除了以上各點之外，每位訂戶使用者的會員資料都以空白的八角框架開始。隨著他們增加某些領域的知識與活動，圖表上該項核心動力所占範圍會逐漸擴大。運用此一作法，選擇投入所有社會影響力內容以及參與社群活動的會員，將被顯示為第五項核心動力：社會影響力與同理心的專家。

第三項核心動力：賦予創造力與回饋

- 提供全新的升級版八角框架工具，讓使用者設計與分析自己的專案。這個時候，我會返回「期望行動」，在攀登階段加入「在我的專案中使用八角框架工具」選項。請不要忘記，八角框架策略資訊板是一份彈性的文件，

能夠隨著更周密的思考擴大內容範圍。

- 會員投稿自己的作品，在辦公時間收到回饋。

- 會員可對下一個被我分析的服務或活動進行投票。這會讓使用者手上擁有少量的支配感。請牢記在心，第三項核心動力的目的是將被動觀察者轉為主動玩家。

- 必殺連鎖：如果使用者加入頂級八角框架會員，以及在我的網站上取得其它成就符號，就可以獲得更大的多項獎勵。在設計流程中，有些想法也許並不明確。沒有關係。只要知道哪些是理想中可以放入體驗的東西，接下來你經常會找出一個更加明確的模型。

- 每星期，會員都會學到一種新的遊戲技巧，並且被鼓勵在當週的專案之中付諸執行。他們能夠與共同負責夥伴或社群分享體驗，並且獲得回饋。

- 某些核心動力的「專家」可以主持課程，分享他們對某些主題的經驗與研究。

第四項核心動力：所有權與占有欲

- 全套收藏品：讓使用者收集更多遊戲技巧，這些之後都會變成更高階的八角框架魔法的**關鍵**。

- 取得第一級八角框架證書，以及其他能夠確實提升職涯發展的物品。

- 使用復活節彩蛋彈出式視窗，對瀏覽使用者隨機贈送書籍，包括作者簽名書籍。請記住，如果你需要發給獎勵，隨時可以回到策略資訊板上的獎勵／誘因部分，從名單上選出適用獎勵。對於創造歡喜體驗，這就是你的軍火庫。

- 向使用者說明，八角框架知識如何對他們的健康、生產力、快樂、以及收入帶來助益。有的時候，人們覺得我的八角框架研究成果過於學術或理論，只對產品經理或行為設計師等重度使用者有用。所以溝通以下這點非常重要：這些知識能夠馬上應用在每個人的日常生活之中，包括談判加

薪、為組織募資、以及成為更好的父母。

- 提供個人八角框架報告，裡面揭露對個人影響力較高的核心動力，以及提供如何使用此一知識的小撇步與建議。

- 可交換點數。或許運用某種「遊戲內貨幣」，名稱可以叫作「周元」（好啦，不要笑。這只是一個動腦會議暫用的名稱，對吧？）。使用者能夠累積「周元」，用來解鎖頂級八角框架體驗中的稀有獎勵與體驗。

第五項核心動力：社會影響力與同理心

- 入門飲水機：八角框架探索者臉書社團。

- 頂級：提供重度使用者使用的論壇。

- 團體破關：只有在 X 名使用者獲得八角框架證書後，下一關才會開啟。這種作法會誘使人們邀請朋友參加挑戰。

- 為八角框架活動指派共同負責與練習的夥伴。

- 展現頂級會員成就。我不希望這變成競爭性的排行榜，所以也許只會顯示玩家特定數據，不會顯示排名，而且只隨機顯示前 10%的會員。

- 進一步使用順從之錨，顯示各區域團體分數，或許是個有趣的作法。再次說明，這會激勵人們邀請朋友參加，以便提升團體排名。我們之後必須決定給予何種團體獎勵。

- 為八角框架使用臉書、推特的 # 標記（例如 #OctalysisBook），展現使用者之間的關聯感。這種作法還可以納入 Instagram，每次某人看到一則運用核心動力的廣告，就可以運用 #Octalysis 標籤放在 Instagram 之上。

- 如果最後我決定採取「周元」的想法，將會開啟一整套全新獎勵，以及引進社交寶藏的可能性。也許日常使用者可以使用周元，向社群中感謝對象給予「小費」，這樣做的時候會讓一周元變成兩周元。與小家子氣相比，慷慨解囊會讓一個人走得更遠。

第六項核心動力：稀缺性與迫切

- 我們希望訂戶得到投入感。加入的時候仍應有段申請程序，但是又不能過份困難，以免浪費太多時間。當他們加入頂級八角框架的時候，也許必須回答諸如此類的問題：「在五句話之內，分享你打算如何利用會員資格帶來的知識。」當然，這道障礙可以擋住居心不良的人士，但是其主要目的是找出那些真正想要參加對抗無聊戰爭的使用者。

- 垂涎三尺：如果有需要會員解鎖或「付出」的內容，顯示像是鎖鑰的回饋機制，向使用者提供如何解鎖的確實資訊。甚至當使用者想要加入頂級八角框架的時候，仍需將之變成一趟旅程，依序提供其中內容，而非一古腦地壓垮使用者。

- 當然，第六項核心動力設計的重要部分，是將事物變得充滿挑戰性，讓使用者完成時得到真正的成就感（第二項核心動力）。讓八角框架證書以及其他高階獎勵變得難以取得，仍然非常重要。這樣會讓它們代表有意義的事物。

- 結合休息酷刑、醒目並列、以及逐漸消逝的機會：永遠保留只向頂級會員開放的內容，但是有些我為頂級八角框架創造的新內容，可以在我的部落格免費觀看，有效時間是一到三天，旁邊則會顯示倒數計時。三天之後，內容會被鎖上，只向頂級八角框架會員開放。然而，這時會出現一個新的時鐘，倒數時間為一年。一年之後，內容會向社會大眾開放，而且沒有期限。這代表如果有人想要看到頂級內容，但又不想付費的話，必須認真地每天查看我的部落格（另一種期望行動），或是耐心地等上一整年。如同之前提過，大部分免費遊戲的獲利之道，是讓玩家以金錢交換時間。

- 如同之前提過，由於我需要足夠頻寬，提供 90 部《遊戲化初學者指南》影片使用，所以後來推出的影片都會鎖住，只向頂級八角框架會員開放。還有，許多觀眾已經收集了一組秘密關鍵字。對於從免費影片收集所有關鍵字的使用者，我打算提供對折的訂閱服務折扣。在此之後，收集到所有關

鍵字的使用者將得到**值得回憶的驚奇獎勵**。

- 創造一小時長度的每日團體破關，讓人們更常再度造訪網站。這樣做的目的是看看我的每日活動能否奏效，如果有足夠的人在一小時內採取某項期望行動，就會發生讓人驚奇的事情。此一想法尚需進一步思考與設計。

第七項核心動力：不確定性與好奇心

- 在《遊戲化初學者指南》系列之中，推出搞笑與出人意表的影片。目前已出現在網站上的基本作法，運用了第七項核心動力策略，每講一句話就更動一次背景。對於某些人來說，這種作法過於眼花撩亂，但是許多人表示儘管自己容易分心，還是看完了整部影片，因為他們想看到接下來我在哪裡出現。至於新製作的頂級會員影片，我打算在轉變畫面時靜止不動，以免又讓觀眾覺得頭昏。

- 在網站上運用復活節彩蛋元素，例如伊卡魯斯（Icarus）徽章或頁尾連結，導往一套新的指引選項。目前我的部落格上有一些秘密復活節彩蛋元素，例如頁尾的秘密通道，把使用者導往解鎖新指引項目的平行世界（以及解鎖「入口」徽章）。我想在新網站上引進更多這樣的概念。

- 設定神秘盒子，作為使用者採取重大期望行動時的獎勵。無論使用者何時採取重大期望行動，都可以運用擲骰子式的回饋機制，提供某些獎勵。假定期望行動的時間不長，獎勵的變化性或許可以提升體驗的吸引力。

第八項核心動力：損失與避免

- FOMO 重擊。提醒使用者如果缺乏能在人生中運用的八角框架知識，日常生活中會失去什麼。

- 處理一項反核心動力：如果使用者覺得這項服務沒有帶來應有價值，保證可以全額退費。

- 如果能將角色成長表與周元付諸實行，會讓使用者更難以退出系統。然

而，通常我對設計沉沒成本監獄沒有興趣，因為我不希望任何人只是不想失去累積的東西，因而覺得不能退出我的網站。如果沒有為使用者提供絕佳價值，向他們收錢會讓我良心不安。

重複八角框架流程

走完這八項核心動力之後，不要只停在這裡。請再做一次。你很可能得出更加高深的想法。這趟玩家旅程與多種核心動力緊密相連，而且在攀登與結束階段可能是非常有趣、充滿吸引力的體驗。以下是我的新概念：

如果可能的話，根據使用者能夠從行動之中學到的東西，讓每項期望行動搭配不同核心動力。舉例來說，加入社群與幫助其他人會增加使用者的第五項核心動力分數，至於運用八角框架工具與提出創造性解決方案，將會提升他們的第三項核心動力分數。

每位玩家開始的時候，都有個基本的八角形圖表。最後，他們的八角形圖表會朝向相關核心動力「升級」的方向擴張。閱讀我對丹尼爾‧品克的《動機，單純的力量》一書整理的每章重點，可以得到第一、第二與第三項核心動力的經驗點數。至於在最後一刻加入某項促銷活動，可以獲得第八項核心動力點數。

當每項核心動力升級到某個地步時，使用者會得到特定的加速器／升級以及獎勵。

對於每項核心動力升級，可以得到哪些好處，以下是一些初步想法：

第一項核心動力：根據你的要求與投票結果，周郁凱和他的團隊將為非營利計畫提供免費服務。或者，你的每月訂閱費用有一半會捐給非營利計畫。

第二項核心動力：將你的個人資料頁面背景轉為美麗的金色花紋，讓每個與你互動的人看到。當你連上網站炫耀自己時，個人檔案照片會被加上金色相框。

第三項核心動力：開始進行研究，以及為社群開辦課程的能力，可以讓你表達更多創造力，以及立即收到回饋。這還可以幫助你建立個人品牌。

第四項核心動力：為你的期望行動贏得更多周元。也許可以讓每項期望行動獲得某個數目的周元，用來解鎖更多內容。然而，如果你的第四項核心動力目標是升級的話，採取的每項期望行動會讓你得到 30％的額外點數。

第五項核心動力：主持與領導社群的能力。你能夠指導他人、提供支援、或許更能夠發出社交寶藏等等。這將改善你在需要時，從社群得到幫助的能力。

第六項核心動力：更快速地瀏覽未解鎖內容。舉例來說，你也許只要花更少的周元解鎖新內容。

第七項核心動力：解鎖額外的擲骰子機會，獲得像周元這樣的獎勵。或許，每位使用者每天都可以擲一次骰子，或者在完成期望行動時這樣做。但是在第七項核心動力升級的使用者，能夠擲兩次骰子，增加獲勝的機會。

第八項核心動力：即使你停止付費參加頂級八角框架，接下來數個月仍然能夠取得內容。這可以讓使用者對抗「害怕錯過」或者沉沒成本監獄。如果他們覺得需要停止付費一段時間，這不會帶來任何負面後果。

在這種初步概念之下，所有使用者都有強烈的理由採取期望行動，同時找出自己在體驗中升級的途徑。社交者能夠得到社交者的好處，成就者則能夠得到成就者的地位。每個人都能以不同方式進行遊戲。

如果人們開始精通更多核心動力，甚至可以讓**必殺連鎖**（第 40 項遊戲技巧）現身，當使用者成功過關的時候，通常會感到非常神奇。舉例來說，如果一名玩家精通了第四、第六與第七項核心動力，會得到更多擲骰子的機會，將獲得周元的機率提至最高；每次得勝的時候，他會比其他玩家得到更多周元；至於解鎖內容，他要花費的周元更少。這三項好處加在一起，將會創造出讓人引以自豪的超強遊戲能力。

當然，其他核心動力也需要我進行設計，因此成為社群的領袖或主講人，同樣可以幫助獲得更多獎勵，或是解鎖新的內容。關於體驗的設計，我可以講得沒完沒了。

實用化的第一級八角框架摘要

如同各位所見，經由八角框架進行思考能夠帶來許多新主意，為充滿吸引力的體驗設計提供方向指引。當然，後面還有很多尚未完成的設計工作。

進行設計的時候，能夠從動腦過程之中產生許多想法是件好事。然而，許多產生的想法被同時付諸執行卻是糟糕的跡象，因為這顯示出缺乏重點。在有限時間之內，大部分公司都只能執行一部分創意想法。

在我的工作流程之中，有其他方法與程序能夠將所有想法縮減成一套可行的作法，但這已超出本書範圍。我的主要目的是說明如何應用八項核心動力，讓我們為充滿吸引力的體驗進行創意設計，因為過去只知道把徽章亂貼一通而已。除此之外，還有不少需要進一步修飾的地方，像是獎勵時程、活動循環、經濟平衡性、以及概念架構等等。

說到最後，八角框架讓你對於體驗設計提出正確的問題，但是你必須找到細緻與充滿同理心的答案。如果你只將八角框架視為一份檢查表，你的設計只會有個**空殼**而已，裡面不會有**實質內容**。只有當你在整個流程之中，運用創造性直覺以及敏感的同理心技巧時，才能想出能夠真正幫助改進商業指標，以及讓使用者享受整個體驗的概念，從發現階段涵蓋至結束階段。

馬上動手做

入門：請再次閱讀本章。本章中有許多複雜的想法，需要充分了解八項核心動力才能掌握。如果本書是你首次接觸八角框架，這一章閱讀起來可能會相當吃力。不用擔心，慢下來，深呼吸一口氣。如果你從頭再讀一遍，我保證你會比第一次了解更多內容。

中級：在第十五章中，我曾要你提出自己的專案，並且進行設計工作。我已經鋪好基礎，讓你創造自己的八角框架策略資訊板。見識過如何將之付諸實行之

後，現在請開始改進自己的八角框架策略資訊板，確定每項元件都位在正確的地方。這些對設計任何遊戲化活動都是基本工夫。有朝一日，當你運用功能強大、但目前仍處於初步研發階段的第四級八角框架時，這些都將成為關鍵元素。

高級：看完我示範整個設計流程之後，請對自己的專案展開完整設計流程。創造適當的八角框架策略資訊板，一再評估每項核心動力，直到你想出一種有趣與充滿活力的體驗。這段過程當中，你是否想出更多創造性的想法，能夠吸引我們的核心動力，驅使我們採取體驗要求的期望行動呢？

請將你的想法加上標籤 #OctalysisBook，在臉書、推特或你喜好的社群網路上分享，看看別人有何想法。

成為八角框架英雄

如同各位所見，我對於與全世界分享我的研究與知識，讓世界變得更好充滿熱情。話雖如此，其實我擁有一支優秀團隊，幫助我保護自己以及智慧財產權，防備那些想利用八角框架的知名度與方法不當獲利的人士。我的團隊成員幫助建立了一套名為「八角框架英雄」的授權計畫，讓個人或企業接受適當訓練成為八角框架代表，著手從讓人喪氣的無趣環境中「拯救」他們所在的區域。

任何人都可以將八角框架用於改造個人、教育用途、或是非營利目的。然而，那些想要藉此獲利的人士，請加入成為一名八角框架英雄。最重要的，我們想要確保每個人的成果不會變成「不好吃的二手壽司」，傷及八角框架的名譽。

2015 年時，我們在數個歐洲國家已有八角框架英雄，而且期待進一步擴展這項成功的計畫。如需更多關於如何成為八角框架英雄的資訊，請查閱：*octalysisgroup.com/licensing-octalysis-framework*。

第 18 章

旅程繼續下去

我們終於抵達終點。

撰寫本書是一趟長達兩年、充滿樂趣與意義的旅程。希望閱讀本書的過程，對你同樣充滿樂趣與意義。

這不是一本容易讀的書籍。書內裝滿複雜的心理學原則，以及我在過去這些年中學到的設計工具。雖然我試著藉由自己的個人故事，讓本書內容更引人入勝，以及產生共鳴，讀完本書仍然是你的一大成就，對我也是如此。你應該為自己大聲歡呼。

不對，真的。你更應該放下本書，將雙手舉向天空，大喊：「我終於做到了！」這是達成期望破關狀態的情感獎勵，而且會對你的大腦化學物質、你的健康、以及你的幸福帶來各種好處。現在就這樣做。我正在等著你。事實上，寫到這，我就在這樣做。

利用上面多空一行的時間，我相信已足以讓你為自己歡呼一下。一個微不足道的徽章，已不足以反映你剛為自己贏得的**史詩般勝利**。

當我為本書結尾時，我發現身為作者最大的恐懼之一，是將自己的心智放進文字、書頁、以及文法構成的小小框架之內後，書沒有人讀。事實上，我甚至懷疑我太太或父母是否會讀到這一段文字，雖然他們在本書出版時一定會熱情地說出，他們「當然」已經讀過我的著作。

這提醒我一則聖經故事[1]，耶穌所到之處無不行出神蹟，但是回到本鄉拿撒勒（今日以色列北部最大城）之後，卻很少行出神蹟。在大家心目中，耶穌是他們看

著長大的「木匠之子」。人們無法拿出足夠信仰，讓耶穌在那裡行出神蹟❷。耶穌於是離城而去，留下一張讓我感同身受的告示：「先知除了在自己的本鄉、本族、本家之外，沒有不受人尊敬的。」❸

　　無論我的家人能否拿出足夠精力讀完本書，我都很榮幸能夠有像你這樣的模範讀者，為了創造更美好的世界仔細讀完。

　　你正在展開一場刺激的旅程，學習如何讓一切事物變得更有樂趣、充滿吸引力，這點可能讓許多人感到興奮，但會讓少數人感到畏懼。到現在為止，我們只討論了第一級八角框架，之後還有更高級的八角框架與相關知識，等待你學習、利用、以及貫通。

　　老實說，開始撰寫本書的時候，我很擔心是否擁有足夠一整本書的內容。但是寫到一半時，我發現自己其實必須寫出三本書，而不是一本。一本的主題完全是八角框架設計，亦即本書。另一本主題是生活方式遊戲化，可能的書名是《玩上一萬小時》，內容重點是如何運用遊戲化原則改善你的人生，以及將一切都變成遊戲。最後一本暫定書名為《微妙差別》，我打算分享對於兩種看來幾乎一模一樣遊戲／應用程式／系統的研究，但是以上一種只是僥倖過關，另一種卻大獲成功。我希望讀者能夠觀察出讓一件事物成功的微妙差別（提示：它們的重點不只是吸引八項核心動力而已）。

　　為了本書，當初我規劃了二十九章內容。但是真正動筆之後，我才發現本書內容會過於繁重，需要將之分為上下兩冊。因此，我將二十九章內容減為十八章。這種作法使得我必須寫出另一本書，經由策略資訊板、四項體驗階段、以及八項核心動力，討論更高階的八角框架設計。對於一項體驗，這本續集能讓我們全程應用第二級、甚至第三級八角框架。不錯的是，由於當初我把以上當成本書內容，下本書的進度已被我完成三分之一。

　　當然，你已經獲得的第一級八角框架知識絕不淺薄。第一級八角框架讓你創造出更佳的日常人本體驗。你會開始從不同角度看待一切，包括自己的動機在內。你會以更快速、更直覺的方式，學會許多其他心理學與行為理論。當你能夠吸引正確

的人類動機時，你可以簽下更佳的合約，或是談到更高薪水。在此同時，當一項體驗運用太多黑帽技巧，讓使用者很快進入疲乏狀態時，你的心中會提前發出警告，讓你及時避免之後的碰撞。

我經常從新創公司、產品設計師、以及教育工作者收到電子郵件，告訴我說閱讀我的部落格文章，改變了他們的工作方式，以及讓他們期望的指標出現大幅改進。請你不要將本書視為一件讓自我感覺良好的事，僅僅從待辦事項清單上畫掉而已。如果你像我一樣，持續不斷注意人類動機與八項核心動力，你的日常生活將因此真正受益。八角框架是一項設計工具，也是一種思考方式。如果你不使用這種工具，或者不遵照這種**方式**，八角框架將變得完全無用。在你的**獎盃架**上，本書只是另一項炫耀品而已❹。

最後，如果你覺得本書會對你的生活帶來任何助益，希望你將這份知識與他人分享，尤其是與那些為正面目的努力的人。如你所見，對於人類動機與行為的了解功效非常強大，能夠被正面與負面目的用來改變世界。如果設計得當，這些系統內的人可以在執行期望行動的同時得到更多歡樂。然而，到底人們是在愉快地執行有益社會還是有害社會的任務，完全視體驗設計師的目標而定。

我企盼能把這些知識交給更多想要創造正面改變、有意義工作、以及啟發人心目的的人，而非想要利用別人不幸發財的人。為了滿足一己之私，壞人會使用手上最佳工具，我個人無法阻止這種情況發生。但是，對於確保我的成果被好人利用，讓世界變成一個更佳的地方，抵消自私人士造成的破壞，你可以扮演重要角色。讓本書往前傳遞下去，你可以帶來真正的影響。如果你從推特聽說本書，請在推特上分享；如果你在亞馬遜找到本書，請在亞馬遜發表留言。

到頭來，我們曉得因為第一項核心動力，身為人類的我們喜歡快樂地執行有益世界的工作，而非快樂地執行有害世界的工作（假定其他核心動力一切平等）。如果有同樣數目的行為設計師，分別為了自私理由與有益理由使用八角框架的話，使用者自然會傾向使用立意良善的設計。

我希望你不但為了正面目的運用本書帶來的知識，更能夠將之傳遞給其他受到

相似啟發的人。當你向前傳遞這把火炬時，將會製造真正的影響（我提供以下這個**重新導向連結** URL：http://www.yukaichou.com/octalysisbook，簡化在亞馬遜發表評論的手續）。運用這種方法，我想要經由生產性遊玩、讓人興奮的工作、以及充實的同事情誼，讓世界變得更好的願景終將可以實現。

　　為各位寫作是我的榮幸。在我們的旅程中，我希望這不是最後一次與你溝通的機會。無論是否有我，你與其他人互動，以及激勵他們的旅程將持續下去。我希望在某個時刻，我們會再度相遇，地點可能是在我的網站、研討會、或是下一本書之中。

　　我深信這趟旅程將把我們帶到全新的高度。

感謝名單

　　對於諸多讓本書成真的人，我銘感五內。幫我的人數多到我無法在此一一列名。即使如此，對於那些塑造今日之我，因而形成本書內容的人，我仍然想要表達謝忱。

直接貢獻本書內容的人士

　　我想要感謝溫蒂·林（Wendy Lim，她希望不要出名）以及贊恩·特倫霍姆（Zen Trenholm）非常仔細地閱讀本書，解決我不小心犯下的許多錯誤，以及指出被我疏忽的不明確或不適當內容。我還要感謝傑瑞·傅夸，他將自己攻讀博士的紀律用在編輯本書之上，讓我變成一位更好的作者。如果不是你的話，本書會在我不自覺之下讓我大失顏面。非常感謝陳品翔（Ping-Hsiang Chen）設計我個人品牌的所有商標，以及本書封面。

　　我想要感謝克莉斯汀·葉（Christine Yee）與莫妮卡·里奈爾（Monica Leonelle）在研究與內容方面的協助。我還要感謝朱恩·羅埃薩、瑟蓋·祖丁（Sergey Znutin）、麥可·簡森（Michael Jensen）、維多麗亞·潘（Victoria Pan）、索羅門·拉加普特（Solomon Rajput）、莫里昂·提吉斯（Morlion Thijs）、貝拉·史威雷（Belal Sweileh）、麥克·芬尼、茂羅·吉鮑多（Mauro Ghibaudo）、以及馬克·威爾許（Mark Welch），在閱讀本書之後提供意見。我要感謝馬利歐·赫格大力鼓勵我撰寫本書。我還要感謝達奇·德萊佛（Dutch Driver），不斷詢問本書的進度，並且經由第五項核心動力激勵我完成本書。

給今天的我帶來影響的人

　　延伸下去，我還要感謝我的雙親——感謝父親成為我的模範，無論遭遇任何困難都要保持品德，母親為我提供無盡的愛，以及充滿同理心的優雅風範。我想要感

謝我的太太安琪兒，對我的職涯、生活方式、以及心靈健康不斷提供支持。雖然我們個性大不相同，在一起卻讓我們彼此更堅強、更抗壓、當然還有更可愛。

　　我想要感謝拉瓦西・馬布薩（Lwazi Mabuza），從南非生活時就是我的第一位最好朋友，在我小時候幫助我種下獨特的信心。經由科技奇蹟，我們在**完全失聯**二十二年之後再度成為朋友。我還要感謝表哥溫斯頓・王（Winston Wang），他不但以針灸師的本領保護我的健康，還在我情感最脆弱的時候扮演最親近友人的角色。

　　我想要再次感謝陳品翔，在五年級的時候讓我首次上了一堂個人魅力領導課程。沒有你的話，我的學生生涯從頭到尾都會成為霸凌目標。我要感謝周宜 (Yi Chou)，他對吉他彈奏技巧的不斷追尋，以及以第六項核心動力方式展現更多個人魅力，讓我受到許多啟發。我要感謝克里斯・施德勒（Chris Schedler），儘管連續被我拒絕六個星期，仍然致力把我帶到上帝身邊。希望有朝一日，我的內心也會有像你一樣的勇氣。

　　我要感謝多德・葛戈夫（Todor Gogov），對於成為堪薩斯唯一的外國人，他讓這段經驗不只過得去，其實還相當愉快。我要感謝寇帝斯・羅（Curtis Lo），在南帕沙迪納高中最後一學期幫我一把。出人意料的是，這是我人生中最艱難的一學期。我要感謝朱恩・羅埃薩，在加州大學洛杉磯分校，以及大部分職涯之中，都是我最好的朋友。你對我人生帶來的改變，與我對你人生帶來的改變相當。我要感謝史帝芬・強森（Stephen Johnson），讓我有資格成為科技新創家，以及一起與我開創一些最早的遊戲化概念。我人生中部分最佳（也許可以說是最糟）的時刻，是與你一起天真地度過。我還要感謝約里斯・畢爾達（Joris Beerda），他原本是我的學生，後來變成八角框架集團的合夥人兼執行董事。在我試著完成本書的日子中，他讓我的公司保持順利營運。

　　我想要感謝法蘭克・鄭（Frank Jwong），他是第一位願意信任我、給我一張支票的天使投資人。另外我還要感謝維琪・楊（Vicki Young），願意為一位像我這樣的年輕創業家率先承擔重大風險。我要感謝馬丁（DJ Martin），在最黑暗的時候

一直是提供最多情感支持的投資人。未來一生中，我會盡己所能幫助你。我要感謝柏尼・格羅斯曼（Bernie Grohsman），教導我如何成為一位更具說服力的顧問，以及在第一次從科技創業家轉為全職顧問的過程中能夠很快上手。

我要感謝韋恩・希爾比（Wayne Silby）擔任我的模範，對於人生的道德選擇提供指引。希望有朝一日，我能夠像過去與現在的你一樣，對於世界創造如此正面的影響。最後，為了這一切，我要感謝我信仰的耶穌基督。

在這段旅途上，顯然還有很多人值得我的感謝，但是我無法在這裡一一列舉。然而，我打從心裡感謝你們每個人，希望我也對你們的人生造成正面不同。如果有任何我可以幫忙的事，請隨時讓我知道。

最後、但也同樣重要的是，我要感謝你這位讀者閱讀本書，讓我過去兩年的辛苦付出完全值得。感謝你對我想說的話投入寶貴時間。我希望這對你同樣帶來影響與意義。

感謝你。

註釋

第 1 章

1 Charles Coonradt. *The Game of Work*. Paperback. Gibbs Smith. Layton, Utah. 07/01/2012.

2 請見維基百科 "User-Centered Design"：http://en.wikipedia.org/wiki/User-centered_design

3 Human Centered Design Tookit by IDEO. URL: http://www.ideo.com/work/human-centered-design-tookit/

第 2 章

1 Google Trends search, "social media"，連結截至 12/15/2014.

第 3 章

1 Skinner, B. F. (1983). *A Matter of Consequences*. p116, 164. Alfred A. Knopf, Inc. New York, NY.

2 Mike Williams. GameIndustry.biz. "Zynga's high-speed, data-driven design vs console development"，刊登日 08/06/2012.

3 Vikas Shukla. Valuewalk.com. "Zynga Inc (ZNGA) Unveils 'Riches of Olympus' Slots Game" 刊登日 02/07/2014.

4 Richard Bartle, "Hearts, Clubs, Diamonds, Spades: Players Who suit MUDs". 04/1996.

5 Gabe Zichermann. Slideshare: "A game designer's view of gamification" by Richard Bartle, 刊登日 06/24/2012

第 4 章

1 請見維基百科 "Gamification"，連結截至 12/13/2014. URL: http://en.wikipedia.org/wiki/Gamification

2 Deterding, Sebastion. "A Quick Buck by Copy and Paste"，*Gamification Research Network*，刊登日 09/15/2011.

3 Zichermann, Gabe. "A Teachable Moment" by Gabe Zichermann, Gamification.co, 刊登日 09/20/2011.

4 Business Dictionary entry: "advergames"，連結截至 12/13/2014.

5 Mcgonigal, Jane. Slideshare: "We don't need no stinkin' badges: How to re-invent reality without gamification"，刊登日 02/17/2011.

6 Deterding, Sebastian. "The Lens of Intrinsic Skill Atoms: A Method for Gameful Design"，*Game Design, College of Arts, Media, and Design, Northeastern University*, 06/27/2014.

7 TEDx Talks, Chou. "Gamification to Change the World" by Yu-kai Chou, 刊登日 02/26/2014. URL: http://www.yukaichou.com/tedx

8 Pro Basketball Talk, NBC Sports, "New online game: Dikembe Mutombo's 4½ weeks to save the world"，刊登日 11/28/2014.

9 MentalFloss.com. "13 Things You Might Not Know About McDonald's Monopoly"，刊登日 10/07/2014.

10 FoldIt Website: http://fold.it

11 Undiscovered Territory by Autodesk: http://area.autodesk.com/undiscoveredterritory

12 "Repair the Rockaways"，Mother New York.

13 Taige Zhang. KISSMetrics Blog. "The Power of The Progress Bar"，連結截至 03/01/2015.

14 Don Tapscott & Anthony D. Williams . *Wikinomics: How Mass Collaboration Changes Everything*. p70. Portfolio Trade. 2006.

15 Equimedia. "Using gamification to improve website engagement and increase revenue"，刊登日 09/30/2013.

16 oPower Blog. "Gamification and Energy Consumption"，08/30/2012. 連結截至 12/15/2014.

17 2CO Blog. "E-Commerce & Gamification: Increase Your Sales Like These 3 Pros"，刊登日 06/13/2014.

18 Gallup. "Worldwide, 13% of Employees Are Engaged at Work"，刊登日 10/08/2013.

19 大衛‧懷司、馬克‧摩西德，《翻動世界的 Google》，時報出版，03/20/2006

20 Great Place to Work Institute. White Paper: "How Zappos Creates Happy Customersand Employees"，2011.

21 SpliceToday. "Five Reasons Office Space is a Cult Classic", 08/01/2013.

22 Aon Hewitt. "2013 Trends in Global Employee Engagement" 2013.

23 Mckinsey Quarterly. "The Internet of Things", 03/2010 edition.

24 Business2Community. "Deliver an Excellent Customer Experience Using Big Data"，刊登日 11/10/2014.

第 5 章

1 請見維基百科 "pwn"：http://en.wikipedia.org/wiki/Pwn，連結截至 12/18/2014.

2 唐‧泰普斯科特（Don Tapscott）、安東尼‧D‧威廉姆斯（Anthony D. Williams），《維基經濟學：大規模協作如何改變一切》（第 2 版），中國青年出版社，04/17/2015。

3 Wikimedia Blog. "Who are Wikipedias Donors", 02/05/2012.

4 Maney, Kevin. "Apple's '1984' Super Bowl Commercial Still Stands as Watershed Event". USA Today. January 28, 2004.

5 喬治‧歐威爾，《一九八四》，遠流出版，09/01/2012。

6 YouTube, "Apple - 1984", URL: http://www.yukaichou.com/1984.

7 Friedman, Ted. *Electric Dreams: Computers in American Culture*, 2005.

8 Hormby, Tom. Low End Mac. "Think Different: The Ad Campaign that Restored Apple's Reputation", 08/10/2013.

9 Siltanen, Rob. Forbes. "The Real Story Behind Apple's 'Think Different' Campaign" 12/14/2011.

10 Waze Website: waze.com

11 在北歐神話及漫威漫畫中，雷神索爾的武器是雷神之槌（Mjolnir）。

12 《二十四孝》（全名《全相二十四孝詩選》），元代郭居敬編。

13 Zamzee Blog. "New Research Shows Zamzee Increases Physical Activity by Almost 60%", 09/06/2012.

14 Groden, Claire. Times. "TOMS Hits 10 Million Mark on Donated Shoes", 06/26/2013.

15 Burbano, Jaime. Gamificators Blog. "Gamification for a Better World". 10/27/2013.

16 Lebo, Lauri. ReligionDispatches.org. University of Southern California. "Atheists and Christians Compete to Give More", 01/19/2011.

17 AOTW. "Spoleto Restaurant: Beautiful women don't pay". 01/20/2015.

第 6 章

1 簡‧麥戈尼格爾，《遊戲改變世界，讓現實更美好！》，橡實文化，03/24/2016。

2 Chou, Yu-kai (Hey, that's me!). YukaiChou.com. "Top 10 eCommerce Gamification Examples that will Revolutionize Shopping"，刊登日 07/07/2013.

3 Marks, Susan. *Finding Betty Crocker: The Secret Life of America's First Lady of Food*. Fesler-Lampert Minnesota Heritage. p68. 03/19/2007.

4 Fortune.com. Fortune 500 2014: eBay Inc.

5 Christopher Matthews. Time. "Future of Retail: How Companies Can Employ Big Data to Create a Better Shopping Experience", 08/31/2012.

6 Mangalindan, JP. Fortune. "Amazon's Recommendation Secret", 07/30/2012.

7 Yao Wang and Julita Vassileva. University of Saskatchewan. *Trust and reputation model in peer-to-peer networks*. 2003.

8 Minaxi Gupta, Paul Judge, and Mostafa Ammar. Georgia Institute of Technology. *A Reputation System for Peer-to-Peer Networks*. 2003.

9 大衛・懷司、馬克・摩西德，《翻動世界的 Google》，時報出版，03/20/2006

10 同前書。

11 Gareth Llewellyn. Quora.com: "Are Facebook and Twitter the best tools for social media marketing?", 05/14/2013.

12 Alexander Chernev. Harvard Business Review. "Can There Ever Be a Fair Price? Why Jcpenney's Strategy Backfired", 05/29/2012.

13 丹・艾瑞利，《誰說人是理性的！》，天下文化，01/28/2011。

14 Kevin Werbach. University of Pennsylvania. Coursera Gamification Course. 2012.

15 Progress Wars Website: progresswars.com

16 John D. Sutter. CNN. "Ashton Kutcher challenges CNN to Twitter popularity contest", 04/15/2009.

17 CaptainUp Website: captainup.com

18 簡・麥戈尼格爾，《遊戲改變世界，讓現實更美好！》，橡實文化，03/24/2016。

第 7 章

1 Matthew Jarvis. MCV. "eSports: Behind the next billion-dollar industry", 08/11/2014.

2 Blizzard Entertainment. "StarCraft's 10-Year Anniversary: A Retrospective", 2008.

3 Chris Means. Gamezone.com. "Razer and team WeMadeFox presents 'The Hax Life' ", 2011.

4 Brian Crecente. Kotaku.com. "Competitive StarCraft Gets UC Berkeley Class", 01/28/2009.

5 Patricia Cohen. New York Times. "Video Game Becomes Spectator Sport.", 04/01/2009.

6 Riva Gold. Wall Street Journal Blog. " 'StarCraft' Gameplay Boosts Mental Flexibility, Says Study". 08/25/2013.

7 Jad Abumrad and Robert Krulwich. Radiolab Podcast. "Mapping Tic Tac Toe-dom", 09/06/2011.

8 Jonathan Schaeffer & Aske Plaat. University of Alberta & Vrije Universiteit. "Kasparov versus Deep Blue: The Rematch", ICCA Journal, vol. 20, no. 2, pp. 95-102. 1997.

9 Raph Koster. *A Theory of Fun*. 2nd Edition. p4. O'Reilly Media. Sebastopol, CA. 10/2013.

10 ChessBase.com Chess News. "Garry Kasparov begs to differ" ..., 04/12/2002.

11 Jonathan Schaeffer & Aske Plaat. University of Alberta & Vrije Universiteit. "Kasparov versus Deep Blue: The Rematch", ICCA Journal, vol. 20, no. 2, pp. 95-102. 1997.

12 Andrew Breslin. *Andy Rants*. "The number of possible different games of chess", 10/12/2009.

13 XPRIZE Homepage: xprize.org

14 Kaggle Homepage: kaggle.com

15 Michael Coren & Fast Company. *Scientific American*. "Foldit Gamers Solve Riddle of HIV Enzyme within 3 Weeks", 09/20/2011.

16 Volskwagon. *TheFunTheory.com*. "Piano Staircase", 09/22/2009.

17 丹尼爾・品克，《動機，單純的力量》，大塊文化，07/29/2010

18 Paul P. Baard, Edward L. Deci, Richard M. Ryan. *Journal of Applied Social Psychology*. p34. "Intrinsic Need Satisfaction: A Motivational Basis of Performance and Well-Being in Two Work Settings", 2004.

19 Christopher Mims. Quartz. "Google's '20% time,' which brought you Gmail and AdSense, is now as good as

dead"，08/16/2013.

20 Dashiell Bennett. Yahoo News. "The Decline and Fall of 'Draw Something'"，05/01/2012.

21 IGN Drawsome Gallery: http://www.ign.com/wikis/draw-something/Drawsome_- Gallery

22 Sheena S. Iyengar & Mark R. Lepper. Columbia University & Stanford University. "When Choice is Demotivating: Can One Desire Too Much of a Good Thing?"，12/2000.

23 Jesse Schell. *The Art of Game Design: A Book of Lenses*. p284-292. CRC Press. Boca Raton. 2008.

24 丹・艾瑞利，《誰說人是理性的！》，天下文化，01/28/2011

25 Jesse Schell. The Art of Game Design: A Book of Lenses. p180. CRC Press. Boca Raton. 2008.

26 Kevin Johnson. Wikia Farmville. URL: http://farmville.wikia.com/wiki/File:Farmville-mona-lisa-by-kevin-johnson-300x186.png

27 Jenny Ng. Games.com Blog. "FarmVille Pic of the Day: Embrace of Swan Lake at Liveloula46's farm"，03/01/2012.

28 Amy-Mae Elliott. Mashable.com. "15 Beautiful and Creative QR Code"，07/23/2011.

29 請見維基百科 "Minecraft"：http://en.wikipedia.org/wiki/Minecraft

30 Raph Koster. *A Theory of Fun*. 2nd Edition. p122. O'Reilly Media. Sebastopol, CA. 10/2013.

第 8 章

1 Malcolm Gladwell. *David and Goliath*. p144. Hachette Book Group. New York, NY. 2013.

2 Eric Guinther. WonderMondo.com. "STONE MONEY OF YAP IN GACHPAR VILLAGE"，連結截至 02/22/2015

3 Mortal Journey. "Pet Rocks (1970's), 12/20/2010.

4 Ben Parr. Mashable.com. "Pet Society Sells 90 Million Virtual Goods Per Day"，12/07/2010.

5 Ziv Carmon and Dan Ariely. *Journal of Consumer Research. "Focusing on the Forgone: How Value Can Appear So Different to Buyers and Sellers"，2000.

6 丹尼爾・康納曼，《快思慢想》，天下文化，10/31/2012。

7 James Heyman, Yesim Orhun, and Dan Ariely. *Journal of Interactive Marketing*. "Auction Fever: The Effect of Opponents and Quasi-Endowment on Product Valuations"，2004.

8 丹尼爾・康納曼，《快思慢想》，天下文化，10/31/2012。

9 John A. List, *Quarterly Journal of Economics 118. "Does Marketing Experience Eliminate Market Anomalies?"，p46-71. 2003.

10 丹尼爾・康納曼，《快思慢想》，天下文化，10/31/2012。

11 羅伯特・席爾迪尼，《影響力》（個案升級版），久石文化，06/07/2016。

12 Stephanie Brown, Terrilee Asher and Robert Cialdini. *Journal of Research in Personality*, 39:517-33. "Evidence of a positive relationship between age and preference forconsistency"，2005.

13 Brett Pelham, Matthew Mirenberg, and John Jones. *Journal of Personality and Social Psychology, 82:469-87. "Why Susie sells seashells by the seashore: Implicit egotism and major life decisions"，2002.

14 諾亞・葛斯坦・史帝夫・馬汀、羅伯特・喬汀尼（席爾迪尼），《就是要說服你：50 種讓顧客乖乖聽話的科學方法》，高寶出版，01/20/2016。

15 John Jones, Brett Pelham, Mauricio Carvallo, and Matthew Mirenberg. Journal of Personality and Social Psychology, 87:665-83. "How do I love thee? Let me count the Js: Implicit egotism and interpersonal attraction"，2004.

16 Miguel Brendl, Amitava Chattopadyay, Brett Pelham, and Mauricio Carvallo. *Journal of Consumer Research, 32:405-15. "Name letter branding: Valence transfer when product specific needs are active"，2005.

17 丹・艾瑞利，《誰說人是理性的！》，天下文化，01/28/2011。

18 Robert Knox and James Inkster. *Journal of Experimental Social Psychology*, 9, 551-562. "Postdecisional dissonance at post time", 1968.

19 Jonathan Freedman and Scott Fraser. *Journal of Personality and Social Psychology*, 4, 195-203. "Compliance without pressure: The foot-in-the-door technique", 1966.

20 **重複啟動效應**是指我們大腦相信某件事可以做到，是因為過去曾多次重複在我們身邊出現，因此在認知上容易進行。

21 羅伯特・席爾迪尼，《影響力》（個案升級版），久石文化，06/07/2016。

22 Morton Deutsch and Harold Gerard. *Journal of Abnormal and Social Psychology*, 51, 629-636. "A study of normative and informational social influences upon individual judgement", 1955.

23 羅伯特・席爾迪尼，《影響力》（個案升級版），久石文化，06/07/2016。

24 諾亞・葛斯坦、史帝夫・馬汀、羅伯特・喬汀尼（席爾迪尼），《就是要說服你：50種讓顧客乖乖聽話的科學方法》，高寶出版，01/20/2016。

25 羅伯特・席爾迪尼，《影響力》（個案升級版），久石文化，06/07/2016。

26 Michael Norton, Daniel Mochon, and Dan Ariely. "The IKEA effect: When labor leads to love", Journal of Consumer Psychology 22 (3): 453–460.

27 丹・艾瑞利，《誰說人是理性的！》，天下文化，01/28/2011。

28 麥當勞的大富翁遊戲網頁：http://winners.playatmcd.com

29 Robert Zajonc, *Journal of Personality and Social Psychology 9: 1-27. "Attitudinal Effects of Mere Exposure", 1968.

30 Google 分析官方網頁：google.com/analytics

31 Amazon Recommendation Customization Help Page: http://www.yukaichou.com/AmazonRecommendation

32 Danny Sullivan. Search Engine Land. "Google Now Personalizes Everyones Search Results", 12/04/2009.

33 Mario Aguilar. Gizmodo. "Facebook now shows you personalized trending topics in your News Feeds", 01/16/2014.

34 Anthony Ha. TechCrunch." Netflix's Neil Hunt Says Personalized Recommendations Will Replace The Navigation Grid", 05/19/2014.

第 9 章

1 平行王國網頁：parallelkingdom.com

2 "The Crying Indian," from Keep America Beautiful by Advertising Council: http://www.yukaichou.com/KeepAmericaBeautiful

3 諾亞・葛斯坦、史帝夫・馬汀、羅伯特・喬汀尼（席爾迪尼），《就是要說服你：50種讓顧客乖乖聽話的科學方法》，高寶出版，01/20/2016。

4 同前書。

5 著名的史丹佛監獄實驗指出，在特定狀況下任何人都有可能犯下納粹惡行：http://www.yukaichou.com/StanfordPrison

6 1978 年瓊斯鎮（Jonestown）集體自殺事件：http://www.yukaichou.com/Jonestown

7 Patricia Cross. *New Directions for Higher Education*. 17: 1–15. "Not can but will college teachers be improved?", 1977.

8 Ezra Zuckerman. *Stanford GSB Reporter*. April 24, p14–5. "It's Academic", 2000.

9 Suls, J., K. Lemos, H.L. Stewart (2002). "Self-esteem, construal, and comparisons with the self, friends and peers",

Journal of Personality and Social Psychology (American Psychological Association) 82 (2): 252–261

10 諾亞‧葛斯坦、史帝夫‧馬汀、羅伯特‧喬汀尼（席爾迪尼），《就是要說服你：50種讓顧客乖乖聽話的科學方法》，高寶出版，01/20/2016。

11 Stephanie Simon. *The Wall Street Journal.* "The Secret to Turning Consumers Green", 10/18/2010.

12 Mario Herger. *Enterprise Gamification*. p195. EGC Media. San Bernardino, CA. 07/24/2014.

13 Tom Lyons. Strauss, Factor, Laing & Lyons. "What Wins Basketball Games Review of 'Basketball on Paper: Rules and Tools for Performance Analysis' By Dean Oliver". 2005, 連結截至 04/01/2015.

14 *Vanity Fair.* "Microsoft's Downfall: Inside the Executive E-mails and Cannibalistic Culture That Felled a Tech Giant", 07/03/2012.

15 Peter Cohan. Forbes. "Why Stack Ranking Worked Better at GE Than Microsoft", 07/13/2012.

16 Mario Herger. *Enterprise Gamification*. p200-201. EGC Media. San Bernardino, CA. 07/24/2014.

17 Yuri Hanin. *European Yearbook of Sport Psychology*, 1, 29-72. "Emotions and athletic performance: Individual zones of optimal functioning model", 1997.

18 Dean Takahashi. *VentureBeat.* "Imangi's Temple Run sprints into virtual reality on the Samsung Gear", 12/23/2014.

19 魔獸世界網頁：http://us.battle.net/wow

20 酷朋網頁：groupon.com

21 Market Watch. Stock Profile: Groupon, 連結截至 01/18/2015.

22 oPower.com Press Release. "Opower Wins WWF Green Game-Changes Innovation of the Year Award". 07/04/2013.

23 請見維基百科 "oPower"：http://en.wikipedia.org/wiki/Opower, 連結截至 01/18/2015.

24 可愛怪獸戰鬥營網頁：pennypop.com/

25 八角框架探索者臉書社團頁面：https://www.facebook.com/groups/octalysis

第 10 章

1 請見維基百科 "Cartmanland"：http://en.wikipedia.org/wiki/Cartmanland, 連結截至 1/19/2015.

2 型男飛行日誌網頁：theupintheairmovie.com

3 Stephen Worchel, Jerry Lee, and Akanbi Adewole. *Journal of Personality and Social Psychology*, 32(5):906-914. "Effects of supply and demand on ratings of object value", 11/1975.

4 讀者可能會發現這裡的焦點是黑帽核心驅動力，在第十四章我們會說明為什麼達成交易大都訴求黑帽核心驅動力，而工作動機則是白帽核心驅動力。

5 奧倫‧克拉夫，《重新定義推銷》，人民郵電出版社，2016/01/01

6 諾亞‧葛斯坦、史帝夫‧馬汀、羅伯特‧喬汀尼（席爾迪尼），《就是要說服你：50種讓顧客乖乖聽話的科學方法》，高寶出版，01/20/2016。

7 E. Roy Weintraub. *The Concise Encyclopedia of Economics*. Neoclassical Economics. 2007.

8 羅伯特‧席爾迪尼，《影響力》（個案升級版），久石文化，06/07/2016。

9 丹尼爾‧康納曼，《快思慢想》，天下文化，10/31/2012。

10 請見維基百科 "Mihaly Csikszentmihalyi"：http://en.wikipedia.org/wiki/Mihaly_-Csikszentmihalyi, 連結截至 01/20/2015.

11 布萊恩‧萬辛克，《瞎吃：為什麼我們吃下比自以為更多的食物》，木馬文化，09/02/2008。

12 Seth Priebatsch. TEDx Boston. "Game Layer on top of our world", 07/2010.

13 尼爾‧艾歐，《鉤癮效應》，天下文化，12/28/2015。

14 MarketWatch. "Candy Crush Maker Reports Lower Revenue Earnings", 11/06/2014.

15 Image by Shamus from http://www.shamusyoung.com/twentysidedtale/?p=8660

16 Daniel Cooper. Engadget. "Sony's Evolution UI tries to make learning Android fun", 04/30/2014.

17 My Blog: YukaiChou.com

第 11 章

1 丹尼爾‧康納曼，《快思慢想》，天下文化，10/31/2012。

2 奧倫‧克拉夫，《重新定義推銷》，人民郵電出版社，01/01/2016。

3 Jesse Schell. *The Art of Game Design*. p26. CRC Press. Boca Rato, FL. 2008.

4 Max Seidman. Most Dangerous Game Design. "The Psychology of Rewards in Games", 連結截至 01/25/2015.

5 圖片來源：http://www.mostdangerousgamedesign.com/2013/08/the-psychology-of-rewards-in-games.html

6 圖片來源：http://www.mostdangerousgamedesign.com/2013/08/the-psychology-of-rewards-in-games.html

7 Krista Bunskoek. Wishpond Blog. "10 Amazing Examples of Branded Facebook Contests Done Right, 連結截至 01/25/2014.

8 PR Newswire. Press Release: "Eggo Sparks Kitchen Creativity With Eight Weeks of Waffle Wednesdays", 09/10/2013.

9 Jennifer Powell. Business2Community.com. "The Art of Crafting Engaging Social Media Contests", 01/13/2014.

10 Krista Bunskoek. Wishpond Blog. "10 Amazing Examples of Branded Facebook Contests Done Right, 連結截至 01/25/2014.

11 Branding Magazine. "'Chok' With Coca-Cola", 12/12/2011.

12 在病毒式行銷中，可用 K 係數描述因受使用者邀請而產生的產品成長率，公式為 $k = i * c$，i 是各個使用者發送的邀請數，c 是每個邀請的轉換百分比，K 係數大於 1 則表示病毒式成長。

13 Ariana Arghandewal. "Are You Playing the LaQuinta Play & Stay Game?", 12/13/2013.

14 Christian Briggs. SociaLens. "BlendTec Will It Blend? Viral Video Case Study". 01/2009.

15 Adam Kleinberg. iMedia Connection. "Case study: A Facebook campaign that connected", 05/29/2009.

16 大衛‧懷司‧馬克‧摩西德，《翻動世界的 Google》，時報出版，03/20/2006。

17 Nicholas Carlson. Gawker. "'I'm feeling lucky' button costs Google $110 million per year", 11/20/2007.

18 Sam Laird. Mashable. "Google's 'I'm Feeling Lucky' Button Has a Cool New Trick", 08/24/2012.

19 BiomedGirl Blog. "Woot and the Bag of Crap: How I got one", 04/01/2011.

20 請見維基百科 "White Elephant Gift Exchange"：http://www.yukaichou.com/WhiteElephant

21 神秘箱店網頁：http://www.mysteryboxshop.com

22 Bob Brooks. PrudmentMoney.com. "Chase Picks Up The Tab By Sticking It To The Retailer", 連結截至 01/25/2015.

23 Harrison Weber. Venture Beat. "How a Relaunch Saved Foursquare from Certain Death". 08/10/2014.

24 Mario Herger. *Enterprise Gamification*. p94. EGC Media. San Bernardino, CA. 07/24/2014.

25 Adam Piore. Nautilus. "Why we keep playing the lottery", 08/01/2013.

26 Seok Hwai, Lee. Straits Times. p. B1. "Odds of a jackpot hit just got better", 08/06/2010.

27 Taipei Times. "Electronic receipts set to begin a trial run at select stores", 12/19/2010.

28 YukaiChou.com/Video-Guide

第 12 章

1 撲克牌的規則並非人人皆知，希望以下描述已足夠清楚。關於德州撲克的完整規則，請參考：http://www.yukaichou.com/PokerRules

2 Daniel Kahneman and Amos Tversky. *Econometrica*, 47:263-91.* "Prospect Theory: an analysis of decision under risk", 1979.

3 理查・塞勒、凱斯・桑思坦，《推出你的影響力》，時報出版，06/23/2014。

4 蓋瑞・貝斯基、湯瑪斯・季洛維奇，《行為經濟學：誰說有錢人一定會理財？》，實鼎出版，12/04/2010。

5 丹尼爾・康納曼，《快思慢想》，天下文化，10/31/2012。

6 例如德國億萬富翁因財產由八十五億歐元降至六十億歐元而自殺。

7 Howard Leventhal, Robert Singer, and Susan Jones. *Journal of Personality and Social Psychology*, 2:20-29. "Effects of fear and specificity of recommendation upon attitudes and behavior", 1965.

8 原為：「我們應該恐懼的事物是恐懼本身。」（The only thing we have to fear is fear itself.）

9 諾亞・葛斯坦、史帝夫・馬汀、羅伯特・喬汀尼（席爾迪尼），《就是要說服你：50 種讓顧客乖乖聽話的科學方法》，高寶出版，01/20/2016。

10 有一則有趣的小故事：多年前，我太太在某家大型金融機構工作，因業績持續超標而向經理要求加薪。經理冷淡回覆：「妳能證明有其他公司願意付更高薪再來。」我太太感到不受尊重，很快找到一個願意多付 40% 薪水的工作，你猜得到，她再也沒有回去找那位經理了。

11 Douglas McIntyre. DailyFinance.com. "The 10 Most Infamous Family Inheritance Feuds", 06/06/2011.

12 尼爾・艾歐，《鉤癮效應》，天下文化，12/28/2015。

13 傑伊・艾略特、威廉・賽蒙，《賈伯斯憑什麼領導世界》，先覺出版，08/25/2011。

14 Johan Huizinga. *Homo Ludens; A Study of the Play-Element in Culture*. Beacon Press, Boston, MA. 1955.

15 Adam Piore. Nautil.us. "Why We Keep Playing the Lottery", 08/01/2013.

16 Adam Piore. Nautil.us. "Why We Keep Playing the Lottery", 08/01/2013. (http://nautil.us/issue/4/the-unlikely/why-we-keep-playing-the-lottery)

17 丹尼爾・康納曼，《快思慢想》，天下文化，10/31/2012。

第 13 章

1 這例子是一個實際設計經驗。對於八角框架的核心學習者而言，你們可以預想在某個特殊事件中這些效應可能同時發生。

2 Arnaud Chevallier. Powerful-Problem-Solving.com. "Be MECE (mutually exclusive and collectively exhaustive)", 07/02/2010.

3 丹尼爾・品克，《動機，單純的力量》，大塊文化，07/29/2010。

4 同上書。

5 Michael Wu. *Lithium Science of Social Blog*. "Intrinsic vs. Extrinsic Rewards (and Their Differences from Motivations)", 2/18/2014.

6 Deward L. Deci. *Journal of Personality and Social Psychology* 18: 114. "Effects of Externally Mediated Rewards on Intrinsic Motivation", 1971.

7 Mark Lepper, David Greene, and Robert Nisbett. *Journal of Personality and Social Psychology* 28 (1):129-137. "Undermining Children's Intrinsic Interest with Extrinsic Rewards: A Test of the 'Overjustification' Hypothesis", 1973.

8 Dan Ariely, Uri Gneezy, George Lowenstein, and Nina Mazar. *Federal Reserve Bank of Boston Working Paper* No. 05/-11. "Large Stakes and Big Mistakes", 07/23/2005.

9 Bernd Irlenbusch. *London School of Economics and Political Science*. "LSE: When Performance-Related Pay Backfires", 06/25/2009.

10 Dan Ariely. *New York Times*. "What's the Value of a Big Bonus", 11/20/2008.

11 *Creativity Development and Innovation for SMEs* "Exercise 6: The Candle Problem", http://icreate-project.eu/index.php?t=245

12 Sam Glucksberg. *Journal of Experimental Psychology* 63:36-41. "The Influence of Strength of Drive on Functional Fixedness and Perceptual Recognition", 1962.

13 *Creativity Development and Innovation for SMEs* "Exercise 6: The Candle Problem", http://icreate-project.eu/index.php?t=245

14 *Creativity Development and Innovation for SMEs* "Exercise 6: The Candle Problem", http://icreate-project.eu/index.php?t=245

15 丹‧艾瑞利，《誰說人是理性的！》，天下文化，01/28/2011。

16 同前書。

17 同前書。

18 同前書。

19 尼爾‧艾歐，《鉤癮效應》，天下文化，12/28/2015。

20 請見維基百科 "Mega Man"：http://www.yukaichou.com/megaman, 連結截至 02/09/2015。

第 14 章

1 請見維基百科 "Defense of the Ancients"：http://www.yukaichou.com/dota

2 請見維基百科 "League of Legends"：http://www.yukaichou.com/LoL

3 請見維基百科 "Counter Strike"：http://www.yukaichou.com/CS

4 請見維基百科 "Call of Duty"：http://www.yukaichou.com/CD

5 請見維基百科 "Search Engine Optimization"：http://www.yukaichou.com/SEO

6 星佳官方網頁：zynga.com

7 Mike Williams. Gamesindustry.biz. "Zynga's high-speed, data-driven design vs console development", 08/06/2012.

8 Jeff Grubb. *VentureBeat.com*. "Zynga sticks with what works: Riches of Olympus is its next mobile slots game", 02/06/2014.

9 同前。

10 好友愛字謎網頁：zynga.com/games/words-friends

11 請見維基百科 "Scrabble"：http://en.wikipedia.org/wiki/Scrabble

12 John Balz. *The Nudge Blog*. "SnūzNLūz: The alarm clock that donates to your least favorite charity".

13 Charlie White. Mashable.com. "Money-Shredding Alarm Clock Is Completely Unforgiving [PICS]", 05/29/2011.

14 同上。

15 SelfDeterminationTheory.org

16 丹尼爾‧品克，《動機，單純的力量》，大塊文化，07/29/2010。

17 大衛‧懷司、馬克‧摩西德，《翻動世界的 Google》，時報出版，2006/03/20

18 Quora.com Entry: "What are the different levels of software engineers at Google and how does the promotion system work?"

19 Patrick Goss. TechRadar.com. "Page: 'more wood behind fewer arrows' driving Google success", 07/14/2011.

20 莫夫媒體網頁：morfmedia.com

21 如果讀者對我過去創辦的遊戲公司有興趣，請參見以下文章："How Yu-kai Chou started in Gamification in 2003 and became a Pioneer in the Industry" :http://www.yukaichou.com/lifestyle-gamification/started-gamification-2003/

22 StartupDefinition.com Entry "Runway"：The amount of time until your startup goes out of business, assuming your current income and expenses stay constant. Typically calculated by dividing the current cash position by the current monthly burn rate.

23 Uri Gneezy and Aldo Rustichini. *Journal of Legal Studies* Vol. 29, No. 1. "A Fine is a Price", 01/2000.

24 我自己曾接觸全球最大的煙草及啤酒集團，合辦幾場工作坊。我在與團隊商討後決定，雖然合作有利可圖，但結果不會是我們想要的：如果我們很成功，世上會變得有更多人有煙癮和酒癮。最後我們拒絕了這項合作計畫。當然，因為我們有許多更直接投入社會公益的客戶，不需要受第八項核心動力：損失與避免所驅策。

第 15 章

1 G 高峰會網頁：http://sf14.gsummit.com

2 說到期望行動，我大部分工作可以透過以下差異來理解：**能夠，必須，想要，被迫，激勵和興奮**。

3 Thai Nguyen. Huffingtonpost.com. "Hacking Into Your Happy Chemicals: Dopamine, Serotonin, Endorphins and Oxytocin", 10/20/2014.

4 Self Determination Theory Website: selfdeterminationtheory.org

5 Image Source: Edward L. Deci and Richard M. Ryan. *Psychological Inquiry*, 11(4):227–268. "The 'What' and 'Why' of Goal Pursuits: Human Needs and the Self-Determination of Behavior", 2000.

6 丹尼爾‧品克，《動機，單純的力量》，大塊文化，07/29/2010。

7 Yves Chantal and Robert J. Vallerand. *Journal of Gambling Studies*, (12): 407-418. "Skill versus luck: A motivational analysis of gambling involvement", Winter 1996.

8 Richard Bartle. Mud.co.uk. "Hearts, Clubs, Diamonds, Spades: Players who suit MUDS", April 1996.

9 圖片來源：Gamasutra.com. "Designing Computer-Games Preemptively for Emotions and Player Types." 06/19/2013.

10 Amy Jo Kim. AmyJoKim.com. "Beyond Player Types: Kim's Social Action Matrix", 02/28/2014.

11 同前。

12 Andrzej Marczewski. Gamified.uk. "User Types", 連結截至 02/17/2015.

13 同前。

14 YouTube Video: "GSummit SF 2012: Richard Bartle - A Game Designer's View of Gamification", 09/27/2012.

15 Nicole Lazzaro. XEO Design. "Why We Play Games: Four Keys to More Emotion Without Story", 03/08/2004.

16 Jesse Schell. *The Art of Game Design: A Book of Lenses*. p183-184. CRC Press. Boca Raton. 2008.

17 資料來源：維基百科 http://en.wikipedia.org/wiki/File:Challenge_vs_skill.svg

18 佛格行為模型網頁：behaviormodel.org

19 YouTube Video: "Forget big change, start with a tiny habit: BJ Fogg at TEDxFremont", 12/05/2012.

20 簡‧麥戈尼格爾，《遊戲改變世界，讓現實更美好！》，橡實文化，03/24/2016。

21 BJ Fogg. Behaviormodel.org. "3 core motivators, each with two sides", 連結截至 02/17/2015.

22 勤快的八角框架架構學習者在此可以做一項練習：哪一項核心動力符合佛格的動機部分？

23 請見維基百科 "Heuristics in Judgement and Decision-Making"：http://www.yukaichou.com/heuristics, 連結截至 02/17/2015.

24 請見維基百科 "List of cognitive biases"：http://www.yukaichou.com/cognitivebias, 連結截至 02/17/2015.

25 Yu-kai Chou. YukaiChou.com. "The Strategy Dashboard for Gamification Design"：http://www.yukaichou.com/strategydashboard, 07/14/2014.

26 簡‧麥戈尼格爾，《遊戲改變世界，讓現實更美好！》，橡實文化，03/24/2016。

27 同前書。

28 同前書。

第 16 章

1 尼爾‧艾歐，《鉤癮效應》，天下文化，12/28/2015。

2 SWOT 分析有四項標準：優勢、弱勢、機會和威脅，參見：http://www.yukaichou.com/SWOT

3 眾所周知的正式名稱為成長共享矩陣，為波士頓顧問公司首創，參見：http://www.yukaichou.com/bcgmatrix

4 拉米‧塞提的「拉米智囊團」網頁：iwillteachyoutoberich.com/braintrust

5 TheFunTheory.com. "The Speed Camera Lottery"，連結截至 03/20/2015.

6 YouTube Video："The Speed Camera Lottery - The Fun Theory"，連結截至 03/20/2015.

7 Kevin Werbach. Slideshare.com. "Socialize14 keynote", Uploaded 07/04/2014.

8 Ａ／Ｂ測試是針對網站不同版面的操作結果測試，對不同使用者隨機顯示兩種版面，使設計者了解何種版本有較佳轉換率。

第 17 章

1 拉米‧塞提的「拉米智囊團」網頁：iwillteachyoutoberich.com/braintrust

2 Ａ／Ｂ測試是針對網站不同版面的操作結果測試，對不同使用者隨機顯示兩種版面，使設計者了解何種版本有較佳轉換率。

第 18 章

1 偶爾會有人評價我提到聖經會冒犯人，好像試圖把我的信仰和信念強加於他人。我並無此意圖。我小時候是好辯的無神論者，目前的信仰是我非常重要的一部分，我從中學到了很多有價值的教訓，喜歡與人分享。怪的是，似乎如我改為自稱是「瑜伽愛好者和佛陀的追隨者」，不知為何就更容易接受。我們應該為信仰挺身而出，而不是只因信仰就受批評。為此，我感謝馬爾坎‧葛拉威爾這是一位不害怕宣告基督信仰的暢銷作者給我的勇氣，能堅定不移地堅持信仰。

2 在聖經裡，神蹟似乎是出於信心。耶穌說，如果有一粒小芥菜種子大小的信心，我們就能夠移山。即使耶穌醫治人，也會說：「你的信心治療了你」，而不是「我已醫治你」。因此，在一個沒有信心的地方，即使是耶穌也不會像在其他地方一樣展現神蹟。

3 聖經〈馬可福音〉，第六章第四節。

4 我們在本書中學到，以第五項核心動力提供使用者獎盃架的技巧並不是最理想的，通常以第三項核心動力的加速器／升級更有吸引力，使用者可以用這些獎勵來晉級。

遊戲化實戰全書

作者	周郁凱 Yu-kai Chou
譯者	王鼎鈞
商周集團執行長	郭奕伶
視覺顧問	陳栩椿
商業周刊出版部	
總編輯	余幸娟
責任編輯	林雲
封面設計	Javick
內頁排版	邱介惠
出版發行	城邦文化事業股份有限公司-商業周刊
地址	115020 台北市南港區昆陽街16號6樓
	電話：(02)2505-6789　傳真：(02)2503-6399
讀者服務專線	(02)2510-8888
商周集團網站服務信箱	mailbox@bwnet.com.tw
劃撥帳號	50003033
戶名	英屬蓋曼群島商家庭傳媒股份有限公司城邦分公司
網站	www.businessweekly.com.tw
香港發行所	城邦（香港）出版集團有限公司
	香港灣仔駱克道193號東超商業中心1樓
	電話：(852)25086231傳真：(852)25789337
	E-mail：hkcite@biznetvigator.com
製版印刷	中原造像股份有限公司
總經銷	高見文化行銷股份有限公司 電話：0800-055365
初版 1 刷	2017年（民106年） 6 月
初版 18 刷	2024年（民113年） 7 月
定價	480元
ISBN	978-986-94680-8-4（平裝）

ACTIONABLE GAMIFICATION：BEYOND POINTS, BADGES, AND LEADERBOARDS
COPYRIGHT © 2017 BY YU-KAI CHOU
ALL RIGHTS RESERVED
COMPLEX CHINESE TRANSLATION RIGHTS PUBLISHED BY ARRANGEMENT WITH BUSINESS WEEKLY, A DIVISION OF CITE PUBLISHING LIMITED.

國家圖書館出版品預行編目資料

遊戲化實戰全書 / 周郁凱著；王鼎鈞譯. -- 初版. -- 臺北市：城邦
商業周刊, 民106.06
　面；　公分
譯自：Actionable gamification : beyond points, badges, and
leaderboards
ISBN 978-986-94680-8-4(平裝)

1.網路產業 2.企業管理 3.動機

484.6　　　　　　　　　　　　　106007675

藍學堂

學習・奇趣・輕鬆讀